\ 今すぐ使える /
かんたん
mini

365/2021/2019/2016 対応

Excel 関数 完全大事典

AYURA 著

技術評論社

本書の使い方

Excel 2016/2019/2021 および Microsoft 365 での対象バージョンを示しています。
　使用可能、　使用不可です。

関数の分類を示しています。

関数名とその機能を表示しています。互換が付いている関数には互換性関数があります。

次のような項目を配置しています。
機　能：関数の機能の説明
解　説：補足的な解説
使用例：かんたんな使用例

使用しているサンプルファイル名を表示しています。サンプルファイルはサポートページからダウンロードできます。

日付／時刻　期間　2016 2019 2021 365

NETWORKDAYS ネットワーク・デイズ

期間内の稼働日数を求める

書　式　NETWORKDAYS(開始日, 終了日 [, 休日])

計算例　NETWORKDAYS("2024/9/1","2024/12/1")
[2024/9/1] から [2024/12/1] までの稼働日数 [65] 日を返す（ここでは土日のみ除外）。

機　能　NETWORKDAYS関数は、2つの日付をシリアル値または日付文字列で指定し、その2つの日付の間の稼働日数を計算します。土日の休日のほかに、祝日や公休などを指定することができます。

使用例　月ごとの営業日数を求める

下表では、月ごとの営業日数を計算しています。土日、土日と祝日、土日と祝日と公休をそれぞれ除いた営業日数は、NETWORKDAYS関数の引数 [休日] に、「祝日のリスト」(P.149参照) に定義した名前（祝日、祝日公休）を指定しています。たとえば、セル [F3] には「=NETWORKDAYS($B3,$C3,祝日公休)」と入力しています。

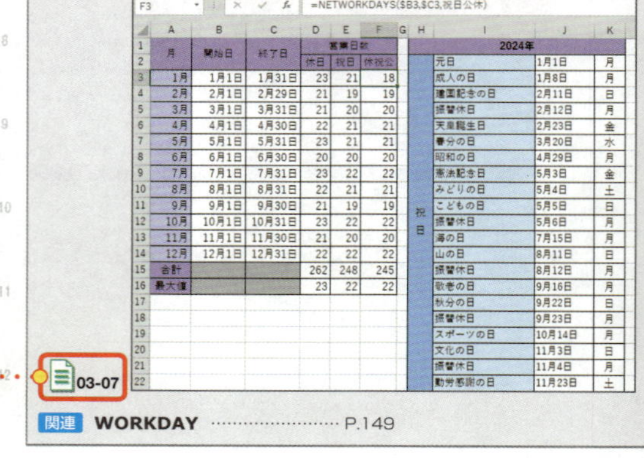

F3　=NETWORKDAYS($B3,$C3,祝日公休)

月	開始日	終了日	営業日数		
			休日	祝日	休祝公
1月	1月1日	1月31日	23	21	18
2月	2月1日	2月29日	21	19	19
3月	3月1日	3月31日	21	20	20
4月	4月1日	4月30日	22	21	21
5月	5月1日	5月31日	23	21	21
6月	6月1日	6月30日	20	20	20
7月	7月1日	7月31日	23	22	22
8月	8月1日	8月31日	22	21	21
9月	9月1日	9月30日	21	19	19
10月	10月1日	10月31日	23	22	22
11月	11月1日	11月30日	21	20	20
12月	12月1日	12月31日	22	22	22
合計			262	248	245
最大値			23	22	22

2024年			
祝日	元日	1月1日	月
	成人の日	1月8日	月
	建国記念の日	2月11日	日
	振替休日	2月12日	月
	天皇誕生日	2月23日	金
	春分の日	3月20日	水
	昭和の日	4月29日	月
	憲法記念日	5月3日	金
	みどりの日	5月4日	土
	こどもの日	5月5日	日
	振替休日	5月6日	月
	海の日	7月15日	月
	山の日	8月11日	日
	振替休日	8月12日	月
	敬老の日	9月16日	月
	秋分の日	9月22日	日
	振替休日	9月23日	月
	スポーツの日	10月14日	月
	文化の日	11月3日	日
	振替休日	11月4日	月
	勤労感謝の日	11月23日	土

03-07

関連　WORKDAY ………………………… P.149

1 数学／三角　2 統計　3 日付／時刻　4 財務　5 論理　6 情報　7 検索／行列　8 データベース　9 文字列操作　10 エンジニアリング　11 キューブ／Web　12 互換性関数

150

- 本書では、各関数の先頭に関数の書式とかんたんな計算例を示して、関数の概略がわかるようにしています。
- 特に使用頻度の高い関数や使用方法が難しい関数に関しては、「使用例」をあげて解説しています。本書で使用したサンプルは、以下の URL のサポートページからダウンロードできます。

https://gihyo.jp/book/2024/978-4-297-14359-6/support

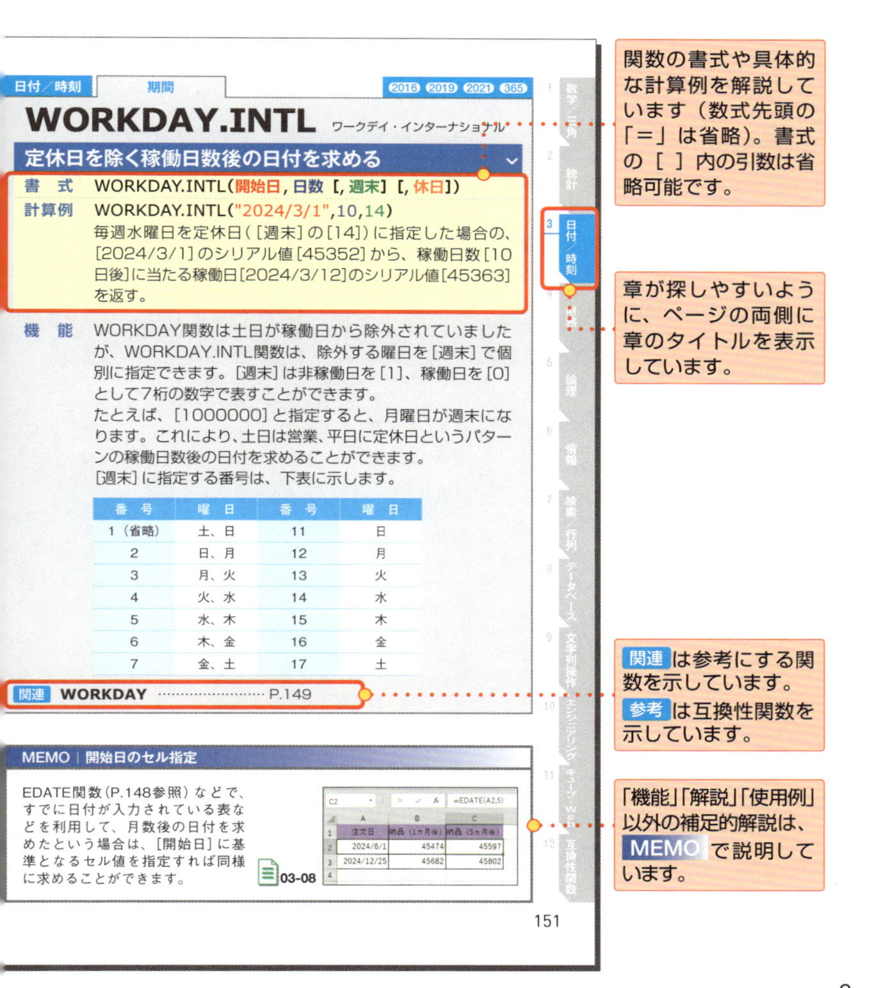

日付／時刻　期間　2016 2019 2021 365

WORKDAY.INTL ワークデイ・インターナショナル

定休日を除く稼働日数後の日付を求める

書　式　WORKDAY.INTL(開始日, 日数 [, 週末] [, 休日])

計算例　WORKDAY.INTL("2024/3/1",10,14)
毎週水曜日を定休日（[週末] の [14]）に指定した場合の、[2024/3/1] のシリアル値 [45352] から、稼働日数 [10日後] に当たる稼働日 [2024/3/12] のシリアル値 [45363] を返す。

機　能　WORKDAY関数は土日が稼働日から除外されていましたが、WORKDAY.INTL関数は、除外する曜日を [週末] で個別に指定できます。[週末] は非稼働日を [1]、稼働日を [0] として7桁の数字で表すことができます。
たとえば、[1000000] と指定すると、月曜日が週末になります。これにより、土日は営業、平日に定休日というパターンの稼働日数後の日付を求めることができます。
[週末] に指定する番号は、下表に示します。

番　号	曜　日	番　号	曜　日
1（省略）	土、日	11	日
2	日、月	12	月
3	月、火	13	火
4	火、水	14	水
5	水、木	15	木
6	木、金	16	金
7	金、土	17	土

関連　**WORKDAY** ……………………… P.149

MEMO｜開始日のセル指定

EDATE関数（P.148参照）などで、すでに日付が入力されている表などを利用して、月数後の日付を求めたという場合は、[開始日] に基準となるセル値を指定すれば同様に求めることができます。

03-08

	A	B	C
1	注文日	納品（1カ月後）	納品（5カ月後）
2	2024/6/1	45474	45597
3	2024/12/25	45682	45802

151

本書の特長

■本書に掲載した関数の分類

本書では、Excelのすべての関数515種類（2024年7月現在）を、関数の用途に応じて、分類／整理して掲載しています。主な分類と概要は表のとおりです。なお、互換性関数は12章にまとめています。

■基礎知識をフォローする

演算子の種類やセル参照、表示形式と書式記号、配列数式と配列定数など、関数を利用する際に必要な基礎的な知識を「付録」にまとめています。

■関数を探しやすくする

目的に応じた関数をすばやく探せるように、巻末に「用語索引」「目的別索引」「関数索引」を用意しています。「目的別索引」は用途（機能）で、「関数索引」はすべての関数をアルファベット順で探すことができます。関数名以外の用語は「用語索引」を利用してください。

大分類（章）		2016	2019	2021	365	小分類（一部）	概　要
1	数学／三角	79		81		四則計算	合計や積など四則計算のための関数
						整数計算	切り捨てや切り上げ、四捨五入など整数にかかわる計算を行う関数
						階乗／組み合わせ	階乗や組み合わせ、多項係数、べき級数を求める関数
						変換計算	進数や数値、ラジアンなどを変換する関数
						指数／対数／べき乗	指数関数、対数関数、べき乗を求める関数
						三角関数など	サイン／コサイン／タンジェントなどを求める三角／逆三角関数、双曲線関数、円周率、平方根などを求める関数
						行列／行列式	行列／逆行列を求める関数
						乱数／配列	乱数の生成や配列の作成のための関数
2	統計	149				代表値	平均値／最大値／最小値／中央値、標準偏差などデータの特徴を表す数値を求める関数
						順位	データの順位を計算したり、上位何割かに位置するデータを抽出したりする関数
						分布確率	データの数が数えられる場合、数えられない場合の出現確率などを計算する関数
						検定	仮説検定を行うための関数
						相関／回帰	2組のデータの相関関係やデータの集まりを直線または曲線で近似して分析する関数
3	日付／時刻	26				現在日時	現在の日付や時刻を求める関数
						指定日時	指定した日付や時刻から指定した形式で表示したり、シリアル値に変換したりする関数

大分類（章）		2016	2019	2021	365	小分類（一部）	概要
3	日付／時刻					日時情報	シリアル値から日付や時刻を求める関数
						週情報	日付から曜日やその年の何週目かを計算する関数
						期間	2つの日付の期間に対して、稼働日数や年数、日数などを計算する関数
4	財務	55			56	借入返済／投資評価	元利返済の利息や支払回数、投資の現在価値、将来価値にかかわる関数
						変数関数	分数や小数表示を変換する関数
						減価償却	減価償却費を計算する関数
						証券／利付債	証券の満期額、利率、利回りなどを計算する関数
5	論理	11		12	19	条件／エラー	IF、AND、ORなど条件を満たす値を求める関数
6	情報	20			21	検査	対象が文字列か数値か、奇数か偶数か、空白セルかなどを検査する関数
						情報抽出	データ型、エラー値のタイプなどを求める関数
7	検索／行列	19		26	38	データ検索	指定した検索値に対するセルの値、または引数の値を抽出する関数
						相対位置	指定した検索値に対する位置を表す値を求める関数
						セル参照	指定した条件を満たすセル参照を計算する関数
						リンク／ピボットテーブル	ほかのブックへのリンク作成やピボットテーブルの値を求める関数
						データ抽出	条件を指定してデータを抽出する関数
						並べ替え	データを並べ替える関数
8	データベース	12				―	数学／三角関数や統計関数を、リスト形式のデータに対して適用できるように手を加えた関数
9	文字列操作	41		45	46	文字列結合	複数の文字列に対して結合を行う関数
						文字列長／文字列抽出	文字列数や文字列自体の抽出を行う関数
						検索／置換	文字列の位置の検索や文字列の検索を行う関数
						文字列変換	数値・漢数字、半角・全角、大文字・小文字などに変換する関数
						その他	文字コード、Unicode、地域表示形式などの変換や文字列削除などを行う関数
10	エンジニアリング	54				ビット演算	論理積、論理和、排他的論理和を求める関数
						基数変換	n進数の変換を行う関数
						比較／単位変換	2つの数値の比較、しきい値都の比較、数値の単位変換を求める関数
						複素数	複素数Excelで利用するための関数
						誤差分析	誤差関数や相補誤差関数の積分値を求める関数
						ベッセル関数	ベッセル関数や修正ベッセル関数の計算を行う関数
11	キューブ／Web	7				キューブ	SQL Server上のデータを連結して、多次元データベース「キューブ」を操作する関数
		3				Web	WebやWebサービスからの情報を取得するための関数
付録	その他				3	アドイン／自動化	Excel機能の拡張や自動化のための関数
合計		476	476	490	515		

目次

本書の使い方 2

本書の特長 4

第1章 数学／三角

分類	関数	内容	ページ
四則計算	SUM	数値を合計する	30
	SUMIF	条件を指定して数値を合計する	31
	SUMIFS	複数の条件を指定して数値を合計する	32
	PRODUCT	積を求める	34
	SUMPRODUCT	配列要素の積を合計する	34
	SUMSQ	平方和を求める	34
	SUMX2MY2	配列要素の平方差を合計する	35
	SUMX2PY2	配列要素の平方和を合計する	35
	SUMXMY2	配列要素の差の平方和を求める	35
	SUBTOTAL	さまざまな集計値を求める	36
	AGGREGATE	さまざまな集計値や順位を求める	37
整数計算	INT	小数点以下を切り捨てる	38
	TRUNC	桁数を指定して切り捨てる	39
	ROUND	指定桁数で四捨五入する	39
	ROUNDUP	指定桁数に切り上げる	40
	ROUNDDOWN	指定桁数に切り捨てる	40
	CEILING.PRECISE ISO.CEILING	指定値の倍数に切り上げる	41
	CEILING.MATH	指定した方法で倍数に切り上げる	41
	FLOOR.PRECISE	指定値の倍数に切り捨てる	42
	FLOOR.MATH	指定した方法で倍数に切り捨てる	42

(整数計算)	MROUND	指定値の倍数で四捨五入する	43
	EVEN	偶数に切り上げる	43
	ODD	奇数に切り上げる	43
	QUOTIENT	商を求める	44
	MOD	余りを求める	44
	GCD	最大公約数を求める	45
	LCM	最小公倍数を求める	45
階乗／組み合わせ	FACT	階乗を求める	46
	FACTDOUBLE	数値の二重階乗を求める	46
	COMBIN	組み合わせの数を求める	47
	COMBINA	重複組み合わせの数を求める	47
多項式	MULTINOMIAL	多項係数を求める	48
	SERIESSUM	べき級数を求める	48
記数法	DECIMAL	n進数を10進数に変換する	49
	BASE	10進数をn進数に変換する	49
変換計算	ROMAN	数値をローマ数字に変換する	50
	ARABIC	ローマ数字を数値に変換する	50
	RADIANS	度をラジアンに変換する	51
	DEGREES	ラジアンを度に変換する	51
	ABS	絶対値を求める	52
	SIGN	数値の正負を調べる	52
平方根／円周率	SQRT	平方根を求める	53
	PI	円周率を求める	53
	SQRTPI	円周率の倍数の平方根を求める	53
指数／対数／べき乗	EXP	自然対数の底のべき乗を求める	54
	LN	自然対数を求める	54
	POWER	べき乗を求める	55
	LOG	指定数値を底とする対数を求める	55

分類	関数	内容	ページ
(指数／対数／べき乗)	LOG10	常用対数を求める	55
三角関数	SIN	正弦(サイン)を求める	56
	COS	余弦(コサイン)を求める	56
	TAN	正接(タンジェント)を求める	56
	SEC	正割(セカント)を求める	57
	CSC	余割(コセカント)を求める	57
	COT	余接(コタンジェント)を求める	57
	ASIN	逆正弦(アーク・サイン)を求める	58
	ACOS	逆余弦(アーク・コサイン)を求める	58
	ATAN	逆正接(アーク・タンジェント)を求める	58
	ATAN2	逆正接(アーク・タンジェント)を座標から求める	59
	ACOT	逆余接(アーク・コタンジェント)を求める	59
双曲線関数	SINH	双曲線正弦を求める	60
	COSH	双曲線余弦を求める	60
	TANH	双曲線正接を求める	61
	SECH	双曲線正割を求める	61
	CSCH	双曲線余割を求める	61
	COTH	双曲線余接を求める	62
	ASINH	双曲線逆正弦を求める	62
	ACOSH	双曲線逆余弦を求める	63
	ATANH	双曲線逆正接を求める	63
	ACOTH	双曲線逆余接を求める	63
行列／行列式	MDETERM	行列式を求める	64
	MUNIT	単位行列を求める	64
	MINVERSE	逆行列を求める	64
	MMULT	行列の積を求める	65
乱数	RAND	0以上1未満の実数の乱数を生成する	65

(乱数)	RANDBETWEEN	整数の乱数を生成する	66
配列	SEQUENCE	連続した数値の入った配列(表)を作成する	67
	RANDARRAY	乱数の入った配列(表)を作成する	68

第2章 統計

平均値	AVERAGE	数値の平均値を求める	70
	AVERAGEA	数値やデータの平均値を求める	71
	AVERAGEIF	条件を指定して平均値を求める	72
	AVERAGEIFS	複数の条件を指定して平均値を求める	73
	GEOMEAN	数値の相乗平均を求める	74
	HARMEAN	数値の調和平均を求める	75
	TRIMMEAN	異常値を除いた平均値を求める	75
最大/最小	MAX	数値の最大値を求める	76
	MAXA	データの最大値を求める	76
	MAXIFS	条件を指定してデータの最大値を求める	77
	MIN	数値の最小値を求める	78
	MINA	データの最小値を求める	78
	MINIFS	条件を指定してデータの最小値を求める	79
メジアン/モード	MEDIAN	中央値を求める	80
	MODE.SNGL	最頻値を求める	80
	MODE.MULT	複数の最頻値を求める	81
個数	COUNT	数値などの個数を求める	82
	COUNTA	データの個数を求める	82
	COUNTIF	検索条件を満たすデータの個数を求める	83

分類	関数	内容	ページ
(個数)	COUNTIFS	複数の検索条件を満たすデータの数を求める	84
	COUNTBLANK	空白セルの個数を求める	86
	FREQUENCY	度数分布を求める	87
順位	RANK.EQ RANK.AVG	順位を求める	88
	LARGE	大きいほうからの順位を求める	89
	SMALL	小さいほうからの順位を求める	89
分位	QUARTILE.INC QUARTILE.EXC	四分位数を求める	90
	PERCENTILE.INC PERCENTILE.EXC	百分位数を求める	91
	PERCENTRANK.INC PERCENTRANK.EXC	百分率での順位を求める	91
二次代表値	VAR.S VARA	不偏分散を求める	92
	VAR.P VARPA	分散を求める	92
	STDEV.S STDEVA	不偏標準偏差を求める	93
	STDEV.P STDEVPA	標準偏差を求める	93
偏差	AVEDEV	平均偏差を求める	94
	DEVSQ	偏差平方和を求める	94
高次代表値	SKEW	歪度を求める(SPSS方式)	95
	SKEW.P	歪度を求める(一般的な方式)	95
	KURT	尖度を求める	96
順列/確率	PERMUT	順列の数を求める	96

分類	関数	内容	ページ
(順列／確率)	PERMUTATIONA	重複順列の数を求める	97
	PROB	確率範囲の下限と上限を指定して確率を求める	97
二項分布	BINOM.DIST	二項分布の確率を求める	98
	BINOM.DIST.RANGE	二項分布を使用した試行結果の確率を求める	98
	BINOM.INV	二項分布確率が目標値以上になる最小回数を求める	99
	NEGBINOM.DIST	負の二項分布の確率を求める	100
その他の離散分布	HYPGEOM.DIST	超幾何分布の確率を求める	101
	POISSON.DIST	ポアソン分布の確率を求める	102
正規分布	PHI	標準正規分布の密度を求める	103
	NORM.DIST	正規分布の確率を求める	104
	NORM.S.DIST	標準正規分布の確率を求める	105
	NORM.INV	正規分布の累積分布関数の逆関数値を求める	106
	NORM.S.INV	標準正規分布の累積分布関数の逆関数値を求める	106
	GAUSS	指定した標準偏差の範囲になる確率を求める	107
	STANDARDIZE	標準正規分布に変換する標準化変量を求める	107
指数分布／対数分布	LOGNORM.DIST	対数正規分布の確率を求める	108
	LOGNORM.INV	対数正規分布の累積分布関数の逆関数値を求める	108
	EXPON.DIST	指数分布の確率分布を求める	109
拡張分布	BETA.DIST	ベータ分布の確率を求める	110
	BETA.INV	ベータ分布の累積分布関数の逆関数値を求める	110
	GAMMA	ガンマ関数の値を求める	111
	GAMMA.DIST	ガンマ分布関数の値を求める	112
	GAMMALN GAMMALN.PRECISE	ガンマ関数の自然対数を求める	112
	GAMMA.INV	ガンマ分布の累積分布関数の逆関数値を求める	113
	WEIBULL.DIST	ワイブル分布の値を求める	113

分類	関数	内容	ページ
検定	CONFIDENCE.NORM	正規分布の標本から母平均の片側信頼区間の幅を求める	114
	CONFIDENCE.T	t分布の標本から母平均の片側信頼区間の幅を求める	114
	T.DIST	t分布の確率を求める	115
	T.DIST.RT	t分布の右側確率を求める	116
	T.DIST.2T	t分布の両側確率を求める	116
	T.INV	t分布の左側逆関数値を求める	117
	T.INV.2T	t分布の両側逆関数値を求める	117
	T.TEST	t検定の確率を求める	118
	Z.TEST	z検定の上側確率を求める	119
	F.DIST	F分布の確率を求める	119
	F.DIST.RT	F分布の上側確率を求める	120
	F.INV.RT	F分布の上側確率から確率変数を求める	121
	F.INV	F分布の下側確率から確率変数を求める	121
	F.TEST	F検定の両側確率を求める	121
	CHISQ.DIST.RT	カイ二乗分布の上側確率を求める	122
	CHISQ.INV	カイ二乗分布の下側確率から確率変数を求める	122
	CHISQ.INV.RT	カイ二乗分布の上側確率から確率変数を求める	122
	CHISQ.DIST	カイ二乗分布の確率を求める	123
	CHISQ.TEST	カイ二乗検定の上側確率を求める	124
相関	PEARSON	ピアソンの積率相関係数を求める	125
	RSQ	ピアソンの積率相関係数の決定係数を求める	125
	COVARIANCE.P	母共分散を求める	126
	COVARIANCE.S	共分散を求める	126
	CORREL	相関係数を求める	127
	FISHER	フィッシャー変換の値を求める	128
	FISHERINV	フィッシャー変換の逆関数値を求める	128

回帰	LINEST	複数の一次独立変数の回帰直線の係数を求める	129
	TREND	複数の一次独立変数の回帰直線の予測値を求める	129
	SLOPE INTERCEPT	1変数の回帰直線の傾きと切片を求める	130
	FORECAST.LINEAR	1変数の回帰直線の予測値を求める	131
	FORECAST.ETS	実績から予測値を求める	131
	FORECAST.ETS.CONFINT	予測値の信頼区間を求める	132
	FORECAST.ETS.SEASONALITY	指定した時系列の季節パターンの長さを求める	132
	FORECAST.ETS.STAT	時系列予測から統計値を求める	133
	STEYX	1変数の回帰直線の標準誤差を求める	133
	LOGEST	複数の独立変数の回帰指数曲線の係数を求める	134
	GROWTH	複数の独立変数の回帰指数曲線の予測値を求める	134

第3章 日付／時刻

現在の日時	TODAY	現在の日付を表示する	138
	NOW	現在の日付と時刻を表示する	138
指定日時	DATE	指定した日付を表示する	139
	DATEVALUE	日付を表す文字列をシリアル値に変換する	139
	TIME	指定した時刻を表示する	140
	TIMEVALUE	時刻を表す文字列をシリアル値に変換する	140
	DATESTRING	西暦の日付を和暦の日付に変換する	141
日時情報	YEAR	日付から年を求めて表示する	142
	MONTH	日付から月を求めて表示する	142

(日時情報)	DAY	日付から日を求めて表示する	143
	HOUR	時刻から時を求めて表示する	143
	MINUTE	時刻から分を求めて表示する	144
	SECOND	時刻から秒を求めて表示する	144
週情報	WEEKDAY	日付から曜日を求めて表示する	145
	WEEKNUM	日付がその年の何週目かを求める	146
	ISOWEEKNUM	日付のISO週番号を求める	147
期間	EDATE	指定した月数前／後の日付を求める	148
	EOMONTH	指定した月数前／後の月末日付を求める	148
	WORKDAY	土日、祝日を除く稼働日数後の日付を求める	149
	NETWORKDAYS	期間内の稼働日数を求める	150
	WORKDAY.INTL	定休日を除く稼働日数後の日付を求める	151
	NETWORKDAYS.INTL	指定する休日を除いた稼働日数を求める	152
	YEARFRAC	2つの日付の間の期間を年数で求める	152
	DATEDIF	2つの日付の間の年／月／日数を求める	153
	DAYS	2つの日付の間の日数を求める	154
	DAYS360	2つの日付の間の日数を求める(1年=360日)	154

第4章 財務

借入返済	PMT	元利均等返済における返済金額を求める	156
	PPMT	元利均等返済における元金返済額を求める	158
	IPMT	元利均等返済における利息を求める	158
	CUMPRINC	元利均等返済における元金返済額累計を求める	159
	CUMIPMT	元利均等返済における金利累計を求める	159

CONTENTS

分類	関数	内容	ページ
(借入返済)	RATE	元利均等返済における利率を求める	160
	NPER	元利均等返済における支払回数を求める	161
	ISPMT	元金均等返済における利息を求める	161
現在価値／将来価値	PV	現在価値を求める	162
	FV	将来価値を求める	162
	RRI	将来価値から利率を求める	163
	NPV	定期キャッシュフローの正味現在価値を求める	164
	FVSCHEDULE	利率が変動する投資の将来価値を求める	165
	XNPV	不定期キャッシュフローの正味現在価値を求める	166
	IRR	定期キャッシュフローから内部利益率を求める	166
	XIRR	不定期キャッシュフローから内部利益率を求める	167
	MIRR	定期キャッシュフローから修正内部利益率を求める	167
年利率	EFFECT	実効年利率を求める	168
	NOMINAL	名目年利率を求める	168
変換関数	DOLLARDE	分数表示のドル価格を小数表示に変換する	169
	DOLLARFR	小数表示のドル価格を分数表示に変換する	169
減価償却	DB	減価償却費を旧定率法で求める	170
	DDB	減価償却費を定率法で求める	170
	VDB	定額法に切り替えて減価償却費を求める	170
	SLN	減価償却費を定額法で求める	171
	SYD	減価償却費を算術級数法で求める	171
	AMORDEGRC AMORLINC	各会計期における減価償却費を求める	171
証券	DURATION	定期利付債のデュレーションを求める	172
	MDURATION	証券に対する修正デュレーションを求める	172
	PDURATION	目標額になるまでの投資期間を求める	172

(証券)	RECEIVED	割引債の償還価格を求める	173
	INTRATE	全額投資された証券の利率を求める	173
	YIELDDISC	割引債の年利回りを求める	173
	DISC	割引債の割引率を求める	174
	PRICEDISC	割引債の額面100に対する価格を求める	174
	YIELD	定期利付債の利回りを求める	175
	YIELDMAT	満期利付債の利回りを求める	175
	PRICE	定期利付債の時価を求める	176
	PRICEMAT	満期利付債の時価を求める	176
	ACCRINT	定期利付債の経過利息を求める	177
	ACCRINTM	満期利付債の利息を求める	178
	ODDFPRICE	最初の利払期間が半端な利付債の価格を求める	179
	ODDLPRICE	最後の利払期間が半端な利付債の価格を求める	179
	ODDFYIELD	最初の利払期間が半端な利付債の利回りを求める	180
	ODDLYIELD	最後の利払期間が半端な利付債の利回りを求める	180
	COUPDAYBS	前回の利払日から受渡日までの日数を求める	181
	COUPDAYS	証券の利払期間を求める	181
	COUPPCD	前回の利払日を求める	182
	COUPNCD	次回の利払日を求める	182
	COUPDAYSNC	受渡日から次の利払日までの日数を求める	183
	COUPNUM	受渡日と満期日の間の利払回数を求める	183
	TBILLPRICE	米国財務省短期証券の額面$100当たりの価格を求める	185
	TBILLYIELD	米国財務省短期証券の利回りを求める	185
	TBILLEQ	米国財務省短期証券の債券に相当する利回りを求める	185
データ抽出	STOCKHISTORY	指定した株式銘柄の株価情報を取り出す	186

第5章 論理

分類	関数	内容	ページ
条件	IF	条件によって異なる値を返す	188
	IFS	複数の条件によって異なる値を返す	189
	SWITCH	複数のデータを比較検索して一致するかどうか調べる	190
	AND	複数の条件をすべて満たすかどうか調べる	191
	OR	複数の条件のいずれか1つを満たすかどうか調べる	192
	XOR	複数の条件で奇数の数を満たすかどうか調べる	192
	NOT	[TRUE]のとき[FALSE]、[FALSE]のとき[TRUE]を返す	194
論理値	TRUE	必ず[TRUE]を返す	194
	FALSE	必ず[FALSE]を返す	194
エラー	IFERROR	対象がエラーの場合に指定した値を返す	195
	IFNA	結果がエラー値[#N/A]の場合は指定した値を返す	196
変数の定義	LET	計算結果に名前を割り当てて再利用する	197
カスタム関数	LAMBDA	変数と数式を指定して使用可能な関数を作成する	198
	MAKEARRAY	LAMBDA関数を行数と列数の配列に適用する	199
	BYCOL	LAMBDA関数を各列に適用して配列を返す	200
	BYROW	LAMBDA関数を各行に適用して配列を返す	200
	MAP	LAMBDA関数に配列の各要素を適用して新たな配列を作成する	201
	SCAN	配列にLAMBDA関数を適用して累計を求める	202
	REDUCE	配列にLANBDA関数を適用して累計の最終値を求める	202

第6章 情報

IS関数	ISTEXT	対象が文字列かどうか調べる	204
	ISNONTEXT	対象が文字列以外かどうか調べる	204
	ISNUMBER	対象が数値かどうか調べる	205
	ISEVEN	対象が偶数かどうか調べる	206
	ISODD	対象が奇数かどうか調べる	206
	ISBLANK	対象が空白セルかどうか調べる	207
	ISLOGICAL	対象が論理値かどうか調べる	208
	ISFORMULA	セルに数式が含まれているかどうか調べる	208
	ISREF	対象がセル参照かどうか調べる	209
	ISOMITTED	LAMBDA関数の引数が省略されているかどうか調べる	209
エラー値／データ型	ISERROR	対象がエラー値かどうか調べる	210
	ISNA	対象がエラー値［#N/A］かどうか調べる	210
	ISERR	対象がエラー値［#N/A］以外かどうか調べる	211
	NA	つねにエラー値［#N/A］を返す	211
	ERROR.TYPE	エラー値のタイプを調べる	212
	TYPE	データの型を調べる	212
情報抽出	N	引数を対応する数値に変換する	213
	SHEET	シートが何枚目かを調べる	214
	SHEETS	シートの数を調べる	215
	CELL	セルの書式／位置／内容を調べる	216
	INFO	Excelの動作環境を調べる	218

第7章 検索／行列

データ検索	VLOOKUP	縦方向に検索して値を抽出する	220
	HLOOKUP	横方向に検索して値を抽出する	221
	LOOKUP…ベクトル形式	1行／1列のセル範囲を検索して対応する値を求める	222
	LOOKUP…配列形式	縦横の長い行または列で検索して対応する値を求める	223
	XLOOKUP	セル範囲から指定した情報を検索する	224
	CHOOSE	引数リストから指定した位置の値を取り出す	225
	INDEX	セル範囲から指定した番地の値を取り出す	226
相対位置	MATCH	検索した値の相対位置を求める	227
	XMATCH	セルやセル範囲からの相対位置の値を求める	228
	OFFSET	基準のセルからの相対位置を求める	229
セル参照	ROW	セルの行番号を求める	230
	COLUMN	セルの列番号を求める	230
	ROWS	セル範囲の行数を求める	231
	COLUMNS	セル範囲の列数を求める	231
	INDIRECT	セル参照の文字列からセルの値を求める	232
	ADDRESS	行番号と列番号をセル参照の文字列に変換する	233
	AREAS	範囲／名前に含まれる領域の数を求める	233
行列変換	TRANSPOSE	セル範囲の行と列を交換する	234
リンク	HYPERLINK	ほかのドキュメントへのリンクを作成する	235
ピボットテーブル	GETPIVOTDATA	ピボットテーブル内の値を抽出する	235
データ抽出	FORMULATEXT	数式を文字列に変換する	236
	RTD	RTDサーバーからデータを取り出す	236
	FILTER	条件を指定してデータを取り出す	237
	FIELDVALUE	株価や地理のデータを取り出す	238
	UNIQUE	同じデータをまとめる／取り出す	240

(データ抽出)	CHOOSECOLS	配列から指定した列を取り出す	241
	CHOOSEROWS	配列から指定した行を取り出す	241
	TAKE	配列から指定した行や列を取り出す	242
	DROP	配列から指定した行や列を除外したデータを取り出す	243
並べ替え	SORT	順序を指定してデータを並べ替える	244
	SORTBY	複数の基準と順序を指定してデータを並べ替える	245
画像挿入	IMAGE	URLを指定して画像をセル内に挿入する	246
配列変換	EXPAND	配列を指定した行と列に拡張する	247
	TOCOL	配列を縦1列にして並べる	248
	TOROW	配列を横1行にして並べる	248
	VSTACK	配列を縦方向に結合する	249
	HSTACK	配列を横方向に結合する	249
	WRAPCOLS	配列を指定の行数で縦方向に折り返す	250
	WRAPROWS	配列を指定の列数で横方向に折り返す	250

第8章 データベース

合計	DSUM	条件を満たすレコードの合計を求める	252
積	DPRODUCT	条件を満たすレコードの積を求める	253
平均値	DAVERAGE	条件を満たすレコードの平均値を求める	254
最大／最小	DMIN	条件を満たすレコードの最小値を求める	254
	DMAX	条件を満たすレコードの最大値を求める	255
分散	DVARP	条件を満たすレコードの標本分散を求める	256
	DVAR	条件を満たすレコードの不偏分散を求める	256
標準偏差	DSTDEVP	条件を満たすレコードの標準偏差を求める	257

（標準偏差）	DSTDEV	条件を満たすレコードの標準偏差推定値を求める	258
個数	DCOUNT	条件を満たすレコードの数値の個数を求める	259
	DCOUNTA	条件を満たすレコードの空白以外のセル数を求める	260
値抽出	DGET	データベースから1つの値を抽出する	262

第9章 文字列操作

文字列結合	CONCAT	複数のセルの文字列を結合する	264
	TEXTJOIN	区切り記号で複数のセルの文字列を結合する	265
文字列長	LEN	文字列の文字数を求める	265
	LENB	文字列のバイト数を求める	266
文字列抽出	LEFT	文字列の左端から指定数の文字を取り出す	267
	LEFTB	文字列の左端から指定バイト数の文字を取り出す	267
	RIGHT	文字列の右端から指定数の文字を取り出す	268
	RIGHTB	文字列の右端から指定バイト数の文字を取り出す	268
	MID	文字列の指定位置から指定数の文字を取り出す	269
	MIDB	文字列の指定位置から指定バイト数の文字を取り出す	269
	TEXTAFTER	指定した文字の後ろにある文字列を取り出す	270
	TEXTBEFORE	指定した文字の前にある文字列を取り出す	270
検索／置換	FIND	検索する文字列の位置を求める	271
	FINDB	検索する文字列のバイト位置を求める	272
	SEARCH	検索する文字列の位置を求める	272
	SEARCHB	検索する文字列のバイト位置を求める	273

分類	関数	内容	ページ
(検索／置換)	REPLACE	指定した文字数の文字列を置換する	273
	REPLACEB	指定したバイト数の文字列を置換する	274
	SUBSTITUTE	指定した文字列を置換する	274
数値／文字列	FIXED	数値を四捨五入しカンマを使った文字列に変換する	275
	DOLLAR YEN BAHTTEXT	数値を四捨五入し通貨記号を付けた文字列に変換する	276
	NUMBERSTRING	数値を漢数字に変換する	277
	T	文字列を抽出する	277
	TEXT	数値を書式設定した文字列に変換する	278
	ASC	文字列を半角に変換する	280
	JIS	文字列を全角に変換する	280
	VALUE	文字列を数値に変換する	281
	VALUETOTEXT	値を文字列に変換する	281
	ARRAYTOTEXT	配列を文字列に変換する	282
	TEXTSPLIT	文字列に区切り文字を付けて列／行に分割表示する	283
	PHONETIC	設定されているふりがなを取り出す	284
大文字／小文字	UPPER	英字を大文字に変換する	284
	LOWER	英字を小文字に変換する	284
	PROPER	英単語の先頭文字を大文字に、以降を小文字に変換する	285
文字コード	CHAR	文字コードを文字に変換する	286
	UNICHAR	Unicode番号を文字に変換する	286
	CODE	文字を文字コードに変換する	287
	UNICODE	文字のUnicode番号を調べる	287
国際化	NUMBERVALUE	地域表示形式で表された文字列を数値に変換する	288
比較	EXACT	2つの文字列が等しいかを比較する	288

文字削除	CLEAN	文字列から印刷できない文字を削除する	289
	TRIM	不要なスペースを削除する	289
文字グラフ	REPT	文字列を繰り返して表示する	290

第10章 エンジニアリング

ビット演算	BITAND	論理積を求める(ビット演算)	292
	BITOR	論理和を求める(ビット演算)	292
	BITXOR	排他的論理和を求める(ビット演算)	293
	BITLSHIFT	ビットを左シフトする	293
	BITRSHIFT	ビットを右シフトする	294
基数変換	DEC2BIN	10進数を2進数に変換する	294
	DEC2HEX	10進数を16進数に変換する	295
	DEC2OCT	10進数を8進数に変換する	295
	BIN2DEC	2進数を10進数に変換する	296
	BIN2HEX	2進数を16進数に変換する	297
	BIN2OCT	2進数を8進数に変換する	297
	HEX2DEC	16進数を10進数に変換する	298
	HEX2BIN	16進数を2進数に変換する	298
	HEX2OCT	16進数を8進数に変換する	299
	OCT2BIN	8進数を2進数に変換する	299
	OCT2DEC	8進数を10進数に変換する	300
	OCT2HEX	8進数を16進数に変換する	300
比較	DELTA	2つの数値が等しいかどうか調べる	301
	GESTEP	数値がしきい値より小さくないか調べる	301

分類	関数	内容	ページ
単位変換	CONVERT	数値の単位を変換する	302
複素数	COMPLEX	実数／虚数を指定して複素数を作成する	305
	IMREAL	複素数の実数部を取り出す	305
	IMAGINARY	複素数の虚数部を取り出す	305
	IMCONJUGATE	複素数の複素共役を求める	306
	IMABS	複素数の絶対値を求める	306
	IMARGUMENT	複素数の偏角を求める	306
	IMSUM	複素数の和を求める	307
	IMSUB	2つの複素数の差を求める	307
	IMPRODUCT	複素数の積を求める	307
	IMDIV	2つの複素数の商を求める	308
	IMPOWER	複素数のべき乗を求める	308
	IMSQRT	複素数の平方根を求める	309
	IMSIN	複素数の正弦（サイン）を求める	309
	IMCOS	複素数の余弦（コサイン）を求める	310
	IMTAN	複素数の正接（タンジェント）を求める	310
	IMSEC	複素数の正割（セカント）を求める	311
	IMCSC	複素数の余剰（コセカント）を求める	311
	IMCOT	複素数の余接（コタンジェント）を求める	311
	IMSINH	複素数の双曲線正弦を求める	312
	IMCOSH	複素数の双曲線余弦を求める	312
	IMSECH	複素数の双曲線正割を求める	312
	IMCSCH	複素数の双曲線余割を求める	313
	IMEXP	複素数の指数関数を求める	313
	IMLN	複素数の自然対数を求める	314
	IMLOG10	複素数の常用対数を求める	314
	IMLOG2	複素数の2を底とする対数を求める	314

誤差積分	ERF ERF.PRECISE	**誤差関数の積分値を求める**	315
	ERFC ERFC.PRECISE	相補誤差関数の積分値を求める	315
ベッセル関数	BESSELJ	ベッセル関数Jn(x)を計算する	317
	BESSELY	ベッセル関数Yn(x)を計算する	317
	BESSELI	変形ベッセル関数In(x)を計算する	319
	BESSELK	変形ベッセル関数Kn(x)を計算する	319

第11章 キューブ／Web

セット	CUBESET	キューブからセットを取り出す	322
	CUBESETCOUNT	キューブセットにある項目数を求める	322
	CUBEVALUE	キューブから指定したセットの集計値を求める	323
メンバー	CUBEMEMBER	キューブからメンバーまたは組を取り出す	323
	CUBEMEMBERPROPERTY	キューブからメンバーのプロパティの値を求める	324
	CUBERANKEDMEMBER	キューブで指定したランクのメンバーを求める	324
	CUBEKPIMEMBER	主要業績評価指標(KPI)のプロパティを求める	325
URLエンコード	ENCODEURL	文字列をURL形式にエンコードする	325
データ取得	FILTERXML	XML文書から必要な情報を取り出す	326
	WEBSERVICE	Webサービスからデータを取得する	326

第12章 互換性関数

分類	関数	内容	ページ
数学／三角	CEILING	指定値の倍数に切り上げる	328
	FLOOR	指定値の倍数に切り捨てる	328
統計	MODE	最頻値を求める	328
	RANK	順位を求める	328
	QUARTILE	四分位数を求める	329
	PERCENTILE	百分位数を求める	329
	PERCENTRANK	百分率での順位を求める	329
	VAR	不偏分散を求める	330
	VARP	分散を求める	330
	STDEV	不偏標準偏差を求める	330
	STDEVP	標準偏差を求める	330
	BINOMDIST	二項分布の確率を求める	331
	CRITBINOM	二項分布確率が目標値以上になる最小回数を求める	331
	NEGBINOMDIST	負の二項分布の確率を求める	331
	HYPGEOMDIST	超幾何分布の確率を求める	332
	POISSON	ポアソン分布の確率を求める	332
	NORMDIST	正規分布の確率を求める	332
	NORMSDIST	標準正規分布の確率を求める	332
	NORMINV	正規分布の累積分布関数の逆関数値を求める	333
	NORMSINV	標準正規分布の累積分布関数の逆関数値を求める	333
	LOGNORMDIST	対数正規分布の確率を求める	333
	LOGINV	対数正規分布の累積分布関数の逆関数値を求める	334
	EXPONDIST	指数分布の確率分布を求める	334
	BETADIST	ベータ分布の確率を求める	334
	BETAINV	ベータ分布の累積分布関数の逆関数値を求める	335

(統計)	GAMMADIST	ガンマ分布関数の値を求める	335
	GAMMAINV	ガンマ分布の累積分布関数の逆関数値を求める	335
	WEIBULL	ワイブル分布の値を求める	336
	CONFIDENCE	正規分布の標本から母平均の片側信頼区間の幅を求める	336
	TDIST	t分布の確率を求める	336
	TINV	t分布の両側逆関数値を求める	337
	TTEST	t検定の確率を求める	337
	ZTEST	z検定の上側確率を求める	337
	FDIST	F分布の上側確率を求める	338
	FINV	F分布の上側確率から確率変数を求める	338
	FTEST	F検定の両側確率を求める	338
	CHIDIST	カイ二乗分布の上側確率を求める	339
	CHIINV	カイ二乗分布の上側確率から確率変数を求める	339
	CHITEST	カイ二乗検定の上側確率を求める	339
	COVAR	母共分散を求める	340
	FORECAST	1変数の回帰直線の予測値を求める	340
文字列結合	CONCATENATE	複数の文字列を結合する	340

付　録

付録 1　演算子の種類とセル参照 342

付録 2　表示形式と書式記号 345

付録 3　配列数式と配列定数 351

付録 4　スピル機能 354

付録 5　アドイン／自動化（ユーザー定義）関数 356

用語索引 358

目的別索引 366

関数索引 384

ご注意：ご購入・ご利用の前に必ずお読みください

●本書に記載された内容は、情報の提供のみを目的としています。したがって、本書を用いた運用は、必ずお客様自身の責任と判断によって行ってください。これらの情報の運用の結果について、技術評論社はいかなる責任も負いません。

●ソフトウェアに関する記述は、特に断りのないかぎり、2024年7月現在での最新バージョンをもとにしています。ソフトウェアはバージョンアップされる場合があり、本書での説明とは機能内容や画面図などが異なってしまうこともあり得ます。あらかじめご了承ください。

●本書はExcel 2016/2019/2021（Windows版）およびMicrosoft 365を対象とし、検証はこれらのみで行っています。

●インターネットの情報についてはURLや画面等が変更されている可能性があります。ご注意ください。

以上の注意事項をご承諾いただいた上で、本書をご利用願います。これらの注意事項をお読みいただかずに、お問い合わせいただいても、技術評論社は対処しかねます。あらかじめ、ご承知おきください。

第 1 章

数学／三角

Excel の数学関数は、表に入力された連続した数値の和や平均などの計算、数値の四捨五入や小数点以下の桁数の指定、整数化など、基本的な四則演算などを行います。三角関数は科学技術や工業技術などの分野に利用されるもので、これらをかんたんに計算することができるよう各種関数が用意されています。
このほか、1 つまたは複数の条件で処理を変える、乱数を作る関数なども用意されています。

SUM サム

数値を合計する

書　式　SUM(数値1[,数値2,…])

計算例　SUM(60,30,10)
数値 [60] [30] [10] の合計を計算する。

機　能　引数として、数値やセル参照を入力します。最もよく使われるのは、セル範囲に表示された数値の合計を求める計算です。その場合は、合計したい数値のセル範囲を引数に指定します。

使用例　商品の売上合計を求める

SUM関数を入力するには、[オートSUM]（合計）Σで入力するのが手軽です。この場合、引数も自動的に認識されるので指定の必要はありません。SUM関数を入力したいセルを選択し、[ホーム] タブの [オートSUM]（合計）Σをクリックすると、下表に示すように、引数の「候補」と関数書式が表示されます。

01-01

	A	B	C	D	E
1	商品名	商品A	商品B	商品C	合計
2	2024年4月	12	15	30	
3	2024年5月	15	17	33	
4	2024年6月	12	12	40	
5	合計	=SUM(B2:B4)			
6		SUM(数値1, [数値2], ...)			

自動選択されているセル範囲が正しい場合は Enter を押すと、SUM関数が入力され、計算結果が表示されます。
自動選択されているセル範囲が正しくない場合は、上の表の状態でセル範囲を選択し直してから Enter を押します。
入力した関数を右隣のセル範囲にコピーしていくと、下の表が完成します。

	A	B	C	D	E
1	商品名	商品A	商品B	商品C	合計
2	2024年4月	12	15	30	
3	2024年5月	15	17	33	
4	2024年6月	12	12	40	
5	合計	39	44	103	
6					

関連 **SUMIF** ……………………………… P.31

SUMIF サム・イフ

条件を指定して数値を合計する

書　式　SUMIF(**検索範囲**, **検索条件** [, **合計範囲**])

計算例　SUMIF(**商品名**," **商品A**", **売上高**)

セル範囲 [商品名] の [商品A] の行（または列）に対応するセル範囲 [売上高] の数値を合計する。

機　能　SUMIF関数を利用すると、「条件に合う数値を合計する」ことができます。SUMIF関数は、[検索範囲] に含まれるセルのうち、[検索条件] を満たすセルに対応する [合計範囲] のセルの数値を合計します。
たとえば全体の売上とは別に「商品ごと」の売上も必要な場合は、条件に「商品」を指定します。

使用例　指定した商品名の売上合計を求める

下表では、商品名のセル範囲 [A2：A10] を検索して、セル [A14] の条件（商品A）を満たすもののうち、セル範囲 [C2：C10] の売上データを合計して、セル [C14] に商品Aの売上を出力しています。

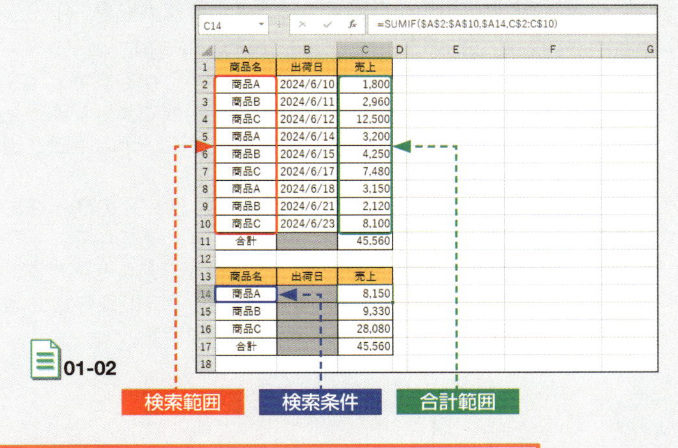
C14　=SUMIF($A$2:$A$10,$A14,C$2:C$10)

	A	B	C
1	商品名	出荷日	売上
2	商品A	2024/6/10	1,800
3	商品B	2024/6/11	2,960
4	商品C	2024/6/12	12,500
5	商品A	2024/6/14	3,200
6	商品B	2024/6/15	4,250
7	商品C	2024/6/17	7,480
8	商品A	2024/6/18	3,150
9	商品B	2024/6/21	2,120
10	商品C	2024/6/23	8,100
11	合計		45,560
12			
13	商品名	出荷日	売上
14	商品A		8,150
15	商品B		9,330
16	商品C		28,080
17	合計		45,560
18			

=SUMIF($A$2:$A$10,$A14,C$2:C$10)

関連　**SUM** …… P.30
SUMIFS …… P.32

SUMIFS サム・イフス

複数の条件を指定して数値を合計する

書　式　SUMIFS(合計範囲, 検索範囲 1, 検索条件 1[, 検索範囲 2, 検索条件 2,…])

計算例　SUMIFS(売上高, 商品名, 商品名, 出荷日," 出荷日付")
セル範囲［商品名］の［商品A］の行（または列）であってかつ、セル範囲［出荷日］の［出荷日付］の行（または列）に対応するセル範囲［売上高］の数値の合計を求める。

機　能　SUMIF関数を利用すると、「1つの条件を付けて数値を合計する」ことができます。これに対してSUMIFS関数は、「複数の条件を付けて数値を合計する」ことができます。条件は127個まで追加できます。
条件が2個の場合、SUMIFS関数を利用すると、［検索範囲1］の中で［検索条件1］を満たすものであって、かつ、［検索範囲2］の中で［検索条件2］を満たすセルに対応する［合計範囲］のセルの数値を合計します。

使用例　指定した出荷日と商品名の売上合計を求める

複数の条件を指定して合計するような計算を行うには、次ページ上段の例のように、まず複数の条件を満たすかどうかを判断して1つにまとめます。次に、その結果を使ってSUMIF関数で集計する方法もあります。しかし、SUMIFS関数を利用することで、その手間を省くことができます。
次ページ下段の例では、まずセル範囲［B2：B10］の商品名の範囲でセル［B14］の条件を満たすものを検索します。その中で、次にセル範囲［A2：A10］の出荷日の範囲でセル［A14］の条件を満たすものを検索します。セル範囲［C2：C10］の数値から2つの条件に合った数値を選別して合計し、セル［C14］に出力しています。

関連　SUMIF……………………………P.31

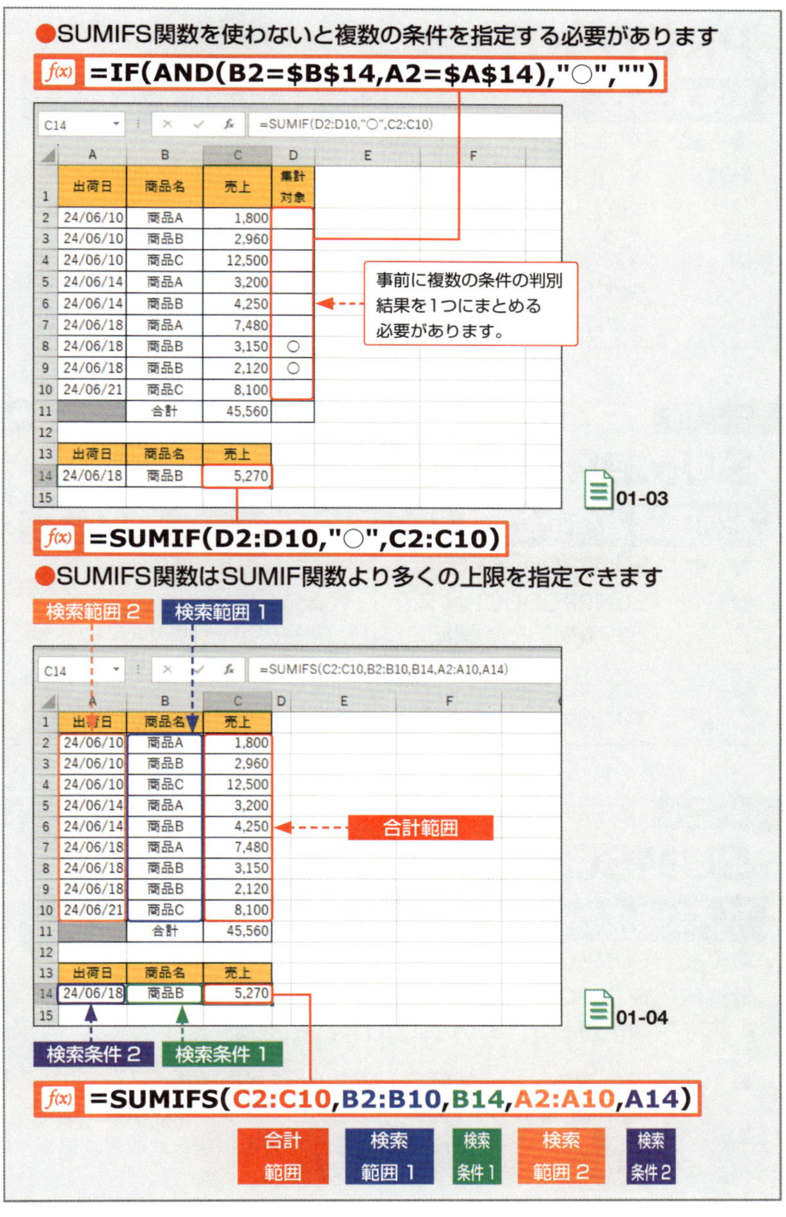

●SUMIFS関数を使わないと複数の条件を指定する必要があります

f(x) =IF(AND(B2=$B$14,A2=$A$14),"○","")

C14 | =SUMIF(D2:D10,"○",C2:C10)

	A	B	C	D
1	出荷日	商品名	売上	集計対象
2	24/06/10	商品A	1,800	
3	24/06/10	商品B	2,960	
4	24/06/10	商品C	12,500	
5	24/06/14	商品A	3,200	
6	24/06/14	商品B	4,250	
7	24/06/18	商品A	7,480	
8	24/06/18	商品B	3,150	○
9	24/06/18	商品B	2,120	○
10	24/06/21	商品C	8,100	
11		合計	45,560	
12				
13	出荷日	商品名	売上	
14	24/06/18	商品B	5,270	
15				

f(x) =SUMIF(D2:D10,"○",C2:C10)

●SUMIFS関数はSUMIF関数より多くの上限を指定できます

C14 | =SUMIFS(C2:C10,B2:B10,B14,A2:A10,A14)

	A	B	C
1	出荷日	商品名	売上
2	24/06/10	商品A	1,800
3	24/06/10	商品B	2,960
4	24/06/10	商品C	12,500
5	24/06/14	商品A	3,200
6	24/06/14	商品B	4,250
7	24/06/18	商品A	7,480
8	24/06/18	商品B	3,150
9	24/06/18	商品B	2,120
10	24/06/21	商品C	8,100
11		合計	45,560
12			
13	出荷日	商品名	売上
14	24/06/18	商品B	5,270
15			

f(x) =SUMIFS(C2:C10,B2:B10,B14,A2:A10,A14)

数学／三角　四則計算　2016 2019 2021 365

PRODUCT プロダクト

積を求める

書　式　PRODUCT(数値1[,数値2,…])

計算例　PRODUCT(600,80%,10)
単価[600]、掛け率[80%]、数量[10]の積の計算をする。

機　能　複数の数値の積を求めます。また、[1]から順に整数を掛け続けると、階乗を計算することもできます。引数として、よく使われるのは、縦1列または横1行に連続したセル範囲です。

数学／三角　四則計算　2016 2019 2021 365

SUMPRODUCT サム・プロダクト

配列要素の積を合計する

書　式　SUMPRODUCT(配列1,配列2[,配列3,…])

計算例　SUMPRODUCT(単価配列,数量配列)
[単価配列]と[数量配列]を掛けた積の和を計算する。

機　能　引数として指定した複数の配列またはセル範囲の対応する要素を掛け合わせ、その合計を返します。検算にも利用できます。

数学／三角　四則計算　2016 2019 2021 365

SUMSQ サム・スクエア

平方和を求める

書　式　SUMSQ(数値1[,数値2,…])

計算例　SUMSQ(1,2,3)
数値[1][2][3]の2乗の合計[14]を返す。

機　能　引数の値それぞれの平方(2乗)の和を求めます。
統計の計算においては、平均値と各データの差を引数に指定すると、偏差平方和を求めることができます。分散を計算する途中段階で利用すると便利です。

SUMX2MY2　サム・オブ・エックス・スクエアエド・マイナス・ワイ・スクエアド

配列要素の平方差を合計する

書　式　SUMX2MY2(配列 1, 配列 2)
対応する組の数値の平方差の合計を返す。

機　能　2つの数値の組の平方差を合計します。最初の組の要素は[X]、次の組の要素を[Y]で表すと、次のようになります。

SUMX2MY2=Σ(X^2-Y^2) → SUM of X^2 Minus Y^2

数学／三角　四則計算　2016 2019 2021 365

SUMX2PY2　サム・オブ・エックス・スクエアエド・プラス・ワイ・スクエアド

配列要素の平方和を合計する

書　式　SUMX2PY2(配列 1, 配列 2)
対応する組の数値の平方和の合計を返す。

機　能　2つの数値の組の平方和を合計します。最初の組の要素は[X]、次の組の要素を[Y]で表すと、次のようになります。

SUMX2PY2=Σ(X^2+Y^2) → SUM of X^2 Plus Y^2

数学／三角　四則計算　2016 2019 2021 365

SUMXMY2　サム・オブ・エックス・マイナス・ワイ・スクエアド

配列要素の差の平方和を求める

書　式　SUMXMY2(配列 1, 配列 2)
対応する組の数値の差を2乗してその合計を返す。

機　能　2つの数値の組の差の平方和を合計します。最初の組の要素は[X]、次の組の要素を[Y]で表すと、次のようになります。

SUMXMY2=Σ$(X-Y)^2$ → SUM of $(X \text{ Minus } Y)^2$

SUBTOTAL サブトータル

さまざまな集計値を求める

書　式　SUBTOTAL(**集計方法**, **範囲 1**[, **範囲 2**,…])

計算例　SUBTOTAL(1, データ表)
[データ表] という名前の付いたセル範囲の平均値 (集計方法：1) を求める。

機　能　SUBTOTAL関数は、作成した集計リストを頻繁に修正するような場合に利用します。[データ] タブの [アウトライン] → [小計] で挿入される集計行にも使用されています。
指定した範囲内にほかの集計値が挿入されている場合、小計のみを集計したり、また、非表示のセルを計算対象から外し、表示されたセルのみ集計したりすることができます。
SUBTOTAL関数は、リスト形式を成していないデータの集計にも利用でき、11種類もの関数の計算が1つの関数を入力するだけで実現できるのも特徴です。

使用例　明細に含まれる小計行のみ合計する

小計が含まれたセル範囲の合計を計算する際は、SUBTOTAL関数を用います。連続したセル範囲で引数を指定しても、小計だけを合計することができます。

D12　=SUBTOTAL(9,D2:D10)

	A	B	C	D	E
1	日付	担当者	商品名	売上高	
2	7/15	福間早苗	プリンター	1,440,000	
3	7/15	上田麻奈	プリンター	1,680,000	
4	7/15	斎藤幸子	スキャナー	910,000	
5	7/15	宮越清香	スキャナー	520,000	
6	7/15 集計			4,550,000	
7	7/31	福間早苗	プリンター	1,320,000	
8	7/31	上田麻奈	プリンター	1,560,000	
9	7/31	福間早苗	スキャナー	1,495,000	
10	7/31	宮越清香	スキャナー	1,105,000	
11	7/31 集計			5,480,000	
12	総計			10,030,000	
13					

01-05

f(x) **=SUBTOTAL(9,D2:D10)**

▼集計方法の番号

番号	関数
1 または 101	AVERAGE
2 または 102	COUNT
3 または 103	COUNTA
4 または 104	MAX
5 または 105	MIN
6 または 106	PRODUCT
7 または 107	STDEV
8 または 108	STDEVP
9 または 109	SUM
10 または 110	VAR
11 または 111	VARP

※ 101 ～ 111 は非表示の値を含まない場合で、SUBTOTAL 関数のみ指定できます。

関連 AGGREGATE ………………………P.37

AGGREGATE アグリゲート

さまざまな集計値や順位を求める

書　式　AGGREGATE(集計方法 1 ～ 13, オプション, 参照 1[, 参照 2,…])

書　式　AGGREGATE(集計方法 14 ～ 19, オプション, 配列, 順位)

計算例　AGGREGATE(9,6,D2:D4)
セル範囲[D2:D4]内にあるエラーは無視して合計を求める。

機　能　AGGREGATE関数は、SUBTOTAL関数の機能拡張版です。[集計方法] が19種類に増え、[オプション] の指定により、リスト内のエラーや非表示行を無視した集計が可能です。

使用例　エラーを無視して合計を求める

SUBTOTAL関数では、集計対象に1つでもエラーがあると集計結果もエラーになりますが、AGGREGATE関数はエラーを無視した集計が可能です。

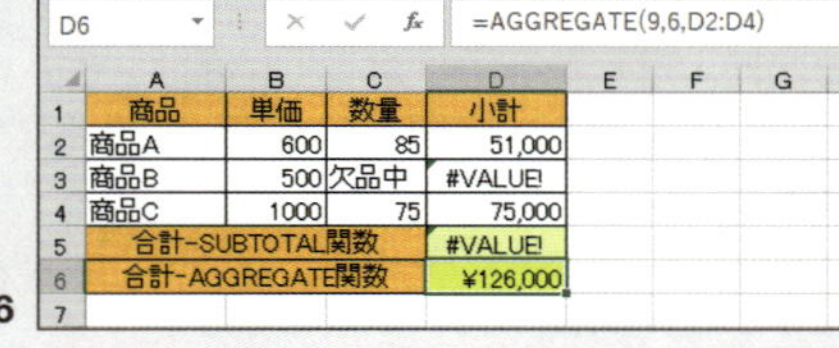
D6　=AGGREGATE(9,6,D2:D4)

	A	B	C	D	E	F	G
1	商品	単価	数量	小計			
2	商品A	600	85	51,000			
3	商品B	500	欠品中	#VALUE!			
4	商品C	1000	75	75,000			
5	合計-SUBTOTAL関数			#VALUE!			
6	合計-AGGREGATE関数			¥126,000			
7							

▼集計方法の番号（1 ～ 11 は、P.36 の SUBTOTAL 関数と同じ）

番号	関数	番号	関数
12	MEDIAN	16	PERCENTILE(PERCENTILE.INC)
13	MODE(MODE.SNGL)	17	QUARTILE(QUARTILE.INC)
14	LARGE	18	PERCENTILE.EXC
15	SMALL	19	QUARTILE.EXC

▼オプションの番号

番号	内容	番号	内容
0（省略）	リスト内に含まれる集計値を無視	4	何も無視しない
1	オプション [0]+ 非表示行の無視	5	非表示行の無視
2	オプション [0]+ エラーの無視	6	エラーの無視
3	オプション [0]+[1]+[2]	7	オプション [5]+[6]

関連　SUBTOTAL ………………………P.36

INT　インテジャー

小数点以下を切り捨てる

書　式　INT(数値)

計算例　INT(12.3)
数値[12.3]の小数部を切り捨てて、整数部[12]を求める。

機　能　数値を整数にする最もかんたんな関数はINT関数です。「[数値]を超えない最大の整数」が得られるように、数値を切り下げます。したがって、「-12.3」と指定した場合は「-13」となります。
単に、数値の小数点以下の値を切り捨てて整数にするだけならTRUNC関数が利用できます。

使用例　税込み円単価を求める

下表は、ケースごと仕入れた缶ジュースなどの販売で、ほぼ同一の利益率以上の利益を乗せる場合にいくらにすればよいか、という計算を行い、1円未満を切り捨てています。
「販売単価」から「販売円単価」を求めるためにINT関数を使用して、セル[G4]に「=INT(F4)」と入力し、入力した関数をセル範囲[G5:G10]にコピーしています。この計算では、切り捨ての結果、実質利益率が若干変動しています。

G4　=INT(F4)

	A	B	C	D	E	F	G	H
1	販売価格の計算							
2		仕入価格			販売価格			
3	商品名	ケース単価	数量	缶単価	利益率	販売単価	販売円単価	実質利益率
4	コーヒー	2,200	24	91.67	25%	122.2222	122.0000	24.86%
5	ミルクコーヒー	1,080	12	90.00	25%	120.0000	120.0000	25.00%
6	野菜ジュース	2,380	24	99.17	25%	132.2222	132.0000	24.87%
7	ラムネ	920	12	76.67	25%	102.2222	102.0000	24.84%
8	トマトジュース	2,100	24	87.50	25%	116.6667	116.0000	24.57%
9	ミルクティ	1,050	12	87.50	25%	116.6667	116.0000	24.57%
10	アップルティ	1,900	24	79.17	25%	105.5556	105.0000	24.60%
11								
12								
13								

01-07

関連　TRUNC……………………………P.39

TRUNC トランク

桁数を指定して切り捨てる

書　式　TRUNC(数値 [, 桁数])

計算例　TRUNC(12.345,1)
数値［12.345］を小数点第2位で切り捨てて、小数第1位までの数値［12.3］を求める。

機　能　TRUNC関数は、［数値］を指定した［桁数］の数値になるように、それ以下の部分を切り捨てます。［桁数］を省略したときは、［数値］が正の場合はINT関数と同じ結果を返しますが、［数値］が負の場合は計算結果が異なります。たとえば、「-12.3」を指定した場合は、単に「-12」となります。
ROUNDDOWN関数では［桁数］は省略できませんが、TRUNC関数では省略でき、また切り捨てを行ったあとの小数点を基準にした桁数を指定できます。たとえば、「=TRUNC(12.345,2)」とした場合は［12.34］になります。

関連　**INT** ……………………………P.38
ROUNDDOWN ……………………P.40

ROUND ラウンド

指定桁数で四捨五入する

書　式　ROUND(数値, 桁数)

計算例　ROUND(12345,-2)
数値［12345］を十の位で四捨五入して、100単位の数値［12300］を返す。

機　能　数値を四捨五入するには、ROUND関数を使用します。この関数は、［数値］の小数点以下の桁数を［桁数］で指定します。［桁数］が正の場合は小数部を、負の場合は整数部を四捨五入し、［桁数］が［0］の場合は整数化します。

関連　**ROUNDUP** ……………………P.40
ROUNDDOWN ……………………P.40

数学／三角 | 整数計算 | 2016 2019 2021 365

ROUNDUP ラウンドアップ

指定桁数に切り上げる

書　式　ROUNDUP(**数値**, **桁数**)

計算例　ROUNDUP(12.345,1)
数値［12.345］を小数点第2位で切り上げて、小数点第1位までの数値［12.4］を求める。

機　能　ROUNDUP関数は［数値］の桁数が指定した［桁数］になるように切り上げます。［桁数］が正の場合は小数部を、負の場合は整数部を切り上げ、［0］の場合は整数化します。

数学／三角 | 整数計算 | 2016 2019 2021 365

ROUNDDOWN ラウンドダウン

指定桁数に切り捨てる

書　式　ROUNDDOWN(**数値**, **桁数**)

計算例　ROUNDDOWN(12345,-2)
数値［12345］を十の位で切り捨てて、100単位の数値［12300］を求める。

機　能　ROUNDUP関数は［数値］の桁数が指定した［桁数］になるように切り上げます。［桁数］が正の場合は小数部を、負の場合は整数部を切り捨て、［0］の場合は整数化します。

MEMO | 切り捨て／切り上げ関数の比較

「ROUND」の付く関数は、四捨五入のROUND関数、切り上げのROUNDUP関数、切り捨てのROUNDDOWN関数の3つです。
下表は、さまざまな［数値］に対しての［桁数］を適用した結果です。

	A	B	C	D	E	F	G
1	元の数値	123.456	123.456	123.456	−123.456	−123.456	−123.456
2	桁数＼関数	ROUND	ROUNDUP	ROUNDDOWN	ROUND	ROUNDUP	ROUNDDOWN
3	−2	100	200	100	−100	−200	−100
4	−1	120	130	120	−120	−130	−120
5	0	123	124	123	−123	−124	−123
6	1	123.5	123.5	123.4	−123.5	−123.5	−123.4
7	2	123.46	123.46	123.45	−123.46	−123.46	−123.45
8							

01-08

CEILING.PRECISE シーリング・プリサイス 互換

ISO.CEILING アイ・エス・オー・シーリング

指定値の倍数に切り上げる

書　式 CEILING.PRECISE(数値 [, 基準値])

計算例 CEILING.PRECISE(123.45)
[123.45] を1の倍数で切り上げて、[124] を求める。

書　式 ISO.CEILING(数値,[基準値])

計算例 ISO.CEILING(123.45,2)
[123.45] を2の倍数で切り上げて、[124] を求める。

機　能 CEILING.PRECISE関数とISO.CEILING関数は、[数値] を [基準値]（省略時は [1]）の倍数に切り上げます。[数値] が正の場合は [0] から離れた整数に、負の場合は [0] に近い整数に切り上げます。この2つの関数は、[関数ライブラリ] や [関数の挿入] には表示されません。直接入力して使用します。

関連 **CEILING** ………………………… P.328

数学／三角 整数計算 2016 2019 2021 365

CEILING.MATH シーリング・マス

指定した方法で倍数に切り上げる

書　式 CEILING.MATH(数値 [, 基準値] [, モード])

計算例 CEILING.MATH(123,10)
[123] を10の倍数で切り上げて、[130] を求める。

機　能 CEILING.MATH関数は、[数値] を [モード] の方法で [基準値]（省略時は [1]）の倍数に切り上げます。[モード] を省略もしくは [0] にすると、[数値] が正なら [0] から離れた整数に、負なら [0] に近い整数に切り上げます。[0] 以外を指定すると、必ず [0] から離れた整数に切り上げ（絶対値で切り上げ）ます。

関連 **FLOOR.MATH** ……………………P.42

数学／三角　整数計算　2016 2019 2021 365

FLOOR.PRECISE フロア・プリサイス

指定値の倍数に切り捨てる

書　式　FLOOR.PRECISE(数値 [, 基準値])

計算例　FLOOR.PRECISE(123.45,1)
[123.45]を1の倍数になるように切り捨てて、[123]を求める。

機　能　FLOOR.PRECISE関数は指定された[基準値]の倍数のうち、最も近い値かつ[0]に近い値に数値を切り捨てます。[基準値]の省略は可（省略時は[1]）です。この関数は、[関数ライブラリ]や[関数の挿入]には表示されません。直接入力して使用します。

参照　FLOOR ………………………… P.328

数学／三角　整数計算　2016 2019 2021 365

FLOOR.MATH フロア・マス

指定した方法で倍数に切り捨てる

書　式　FLOOR.MATH(数値 [, 基準値] [, モード])

計算例　FLOOR.MATH(-123.45,,0)
[-123.45,,0]の[-123.45]を負の方向に基準値で切り捨てて、[-124]を求める。

機　能　FLOOR.MATH関数は、[数値]を[モード]の方法で[基準値]の最も近い倍数になるように切り捨てます。
[基準値]を省略した場合は[1]です。
[モード]を省略もしくは[0]を指定すると、負の数値を丸める方向を変更します。[0]以外を指定すると、必ず[0]に近い整数に切り下げ（絶対値で切り下げ）ます。
たとえば、[数値]が[-3.14]である場合に[基準値]を[1]、[モード]を省略または[0]に指定すると結果は[-3]になり、[1]にすると[-4]になります。

関連　CEILING.MATH ………………… P.41

MROUND　ラウンド・トゥ・マルチプル

指定値の倍数で四捨五入する

書　式　MROUND(数値, 倍数)

計算例　MROUND(123,5)
[123] を5の倍数で四捨五入して、[125] を求める。

機　能　MROUND関数は [数値] を [倍数] で指定した倍数になるように四捨五入します。[数値] を [倍数] で割った余りが、[倍数] の半分以上の場合には切り上げ、半分未満の場合には切り捨てます。切り上げはCEILING.PRECISE関数、切り捨てはFLOOR.PRECISE関数と同じ結果を返します。

数学／三角　整数計算　2016 2019 2021 365

EVEN　イーブン

偶数に切り上げる

書　式　EVEN(数値)

計算例　EVEN(123.45)
[123.45] を最も近い偶数に切り上げて、[124] を求める。

機　能　EVEN関数は [数値] に最も近い偶数を返します。[数値] が負の数の場合は、[数値] 以下で最大の偶数を返します。

数学／三角　整数計算　2016 2019 2021 365

ODD　オッド

奇数に切り上げる

書　式　ODD(数値)

計算例　ODD(123.45)
[123.45] を最も近い奇数に切り上げて、[125] を求める。

機　能　ODD関数は最も近い奇数を返します。[数値] が負の数の場合は、[数値] 以下で最大の奇数を返します。

数学／三角　整数計算　2016 2019 2021 365

QUOTIENT クォーシェント

商を求める

書　式　QUOTIENT(**数値**, **除数**)

計算例　QUOTIENT(12345,100)
[12345] を [100] で割って、商 [123] を求める。

機　能　QUOTIENT関数は、[数値] を [除数] で割ったときの「商の整数部」を返します。

数学／三角　整数計算　2016 2019 2021 365

MOD モデュラス

余りを求める

書　式　MOD(**数値**, **除数**)

計算例　MOD(12345,100)
[12345] を [100] で割って、余り [45] を求める。

機　能　MOD関数は、[数値] を [除数] で割ったときに余りを返します。

使用例　全種計算の例

下表は、QUOTIENT関数とMOD関数を使った金種表です。もとの金額（セル [C2]）を最初の金種（セル [A3]）で割り、「商」が紙幣または硬貨の枚数としてセル [B3] に、余りがセル [C3] に表示されます。同様に、余りの金額を金種で順に割って、1円単位まで（余りが「0」になるまで）計算します。

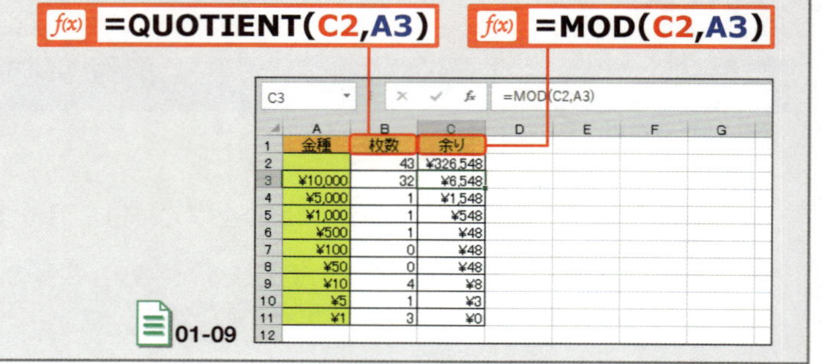

	A	B	C
1	金種	枚数	余り
2		43	¥326,548
3	¥10,000	32	¥6,548
4	¥5,000	1	¥1,548
5	¥1,000	1	¥548
6	¥500	1	¥48
7	¥100	0	¥48
8	¥50	0	¥48
9	¥10	4	¥8
10	¥5	1	¥3
11	¥1	3	¥0
12			

GCD グレーティスト・コモン・ディバイザー

最大公約数を求める

書式 GCD(数値 1[, 数値 2,…])
整数の最大公約数を求める。

機能 GCD関数は、複数の整数の最大公約数を返します。
[数値1] は必ず指定します。[数値2] 以降は省略可で、最大公約数を求める1～255個の数値を指定します。[数値] に整数以外を指定すると、小数点以下が切り捨てられます。

使用例 最大公約数の適用例

60人の社員旅行で、大型バス3台に分乗する行程と、中型バス4台に分乗する行程と、列車2両に分乗する3つの行程があります。
全行程でグループが分かれないためには、
「=GCD(60/2, 60/3, 60/4)=GCD(30, 20, 15)=5」
で、5人ごとのグループに分ければよいことがわかります。

数学／三角　整数計算　2016 2019 2021 365

LCM リースト・コモン・マルチプル

最小公倍数を求める

書式 LCM(数値 [, 数値 2,…])
整数の最小公倍数を求める。

機能 LCM関数は、複数の整数の最小公倍数を返します。
[数値1] は必ず指定します。[数値2] 以降は省略可で、最小公倍数を求める1～255個の数値を指定します。[数値] に整数以外を指定すると、小数点以下が切り捨てられます。

使用例 最小公倍数の適用例

午前8時に3系統のバスが同時に出発して、A系統は20分、B系統は25分、C系統は30分おきに運行されている場合、次に同時に出発する時刻を求めるには、「=LCM(20, 25, 30)=300」となり、次は5時間後(午後1時)ということがわかります。

数学／三角　階乗／組み合わせ　2016 2019 2021 365

FACT ファクト

階乗を求める

書　式　FACT(数値)

計算例　FACT(5)
[5] の階乗 [120] を返す。

機　能　FACT関数は、[数値] の階乗（1～[数値] の範囲にある整数の積）を返します。COMBIN関数で計算する「組み合わせの数」も、統計関数であるPERMUT関数で計算する「順列の数」も、階乗の組み合わせで表現されます。
数値を [3] とした場合の階乗は、次の式になります。

$$3!=3\times2\times1=6$$

関連　**COMBIN**……P.47
PERMUT……P.96

数学／三角　階乗／組み合わせ　2016 2019 2021 365

FACTDOUBLE ファクト・ダブル

数値の二重階乗を求める

書　式　FACTDOUBLE(数値)

計算例　FACTDOUBLE(4)
[4] の二重階乗 [8] を返す。

機　能　FACTDOUBLE関数は [数値] の二重階乗（[数値] ～1または2まで2ずつ減る整数の積）を返します。
[数値] に4（偶数）を指定した場合は、次の数式が成立します。

$$n!!=n\times(n-2)=4\times(4-2)=4\times2=8$$

[数値] に5（奇数）を指定した場合は、次の数式が成立します。

$$n!!=n\times(n-2)\times(n-4)=5\times(5-2)\times(5-4)=5\times3\times1=15$$

関連　**FACT**……P.46

COMBIN コンビネーション

組み合わせの数を求める

書　式　COMBIN(**総数**, **抜き取り数**)

計算例　COMBIN(12,9)
[12] から [9] を抜き取る組み合わせの数 [220] を返す。

機　能　COMBIN関数は、[総数] から [個数] を、「区別しないで選択する」ときの組み合わせの数を返します。
[n] を [総数]、[k] を [抜き取り数] とし、階乗を使って表すと、次の式になります。これは $(a+b)^n$ の係数を表すので「二項係数」とも呼ばれます。

$$nCk = \binom{n}{k} = \frac{n!}{k!(n-k)!}$$

関連
COMBINA ……………………………P.47
PERMUT ………………………………P.96

数学／三角　階乗／組み合わせ　2016 2019 2021 365

COMBINA コンビネーション・エー

重複組み合わせの数を求める

書　式　COMBINA(**総数**, **抜き取り数**)

計算例　COMBINA(12,9)
[12] と [9] の重複組み合わせの数 [167960] を求めます。

機　能　COMBINA関数は、[総数] から [個数] を選択する重複組み合わせを返します。重複組み合わせは、分配方法の組み合わせなどを求めるときに利用できます。
[総数] は [0] 以上で抜き取り数以上の数値を必ず指定します。[抜き取り数] は [0] 以上の数値を必ず指定します。引数に整数以外の値を指定したときは、小数部分は切り捨てられます。

関連
COMBIN ………………………………P.47
PERMUTATIONA ………………P.97

数学／三角　多項式　2016 2019 2021 365

MULTINOMIAL マルチノミアル

多項係数を求める

書　式　MULTINOMIAL(**数値1**[, **数値2**,…])

計算例　MULTINOMIAL(1,2,3)
数値[1,2,3]の多項係数[60]を返す。

機　能　MULTINOMIAL関数は、多項係数(数値の和の階乗と各数値の階乗の積との比)を求めます。多項係数は$(a+b+c...)^n$の係数を表し、二項係数$(a+b)^n$の係数を拡張したものに相当します。

関連 **COMBIN**……………………………P.47

数学／三角　多項式　2016 2019 2021 365

SERIESSUM シリーズ・サム

べき級数を求める

書　式　SERIESSUM(**変数値**, **べき初期値**, **べき増分**, **係数配列**)

計算例　SERIESSUM(PI()/4,0,2,B2：E2)
変数値(べき級数に代入する値)を[PI()/4]、初期値を[0]、増分を[2]として、xの(n+m)乗の乗数のセル範囲(係数配列)[B2:E2]にそれぞれ「1」「-1/FACT(2)」「1/FACT(4)」「-1/FACT(6)」が入力されている場合に、π/4ラジアン(45度)のCOSの近似値「0.707103」を求める。

機　能　SERIESSUM関数は、べき級数を計算します。
下表は上記の計算例を示しており、[係数配列]にはFACT関数を使っています。

01-10

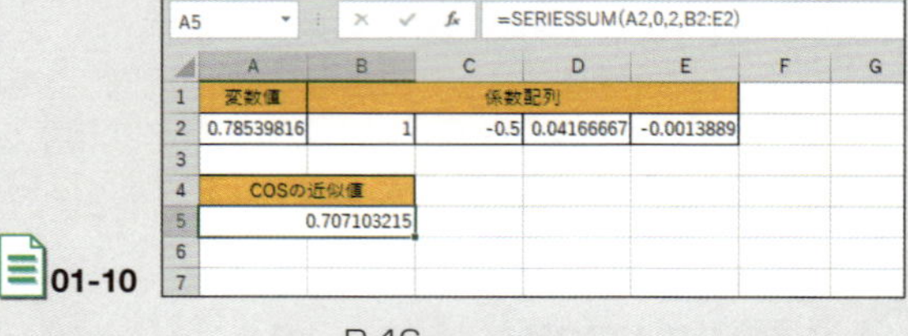

A5　=SERIESSUM(A2,0,2,B2:E2)

	A	B	C	D	E	F	G
1	変数値	係数配列					
2	0.78539816	1	-0.5	0.04166667	-0.0013889		
3							
4	COSの近似値						
5	0.707103215						
6							
7							

関連 **FACT**……………………………P.46

数学／三角　記数法　2016 2019 2021 365

DECIMAL デシマル

n進数を10進数に変換する

書　式　DECIMAL(文字列, 基数)

計算例　DECIMAL("FF",16)
16進数の[FF]を10進数の[255]に変換する。

機　能　DECIMAL関数は、指定された[基数]の進数表記の[文字列]を10進数(数値)に変換します。[基数]は2～36までの整数を指定し、[文字列]は255文字以下にする必要があります。

C2　=DECIMAL(A2,B2)

	A	B	C	D	E	F
1	値	n進数	10進数			
2	AF	16	175			
3	1011011	2	91			
4						
5						

01-11

数学／三角　記数法　2016 2019 2021 365

BASE ベース

10進数をn進数に変換する

書　式　BASE(数値, 基数 [, 最低桁数])

計算例　BASE(123,16)
10進数の[123]を16進数の[7B]に変換する。

機　能　BASE関数は、10進数の[数値]を[基数]で指定した進数(文字列)に変換します。[基数]は2～36までの整数を利用できます。[最低桁数]は指定された最低桁数より少なければ、その結果の先頭に0が追加されます。たとえば、BASE(10,2)は2進数に10を変換した[1010]を返しますが、BASE(10,2,8)は[00001010]を返します。この関数は、エンジニアリング関数(第10章参照)と似た役割を持ちます。

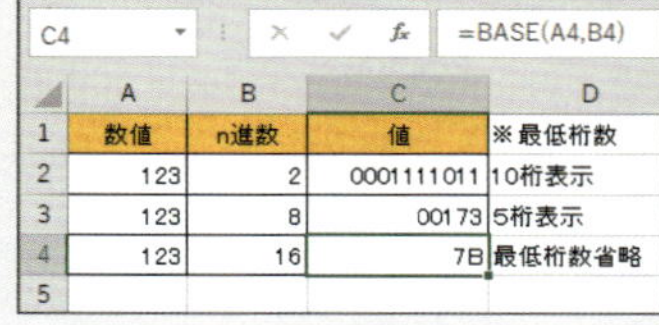

C4　=BASE(A4,B4)

	A	B	C	D
1	数値	n進数	値	※最低桁数
2	123	2	0001111011	10桁表示
3	123	8	00173	5桁表示
4	123	16	7B	最低桁数省略
5				

01-12

ROMAN ローマン

数値をローマ数字に変換する

書　式　ROMAN(**数値** [, **書式**])

計算例　ROMAN(28)
数値 [28] のローマ字表記 [XXVIII] を求める。

機　能　ROMAN関数は、数値（アラビア数字）をローマ数字（文字列）に変換します。ローマ数字には5種類の表記があり、これは [書式] で指定します。

書　式	表　記
0／TRUE／省略	正式
1	0 から簡略化した形式
2	1 より簡略化した形式
3	2 より簡略化した形式
4／FALSE	略式（最も簡略化）

	A	B	C	D	E	F
1	書式 / 数値	0	1	2	3	4
2	1	I	I	I	I	I
3	2	II	II	II	II	II
11	10	X	X	X	X	X
14	40	XL	XL	XL	XL	XL
15	49	XLIX	VLIV	IL	IL	IL
16	50	L	L	L	L	L
25	95	XCV	VC	VC	VC	VC
45	490	CDXC	LDXL	XD	XD	XD
54	499	CDXCIX	LDVLIV	XDIX	VDIV	ID
69	999	CMXCIX	LMVLIV	XMIX	VMIV	IM
70	1000	M	M	M	M	M
72	1999	MCMXCIX	MLMVLIV	MXMIX	MVMIV	MIM
82	3999	MMMCMXCIX	MMMLMVLIV	MMMXMIX	MMMVMIV	MMMIM
83	40000	#VALUE!	#VALUE!	#VALUE!	#VALUE!	#VALUE!
84						

01-13

関連　**ARABIC** ……………………………P.50

数学／三角　変換計算　2016 2019 2021 365

ARABIC アラビック

ローマ数字を数値に変換する

書　式　ARABIC(**文字列**)

計算例　ARABIC("CXXIII")
ローマ数字の [CXXIII] を数値（アラビア数字）の [123] に変換する。

機　能　[文字列] のローマ数字を、数値（アラビア数字）に変換します。ROMAN関数と相互に利用できます。

関連　**ROMAN** …………………………… P.50

RADIANS ラジアンズ

度をラジアンに変換する

書　式　RADIANS(角度)

計算例　RADIANS(180)
角度［180］に対するラジアン［3.14159…］を求める。

機　能　RADIANS関数は度をラジアンに変換します。
ラジアンとは、半径1の円の円周2π（180度=πラジアン）を基準にして角度を表したものです。つまり、［180］に対する戻り値は［π（=3.14159…）］となります。［角度］は数値で入力します。
三角関数ではこのラジアンで表された角度を引数にするので、三角関数を利用するにはこの関数が便利です。
この変換は定数倍であり、［π/180］（PI()/180）を掛けることとまったく同じです。

数学／三角　変換計算　2016 2019 2021 365

DEGREES ディグリーズ

ラジアンを度に変換する

書　式　DEGREES(角度)

計算例　DEGREES(PI())
ラジアン［3.14159…］に対する角度［180］を求める。

機　能　DEGREES関数はラジアンを度に変換します。
ラジアンとは、半径1の円の円周2π（180度=πラジアン）を基準にして角度を表したものです。つまり、［π（=3.14159…）］に対する戻り値は［180］となります。
逆三角関数の戻り値はこのラジアンで表されるので、逆三角関数から角度を得るにはこの関数が便利です。
この変換は定数倍であり、［180/π］を掛けることとまったく同じです。

関連　RADIANS ……………………………P.51

ABS アブソリュート

絶対値を求める

書　式　ABS(**数値**)

計算例　ABS(-10)
数値［-10］の絶対値［10］を返す。

機　能　ABS関数は、［数値］の絶対値、すなわち［数値］から符号「+」「-」を取った値を返します。これに対してSIGN関数は、［数値］の符号を返します。

関連　**SIGN**……………………………P.52

SIGN サイン

数値の正負を調べる

書　式　SIGN(**数値**)

計算例　SIGN(-10)
数値［-10］の符号「-」を示す［-1］を返す。

機　能　SIGN関数は、［数値］の符号「+」「-」を調べます。SIGN関数の戻り値は、［数値］が正の数のとき［1］、0のときは［0］、負の数のとき［-1］を返します。

使用例　絶対値と符号の関係

ABS関数から得られる絶対値と、SIGN関数から得られる符号とを、1つのグラフに表現すると、右のようになります。

01-14

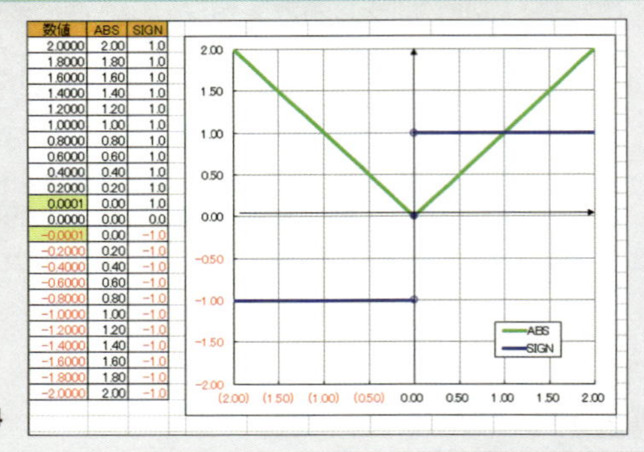

数値	ABS	SIGN
2.0000	2.00	1.0
1.8000	1.80	1.0
1.6000	1.60	1.0
1.4000	1.40	1.0
1.2000	1.20	1.0
1.0000	1.00	1.0
0.8000	0.80	1.0
0.6000	0.60	1.0
0.4000	0.40	1.0
0.2000	0.20	1.0
0.0001	0.00	1.0
0.0000	0.00	0.0
-0.0001	0.00	-1.0
-0.2000	0.20	-1.0
-0.4000	0.40	-1.0
-0.6000	0.60	-1.0
-0.8000	0.80	-1.0
-1.0000	1.00	-1.0
-1.2000	1.20	-1.0
-1.4000	1.40	-1.0
-1.6000	1.60	-1.0
-1.8000	1.80	-1.0
-2.0000	2.00	-1.0

SQRT スクエア・ルート

平方根を求める

書　式 SQRT(**数値**)

計算例 SQRT(2)
数値 [2] の正の平方根 [1.41421356…] を返す。

機　能 SQRT関数は[数値]の正の平方根を返します。「=x^(1/2)」と記述しても同じ結果が得られます。PI関数などと同様に、15桁まで算出します(16桁目を四捨五入)。

関連 PI ……………………………………P.53

PI パイ

円周率を求める

書　式 PI()

計算例 PI()
円周率πの近似値を返す。

機　能 PI関数は引数を指定しない関数で、円周率πの近似値を返します。π≒3.14159265358979(精度は15桁)とします。

SQRTPI スクエア・ルート・パイ

円周率の倍数の平方根を求める

書　式 SQRTPI(**数値**)

計算例 SQRTPI(2)
数値 [2] にπを掛けた数値 [2π] の正の平方根 [2.50662…] を返す。

機　能 SQRT関数は [数値] の正の平方根を返しますが、SQRTPI関数は [数値] にπを掛けてその正の平方根を返します。

数学／三角　指数／対数／べき乗　2016 2019 2021 365

EXP　エクスポーネンシャル

自然対数の底のべき乗を求める

書　式　EXP(**数値**)

計算例　EXP(2)
数値 [2] の自然対数の底 [7.38905609893065O] を返す（精度15桁）。

機　能　EXP関数は指数関数で、定数eを底とする [数値] 乗を返します。定数eは自然対数の底で、Excelの場合には、「e≒2.71828182845904」（精度15桁）とします。

数学／三角　指数／対数／べき乗　2016 2019 2021 365

LN　ログ・ナチュラル

自然対数を求める

書　式　LN(**数値**)

計算例　LN(2)
数値 [2] の自然対数 [0.693147181] を返す。

機　能　LN関数は [数値] の自然対数（定数eを底とする対数）を返します。この関数はEXP関数の逆関数です。

使用例　指数／対数／べき乗のグラフ例

指数関数／対数関数／べき乗のグラフを示します。

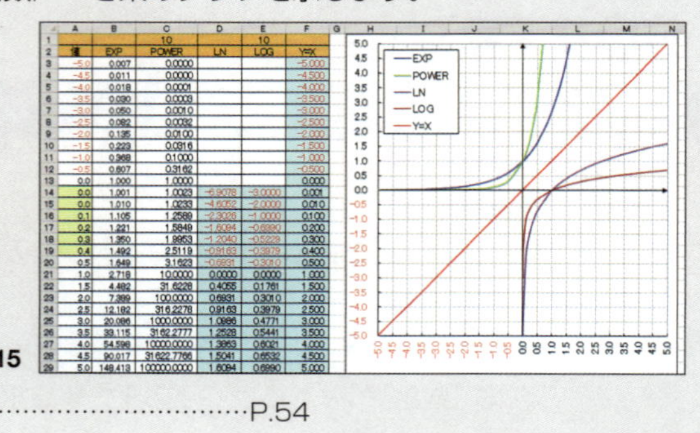

	A	B	C	D	E	F
1			10		10	
2	値	EXP	POWER	LN	LOG	Y=X
3	-5.0	0.007	0.0000			-5.000
4	-4.5	0.011	0.0000			-4.500
5	-4.0	0.018	0.0001			-4.000
6	-3.5	0.030	0.0003			-3.500
7	-3.0	0.050	0.0010			-3.000
8	-2.5	0.082	0.0032			-2.500
9	-2.0	0.135	0.0100			-2.000
10	-1.5	0.223	0.0316			-1.500
11	-1.0	0.368	0.1000			-1.000
12	-0.5	0.607	0.3162			-0.500
13	0.0	1.000	1.0000			0.000
14	0.0	1.001	1.0023	-6.9078	-3.0000	0.001
15	0.0	1.010	1.0233	-4.6052	-2.0000	0.010
16	0.1	1.105	1.2589	-2.3026	-1.0000	0.100
17	0.2	1.221	1.5849	-1.6094	-0.6990	0.200
18	0.3	1.350	1.9953	-1.2040	-0.5229	0.300
19	0.4	1.492	2.5119	-0.9163	-0.3979	0.400
20	0.5	1.649	3.1623	-0.6931	-0.3010	0.500
21	1.0	2.718	10.0000	0.0000	0.0000	1.000
22	1.5	4.482	31.6228	0.4055	0.1761	1.500
23	2.0	7.389	100.0000	0.6931	0.3010	2.000
24	2.5	12.182	316.2278	0.9163	0.3979	2.500
25	3.0	20.086	1000.0000	1.0986	0.4771	3.000
26	3.5	33.115	3162.2777	1.2528	0.5441	3.500
27	4.0	54.598	10000.0000	1.3863	0.6021	4.000
28	4.5	90.017	31622.7766	1.5041	0.6532	4.500
29	5.0	148.413	100000.0000	1.6094	0.6990	5.000

01-15

関連　EXP ……………………………P.54

POWER パワー

べき乗を求める

書　式 POWER(**数値**, **指数**)

計算例 POWER(2,8)
数値 [2] の指数 [8] 乗である [256] を返す。

機　能 POWER関数は、[数値] を底とする [指数] のべき乗を返します。Excelでは、べき乗演算子 [^] を使用してべき乗の [指数] を表すこともできます。

LOG ログ

指定数値を底とする対数を求める

書　式 LOG(**数値** **[, 底]**)

計算例 LOG(128,2)
数値 [128] の2を底とする対数 [7] を返す。

機　能 LOG関数は指定した数を [底9] とする [数値] の対数を返します。LOG関数はPOWER関数の逆関数です。

関連 **POWER** ……………………………P.55

LOG10 ログ・トゥ・ベース・テン

常用対数を求める

書　式 LOG10(**数値**)

計算例 LOG10(2)
数値 [2] の10を底とする対数 [0.301029996] を返す。

機　能 LOG10関数は、10を底とする [数値] の対数を返します。この対数を、常用対数とも呼びます。

数学／三角 | 三角関数 | 2016 2019 2021 365

SIN サイン

正弦（サイン）を求める

書　式　SIN(角度)

計算例　SIN(PI()/4)
角度[PI()/4]のサイン[0.707106781]（1/√2）を返す。

機　能　SIN関数は、指定した角度の正弦（サイン）を返します。[角度]はラジアンで指定し、絶対値は2^{27}未満でなければなりません。

数学／三角 | 三角関数 | 2016 2019 2021 365

COS コサイン

余弦（コサイン）を求める

書　式　COS(角度)

計算例　COS(PI()/4)
角度[PI()/4]のコサイン[0.707106781]（1/√2）を返す。

機　能　COS関数は、指定した角度の余弦（コサイン）を返します。[角度]はラジアンで指定し、絶対値は2^{27}未満でなければなりません。

数学／三角 | 三角関数 | 2016 2019 2021 365

TAN タンジェント

正接（タンジェント）を求める

書　式　TAN(角度)

計算例　TAN(PI()/4)
角度[PI()/4]のタンジェント[1]を返す。

機　能　TAN関数は、指定した角度の正接（タンジェント）を返します。[角度]はラジアンで指定し、絶対値は2^{27}未満でなければなりません。

数学／三角　三角関数　2016 2019 2021 365

SEC セカント

正割（セカント）を求める

書　式　SEC(数値)

計算例　SEC(45)
数値［45］で指定した角度の正割［1.903594］を返す。

機　能　SEC関数は、角度の正割（セカント）を返します。［数値］は求める角度をラジアンで指定し、絶対値は2^{27}未満でなければなりません。

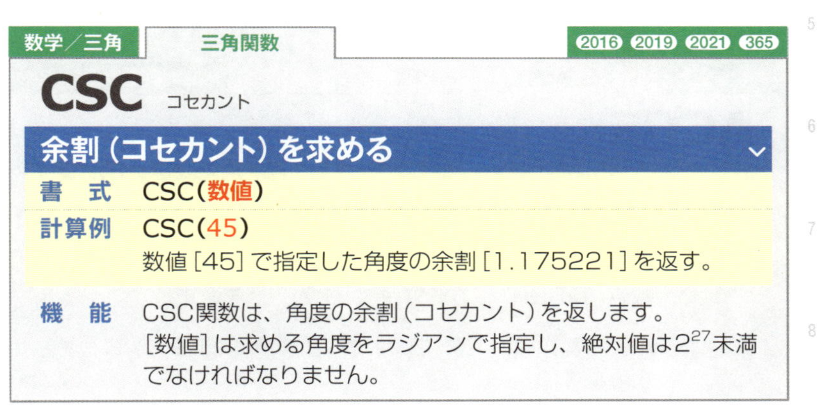

数学／三角　三角関数　2016 2019 2021 365

CSC コセカント

余割（コセカント）を求める

書　式　CSC(数値)

計算例　CSC(45)
数値［45］で指定した角度の余割［1.175221］を返す。

機　能　CSC関数は、角度の余割（コセカント）を返します。
［数値］は求める角度をラジアンで指定し、絶対値は2^{27}未満でなければなりません。

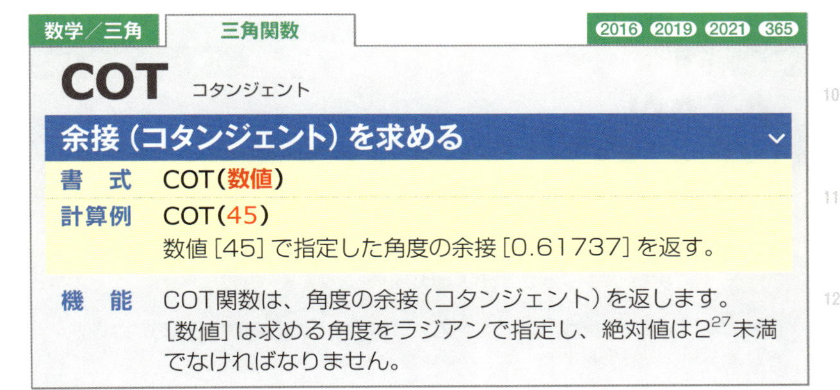

数学／三角　三角関数　2016 2019 2021 365

COT コタンジェント

余接（コタンジェント）を求める

書　式　COT(数値)

計算例　COT(45)
数値［45］で指定した角度の余接［0.61737］を返す。

機　能　COT関数は、角度の余接（コタンジェント）を返します。
［数値］は求める角度をラジアンで指定し、絶対値は2^{27}未満でなければなりません。

数学／三角　三角関数　2016 2019 2021 365

ASIN アーク・サイン

逆正弦（アーク・サイン）を求める

書　式　ASIN(数値)

計算例　ASIN(1/SQRT(2))
数値 [1/SQRT(2)] の逆正弦 [0.78…] を返す。

機　能　ASIN関数は、正弦（サイン）から角度（ラジアン単位）を求めます。
引数の [数値] は絶対値が1以下を指定します。

関連　DEGREES ……………………… P.51

数学／三角　三角関数　2016 2019 2021 365

ACOS アーク・コサイン

逆余弦（アーク・コサイン）を求める

書　式　ACOS(数値)

計算例　ACOS(1/SQRT(2))
数値 [1/SQRT(2)] の逆余弦 [0.78…] を返す。

機　能　ACOS関数は、余弦（コサイン）から角度（ラジアン単位）を求めます。
引数の [数値] は絶対値が1以下を指定します。

数学／三角　三角関数　2016 2019 2021 365

ATAN アーク・タンジェント

逆正接（アーク・タンジェント）を求める

書　式　ATAN(数値)

計算例　ATAN(1)
角度 [1] の逆正接 [0.98…] を返す。

機　能　ATAN関数は、正接（タンジェント）から角度（ラジアン単位）を求めます。

ATAN2 アーク・タンジェント・トゥ

逆正接（アーク・タンジェント）を座標から求める

書式 ATAN2(x 座標,y 座標)

計算例 ATAN2(15,20)
座標［15,20］の逆正接［0.9273］を返す。

機能 ATAN2関数は、x-y座標上の座標値から角度を求めます。ATAN2(c,b)＝ATAN(b/c)という関係になります。

数学／三角　三角関数　2016 2019 2021 365

ACOT アーク・コタンジェント

逆余接（アーク・コタンジェント）を求める

書式 ACOT(数値)

計算例 ACOT(2)
数値［2］の逆余接［0.463647609］を返す。

機能 ACOT関数は、引数［数値］の逆余接（アーク・コタンジェント）を返します。［数値］は、ラジアン単位で指定します。

MEMO ｜ 三角関数と逆三角関数

SIN関数、COS関数、TAN関数は直角三角形の辺の比として定義された関数で、三角関数といいます。それぞれの関数の三角比は次のとおりです。特に斜辺aを［1］とすると、SIN関数とCOS関数は、角度θの直角三角形の高さと底辺の長さを表します。

SIN(θ)=b/a
COS(θ)=c/a
TAN(θ)=b/c

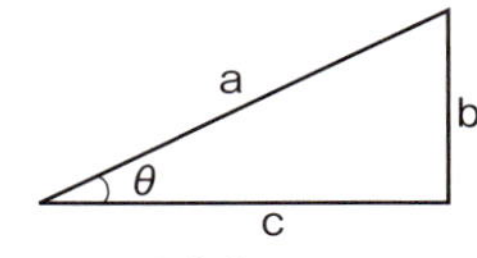

これに対してASIN関数、ACOS関数、ATAN関数（またはATAN2関数）は三角関数とは逆に、辺の比から角度θを求めます。そのため逆三角関数といいます。

ASIN(b/a)= θ
ACOS(c/a)= θ
ATAN(b/c)=ATAN2(c,b)= θ

数学／三角　双曲線関数　2016 2019 2021 365

SINH ハイパーボリック・サイン

双曲線正弦を求める

書式 SINH(数値)

計算例 SINH(PI()/2)
数値 [PI()/2] の双曲線正弦 [2.301298902] を返す。

機能 SINH関数は、引数 [数値] の双曲線正弦（ハイパーボリック・サイン）を返します。
双曲線関数は、伝送方程式や確率分布などの計算に利用できます。

関連 ASINH……………………………………P.62

数学／三角　双曲線関数　2016 2019 2021 365

COSH ハイパーボリック・コサイン

双曲線余弦を求める

書式 COSH(数値)

計算例 COSH(1)
数値 [1] の双曲線余弦 [1.543080635] を返す。

機能 COSH関数は、引数 [数値] の双曲線余弦（ハイパーボリック・コサイン）を返します。

MEMO | 双曲線関数

SIN関数、COS関数、TAN関数の三角関数は、直角三角形の辺の比です。三角形の斜辺aを [1] とした場合は、次の関係が成り立ちます（P.59参照）。

$c^2+b^2=1$
$COS^2(\theta)+SIN^2(\theta)=1$

さて、双曲線関数のSINH関数、COSH関数、TANH関数は三角関数に「H」が付いた関数名です。関数名が似ているだけあって、上記の関係式の [b2] の符号をマイナスにした関係で定義されています。

$c^2-b^2=1$
$COSH^2(\theta)-SINH^2(\theta)=1$
また、TANH(θ)=SINH(θ)/COSH(θ)です。

数学／三角　双曲線関数　2016 2019 2021 365

TANH ハイパーボリック・タンジェント

双曲線正接を求める

書　式　TANH(数値)

計算例　TANH(1)

数値 [1] の双曲線正接 [0.761594156] を返す。

機　能　TANH関数は、引数 [数値] の双曲線正接（ハイパーボリック・タンジェント）を返します。

数学／三角　双曲線関数　2016 2019 2021 365

SECH ハイパーボリック・セカント

双曲線正割を求める

書　式　SECH(数値)

計算例　SECH(1)

数値 [1] の双曲線正割 [0.648054274] を返す。

機　能　SECH関数は、引数 [数値] の双曲線正割（ハイパーボリック・セカント）を返します。
双曲線正割の値は、双曲線余弦の逆数となります。

関連 COSH ……………………………………P.60

数学／三角　双曲線関数　2016 2019 2021 365

CSCH ハイパーボリック・コセカント

双曲線余割を求める

書　式　CSCH(数値)

計算例　CSCH(2)

数値 [2] の双曲線余割 [0.275720565] を返す。

機　能　CSCH関数は、引数 [数値] の双曲線余割（ハイパーボリック・コセカント）を返します。

数学／三角　双曲線関数　2016 2019 2021 365

COTH ハイパーボリック・コタンジェント

双曲線余接を求める

書式　COTH(数値)

計算例　COTH(4)
数値[4]で指定した角度の双曲線余接[1.00067115]を返す。

機能　COTH関数は、引数[数値]の双曲線余接(ハイパーボリック・コタンジェント)を返します。

数学／三角　双曲線関数　2016 2019 2021 365

ASINH ハイパーボリック・アークサイン

双曲線逆正弦を求める

書式　ASINH(数値)

計算例　ASINH(2.301298902)
数値[2.301298902]の双曲線逆正弦[1.570796327]を返す。

機能　ASINH関数は、SINH関数の逆関数です。引数[数値]の双曲線逆正弦(ハイパーボリック・サインの逆関数)を返します。

関連 SINH………………………………… P.60

MEMO｜逆関数

Excelでの逆関数とは、ある関数に対する引数[x]と戻り値[y]に対して、引数[y]、戻り値[x]が成り立つ関数のことです。
たとえば、SINH関数とASINH関数がその典型です。
また、ROMAN関数とARABIC関数(P.50参照)のように、厳密には逆関数ではなくとも相互に利用しやすい関数も多くあります。

ACOSH ハイパーボリック・アークコサイン

双曲線逆余弦を求める

書　式　ACOSH(**数値**)

計算例　ACOSH(2)
数値 [2] の双曲線逆余弦 [1.316957897] を返す。

機　能　ACOSH関数は、COSH関数の逆関数であり、双曲線逆余弦(ハイパーボリック・コサインの逆関数)を返します。

関連　**COSH** ……………………………P.60

ATANH ハイパーボリック・アークタンジェント

双曲線逆正接を求める

書　式　ATANH(**数値**)

計算例　ATANH(0.761594156)
数値 [0.761594156] の双曲線逆正接 [1] を返す。

機　能　ATANH関数は、双曲線関数TANH関数の逆関数であり、引数 [数値] の双曲線逆正接(ハイパーボリック・タンジェントの逆関数)を返します。

関連　**TANH** ……………………………P.61

ACOTH ハイパーボリック・アークコタンジェント

双曲線逆余接を求める

書　式　ACOTH(**数値**)

計算例　ACOTH(4)
数値 [4] の双曲線逆余接 [0.255412812] を求める。

機　能　ACOTH関数は、双曲線逆余接(ハイパーボリック・アークコタンジェント)の値を返します。

MDETERM マトリックス・ディターミナント

行列式を求める

書式 MDETERM(**配列**)

計算例 MDETERM(**対角行列**)
対角行列の行列式は対角要素の積となる。

機能 MDETERM関数を利用すると、行列式の値を求めることができます。行列式とは、正方行列に固有の数値です。

数学／三角 行列／行列式 2016 2019 2021 365

MUNIT マトリックス・ユニット

単位行列を求める

書式 MUNIT(**数値**)

計算例 MUNIT(5)
5列5行の単位行列を求める。

機能 MUNIT関数は、引数［数値］で指定した次元の単位行列を返します。［数値］が0以下の場合、エラー値［#VALUE!］を返します。なお、求められた配列の一部を修正したり、削除したりすることはできません。

数学／三角 行列／行列式 2016 2019 2021 365

MINVERSE マトリックス・インバース

逆行列を求める

書式 MINVERSE(**配列**)

計算例 MINVERSE(A1：C3)
セル範囲［A1：C3］（3行3列）の逆行列を求める。

機能 与えられた行列の逆行列を求めるには、MINVERSE関数を使用します。［配列］に指定された配列のサイズと同じサイズの正方のセル範囲を選択し、「配列数式」として入力します。

MMULT マトリックス・マルチプリケーション

行列の積を求める

書　式　MMULT(配列 1, 配列 2)

計算例　MMULT(A1：C3,D1：D3)
セル範囲［A1：C3］と［D1：D3］の行列の積を求める。

機　能　2つの行列の積を求めるには、［配列1］と［配列2］の行列の積を「配列数式」として入力します。

RAND ランダム

0以上1未満の実数の乱数を生成する

書　式　RAND()

計算例　RAND()
0以上1未満の乱数（任意の実数）を返す。

機　能　RAND関数は引数を取らない関数ですが、引数のカッコ( )だけは必要です。RAND関数は、0以上1未満の区間で一様に分布する「実数の乱数」を生成します。
RAND関数を使用すると下図のように、ワークシートの再計算のたびに新しい乱数を生成します。F9を押すと、新しい関数が生成されます。
なお、100未満の乱数を生成したい場合は、「=RAND()*100」とします。

	A	B	C
1	1	0.5148	
2	2		
3	3		
4	4		
5	5		
6	6		
7	7		
8	8		
9	9		
10	10		
11			
12			
13			

→

	A	B	C
1	1	0.8204	
2	2	0.8590	
3	3	0.7382	
4	4	0.1345	
5	5	0.4733	
6	6	0.6365	
7	7	0.0073	
8	8	0.6244	
9	9	0.0537	
10	10	0.2399	
11			
12			
13			

01-16

RANDBETWEEN ランダム・ビトウィーン

整数の乱数を生成する

書　式　RANDBETWEEN(**最小値**, **最大値**)

計算例　RANDBETWEEN(1,10)
[1]以上[10]以下の乱数(任意の整数)を返す。

機　能　RAND関数は「実数の乱数」を生成します。それに対して、RANDBETWEEN関数は[最小値]と[最大値]の範囲で一様に分布する「整数の乱数」を生成します。
RANDBETWEEN関数を使用すると、下図のように、ワークシートの再計算のたびに新しい乱数を発生します。
F9を押すと、新しい関数が生成されます。

	A	B	C
1	1	16	
2	2		
3	3		
4	4		
5	5		
6	6		
7	7		
8	8		
9	9		
10	10		
11			

	A	B	C
1	1	12	
2	2	14	
3	3	5	
4	4	16	
5	5	2	
6	6	15	
7	7	7	
8	8	5	
9	9	15	
10	10	6	
11			

01-17

使用例

下表では、ランダムな日付をデータとして抽出します。[最小値]と[最大値]に日付の期間を指定します。なお、日付はシリアル値で表示されるため、日付形式に設定する必要があります。

B1　=RANDBETWEEN("2024/8/1","2024/8/31")

	A	B	C	D	E	F	G	H	I
1	1	2024/8/27							
2	2	2024/8/7							
3	3	2024/8/18							
4	4	2024/8/24							
5	5	2024/8/11							
6	6	2024/8/19							
7	7	2024/8/2							
8	8	2024/8/17							
9	9	2024/8/16							
10	10	2024/8/21							
11									

01-18

関連　RAND ……………………… P.65

SEQUENCE シーケンス

連続した数値の入った配列（表）を作成する

書　式　SEQUENCE(行［, 列］［, 開始］［, 目盛り］)

計算例　SEQUENCE(スタート時刻, レーン数, ナンバーカード)
複数の［スタート時刻］と［レーン数］の表に、［ナンバーカード］で指定した番号を連続で配列する。

機　能　SEQUENCE関数は、指定した範囲に連続した数値（連番）の一覧表を作成します。［目盛り］には、連続した数値の増分量を指定することができます。つまり、1、2、3…の連番が、［目盛り］に「2」を指定すると、1、3、5…のように2増の数値を入れることができます。［列］［開始］［目盛り］を省略すると、それぞれの値は「1」となります。この関数は、スピル機能が利用できます（P.354参照）。

使用例　スタート時刻とレーンに対応する選手のゼッケン番号を配列する

下表では、陸上のトラック競技で3つのスタート時刻と4つのレーンの表に、選手のゼッケン番号（ナンバーカード）を指定します。
この例では、セル範囲［B4：E6］において、セル［B4］にゼッケン番号の「1001」から連続した番号を配列しています。スピル機能によって、セル［B4］に関数式を入力するだけで、セル範囲［B4：E6］に番号が自動的に表示されます。

B4　=SEQUENCE(3,4,1001)

	A	B	C	D	E	F
1	スタート時刻一覧					
2	スタート	レーン番号				
3	時刻	1	2	3	4	
4	10:00	1001	1002	1003	1004	
5	10:05	1005	1006	1007	1008	
6	10:10	1009	1010	1011	1012	
7						
8						

01-19

f(x) =SEQUENCE(3,4,1001)

関連
MUNIT…… P.64
RANDARRAY …… P.68

RANDARRAY ランド・アレイ

乱数の入った配列（表）を作成する

書　式　RANDARRAY([行] [, 列] [, 最小] [, 最大] [, 整数])

計算例　RANDARRAY([週] [, 曜日] [, 最初の商品番号] [, 最後の商品番号] [, 整数])

[週] と [曜日] で指定した表に、[最初の商品番号] から [最後の商品番号] までの商品番号をランダムで入力する。

機　能　RANDARRAY関数は、指定した範囲に乱数の一覧表を作成します。乱数の最小値と最大値を指定することができ、[整数] で「TURE」または「1」を指定すると返される乱数は整数に、省略すると実数になります。この関数は、スピル機能が利用できます（P.354参照）。

解　説　RANDARRAY関数を使用すると、ブックを開いたり、保存後にブックを再表示させたりした場合にワークシートの再計算が行われ、そのたびに新しい乱数表に変わります。
なお、作成した表をそのまま使用したい場合は、表のセル範囲をコピーして、貼り付けの際に [値の貼り付け] で [値] を指定します。

使用例　日にちごとのサービス商品の商品番号を作成する

下表では、週と曜日の表に、その日のサービス商品の商品番号を、1から10までのランダムに表示させています。スピル機能によって、セル [B3] に関数式を入力するだけで、セル範囲 [B3：H7] に番号が自動的に表示されます。ほかの関数と組み合わせることで、数字ではなく、数字に対応する商品名を表示させることもできます。

01-20

B3　=RANDARRAY(5,7,1,10,TRUE)

	A	B	C	D	E	F	G	H	I
1	サービス商品番号								
2	週	月	火	水	木	金	土	日	
3	1	9	8	6	3	8	5	9	
4	2	5	6	1	2	5	3	5	
5	3	6	7	10	3	7	1	4	
6	4	4	7	7	3	3	8	4	
7	5	10	9	1	6	9	5	6	
8									

第2章
統計

Excelの統計関数は、手計算や数式の組み合わせで行うと手間や時間がかかる確率や統計などの計算を、関数を使用することで素早く、そして確実に行うためのものです。
統計関数にはもとになる数値から確率や統計的な計算を行うもののほかに、平均値を求める、表のデータの中から最大値や最小値を求める、数値や文字列の個数や順位などを求めることができます。

AVERAGE アベレージ

数値の平均値を求める

書式 AVERAGE([数値1, 数値2,…])
[数値1] [数値2] …の平均値を求める。

機能 AVERAGE関数は、数値、文字列の数字だけを対象として平均値(算術平均)を算出します。

使用例 テストの平均点を求める

下表は、テストの点数とその集計を示したものです。
14行目の「平均点」は、数値のみを対象にするAVERAGE関数を用いて、欠席者(得点欄に「欠席」の文字がある人)を含まない人数での平均点を計算しています。
19行目の「平均点」は、数値のほか文字列も対象にするAVERAGEA関数(P.71参照)を用いて、欠席者を含んだ人数での平均点を計算しています。引数は同じでも、計算対象が異なるため、平均点が変わっています。

C14 =AVERAGE(C3:C12)

	A	B	C	D	E	F	G	H
1	番号	氏名	必修科目			選択科目		合計点
2			国語	数学	英語	物理	化学	
3	1	青山 克彦	60	85	50		50	245
4	2	加藤 京香	58	60	52		45	215
5	3	佐々木 浩	84	75	77	60		296
6	4	高橋 美穂	95	75	84	75		329
7	5	中村 武	100	100	90	100		390
8	6	橋本 麻里	75	25	65	50		215
9	7	松下 義昭	86	10	65		32	193
10	8	山崎 貴子	58	22	67		30	177
11	9	R.Johnson	39	65	95		70	269
12	10	渡辺 圭子	欠席	欠席	欠席	欠席	欠席	欠席
13	合計点	SUM	655	517	645	285	227	2,329
14	平均点	AVERAGE	72.8	57.4	71.7	71.3	45.4	258.8
15	受験者数	COUNT	9	9	9	4	5	9
16	最高点	MAX	100.0	100.0	95.0	100.0	70.0	390.0
17	最低点	MIN	39.0	10.0	50.0	50.0	30.0	177.0
18	SUM/AVERAGE		72.8	57.4	71.7	71.3	45.4	258.8
19	平均点	AVERAGEA	65.5	51.7	64.5	57.0	37.8	232.9
20	受験者数	COUNTA	10	10	10	5	6	10
21	最高点	MAXA	100.0	100.0	95.0	100.0	70.0	390.0
22	最低点	MINA	0.0	0.0	0.0	0.0	0.0	0.0
23	SUM/AVERAGEA		65.5	51.7	64.5	57.0	37.8	232.9
24								

02-01

f(x) =AVERAGE(C3:C12)

f(x) =AVERAGEA(C3:C12)

AVERAGEA アベレージ・エー

数値やデータの平均値を求める

書式 AVERAGEA(値1[, 値2,…])

[値1] [値2] …の、文字列または論理値も含めた平均値を求める。

機能 AVERAGEA関数は、数値のほか文字列や論理値も計算の対象として平均値を算出します。

参照 **AVERAGE** ……………………………P.70

MEMO | 集計のポイント

●条件を満たしたものだけの平均を求める

条件付きの平均を計算する場合は、AVERAGEIFS関数（P.73参照）やDAVERAGE関数（P.254参照）を使用することができます。

●文字列や論理値を集計対象とするかどうか

集計に際しては、空白は対象になりません。また、「欠席」「休日」などの文字列、もしくは論理値に関して、集計対象としない場合は「末尾にAが付かない関数」を、集計対象とする場合には「末尾にAが付く関数」を使用します。この場合、文字列は「0」、論理値はTRUEのとき[1]、FALSEのとき[0]とみなします。

B13 =AVERAGEA(B2:B11)

	A	B	C	D	E	F
1	受験者名	試験1	試験2	試験3	試験4	試験5
2	青山 克彦	25	93	37	96	21
3	加藤 京香	95	35	51	66	34
4	佐々木 浩	欠席	欠席	欠席	欠席	欠席
5	高橋 美穂	81	26	44	23	47
6	中村　武	61	29	64	欠席	84
7	橋本 麻里	75	欠席	35	75	60
8	松下 義昭	98	67	24	86	欠席
9	山崎 貴子	54	33	66	32	80
10	R.Johnson	欠席	45	75	85	89
11	渡辺 圭子	32	96	欠席	68	92
12	受験者の平均点	65.1	53.0	49.5	66.4	63.4
13	欠席者を含めた平均点	52.1	85.3	68.3	79.3	81.0
14						

●平均の求め方のバリエーション

上の2つは「平均を求める対象」のバリエーションですが、平均の求め方にも以下のようなバリエーションがあります。

- ○相乗平均を求める： GEOMEAN関数（P.74参照）
- ○調和平均を求める： HARMEAN関数（P.75参照）
- ○極端に離れた値を除外して平均を求める：TRIMMEAN（P.75参照）

●「表示されない0」の取り扱い

[Excelのオプション] ダイアログボックスの [詳細設定] で [ゼロ値のセルにゼロを表示する] をオフに設定すると、セルの [0] が非表示になります。ただし、これらのセルを引数に含めた場合は [0] として計算の対象となるので、注意が必要です。

AVERAGEIF アベレージ・イフ

条件を指定して平均値を求める

書　式　AVERAGEIF(検索範囲, 検索条件, 平均範囲)

計算例　AVERAGEIF(住所," 東京", 年齢)

セル範囲［住所］の［東京］の行（または列）に対応するセル範囲［年齢］の数値を平均する。

機　能　AVERAGEIF関数を利用すると、「条件に合う数値を平均する」ことができます。［検索範囲］に含まれるセルのうち、［検索条件］を満たすセルに対応する［合計範囲］のセルの数値の平均を求めます。
たとえば、東京在住の会員の平均年齢を求めたい場合は、計算例のように「住所」を［検索範囲］に、「東京」を［検索条件］に指定します。

使用例　物理受験者の国語の平均点を求める

下表では、物理受験者4名（「物理」欄に得点が記入してある）の国語の平均点を計算し、参照方法を調整してほかの列にコピーし、物理受験者の全科目の平均点を出力しています（「化学」は該当者がいないのでエラー表示）。

C16　=AVERAGEIF($F$3:$F$12,">=0",C$3:C$12)

	A	B	C	D	E	F	G	H
1	番号	氏名	必修科目			選択科目		合計点
2			国語	数学	英語	物理	化学	
3	1	青山 克彦	60	85	50		50	245
4	2	加藤 京香	58	60	52		45	215
5	3	佐々木 浩	84	75	77	60		296
6	4	高橋 美穂	95	75	84	75		329
7	5	中村　武	100	100	90	100		390
8	6	橋本 麻里	75	25	65	50		215
9	7	松下 義昭	86	10	65		32	193
10	8	山崎 貴子	58	22	67		30	177
11	9	R.Johnson	39	65	95		70	269
12	10	渡辺 圭子	欠席	欠席	欠席	欠席	欠席	欠席
13	合計点	SUM	655.0	517.0	645.0	285.0	227.0	2,329.0
14	平均点	AVERAGE	72.8	57.4	71.7	71.3	45.4	258.8
15								
16	物理受験者の平均点		88.5	68.8	79.0	71.3	#DIV/0!	307.5
17								
18								

02-03

f(x) =AVERAGEIF($F$3:$F$12,">=0",C$3:C$12)

AVERAGEIFS アベレージ・イフス

複数の条件を指定して平均値を求める

書　式　AVERAGEIFS(平均範囲, 検索範囲 1, 検索条件 1[, 検索範囲 2, 検索条件 2,…])

計算例　AVERAGEIFS(年齢, 住所," 東京" 性別," 男性")
セル範囲［住所］の［東京］の行（または列）であってかつ、セル範囲［性別］の［男性］の行（または列）に対応するセル範囲［年齢］の数値を平均する。

機　能　AVERAGEIF関数（P.72参照）では「1つの条件を付けた平均」を求めますが、AVERAGEIFS関数は「複数の条件を付けた平均」を求めます。条件は127個まで追加できます。
たとえば、東京在住の男性会員の平均年齢を求めたい場合は、計算例のように「住所」を［検索範囲］に、「東京」と「男性」を［検索条件］に指定します。

使用例　2つの条件に一致する受験者の数学の平均点を求める

下表では、前ページの計算に加えて、「物理受験者4名の数学の得点」の「合格者（50点以上）の平均点」を求めています。このとき、AVERAGEIF関数とは引数の順番が異なることに注意します。

D17　=AVERAGEIFS($D$3:$D$12,$F$3:$F$12,">=0",D3:D12,">=50")

	A	B	C	D	E	F	G	H	I	J	K
1	番号	氏名	必修科目			選択科目		合計点			
2			国語	数学	英語	物理	化学				
3	1	青山 克彦	60	85	50		50	245			
4	2	加藤 京香	58	60	52		45	215			
5	3	佐々木 浩	84	75	77	60		296			
6	4	高橋 美穂	95	75	84	75		329			
7	5	中村　武	100	100	90	100		390			
8	6	橋本 麻里	75	25	65	50		215			
9	7	松下 義昭	86	10	65		32	193			
10	8	山崎 貴子	58	22	67		30	177			
11	9	R.Johnson	39	65	95		70	269			
12	10	渡辺 圭子	欠席	欠席	欠席	欠席	欠席	欠席			
13	合計点	SUM	655.0	517.0	645.0	285.0	227.0	2,329.0			
14	平均点	AVERAGE	72.8	57.4	71.7	71.3	45.4	258.8			
15											
16	物理受験者の平均点		88.5	68.8	79.0	71.3	#DIV/0!	307.5			
17	物理受験者の中で数学の得点が50点以上の受験者の平均点			83.3							
18											
19											
20											

02-04

f(x) =AVERAGEIFS(D$3:D$12,$F$3:$F$12,">=0",D3:D12,">=50")

GEOMEAN ジオメトリック・ミーン

数値の相乗平均を求める

書　式　GEOMEAN(数値1[, 数値2,…])

計算例　GEOMEAN(12%,9%,16%)
数値[12%][9%][16%]の相乗平均[12%]を返す。

機　能　平均するデータが「掛け合わされて結果を表すデータ」である場合は、相乗平均（幾何平均）を求めるGEOMEAN関数を利用します。「MEAN」は「平均」という意味です。

$$\text{GEOMEAN} = \sqrt[n]{A_1 \times A_2 \times \cdots \times A_n}$$

使用例　物価の平均上昇率を求める

物価上昇率の「平均上昇率」は、毎年の上昇率を合計して割って（算術平均）も無意味なので、この場合は「相乗平均」を利用します。ただし、掛け合わせるのは「物価上昇率」に100%を加えた「前年比」であり、掛け合わせたあとで100%を引きます。

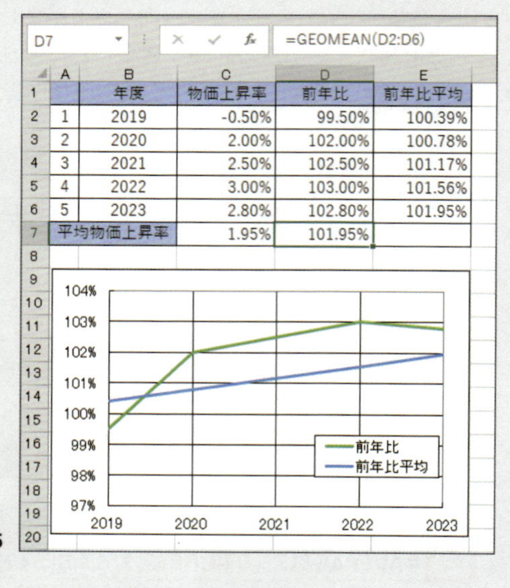

D7　=GEOMEAN(D2:D6)

A	B	C	D	E
	年度	物価上昇率	前年比	前年比平均
1	2019	-0.50%	99.50%	100.39%
2	2020	2.00%	102.00%	100.78%
3	2021	2.50%	102.50%	101.17%
4	2022	3.00%	103.00%	101.56%
5	2023	2.80%	102.80%	101.95%
平均物価上昇率		1.95%	101.95%	

02-05

HARMEAN ハーモニック・ミーン

数値の調和平均を求める

書　式　HARMEAN(数値 1[, 数値 2,…])

計算例　HARMEAN(3,4,6)
数値 [3] [4] [6] の調和平均 [4] を返す。

機　能　数の平均の逆数（調和平均）を求める場合にHARMEAN関数を利用します。計算対象は、数値、文字列として入力された数字で、文字列や論理値、空白セルは計算の対象外です。

$$\text{HARMEAN} = \frac{1}{\frac{1}{n}\times\frac{1}{A_1}+\frac{1}{n}\times\frac{1}{A_2}+\cdots+\frac{1}{n}\times\frac{1}{A_n}} = \frac{n}{\frac{1}{A_1}+\frac{1}{A_2}+\cdots+\frac{1}{A_n}}$$

$$\frac{1}{\text{HARMEAN}} = \frac{1}{n}\times\left(\frac{1}{A_1}+\frac{1}{A_2}+\cdots+\frac{1}{A_n}\right)$$

使用例　平均時速を求める

30kmの距離を、最初の1/3の距離を6km/h、次の1/3の距離を5km/h、最後の1/3の距離を3km/hで歩いた場合の平均時速は、調和平均を利用すると求められます。ただしこの場合、距離の3等分が必須条件です。

TRIMMEAN トリム・ミーン

異常値を除いた平均値を求める

書　式　TRIMMEAN(配列, 割合)

計算例　TRIMMEAN({-10,1,2,3,4,5,10} ,0.3)
数値[−10] [1] [2] [3] [4] [5] [10]の30%に当たる2個（上下各1個）のデータを除き平均値 [3] を返す。

機　能　TRIMMEAN関数は、データの中に飛び飛びに離れているデータが混じっているような場合に、データ全体の上限と下限から一定の割合のデータを除いた残りの項（中間項）の平均値を計算します。

統計　最大／最小　2016 2019 2021 365

MAX マックス

数値の最大値を求める

書　式　MAX(**数値1**[, **数値2**,…])

[数値1] [数値2] …の最大値を返す。

機　能　MAX関数は、数値の最大値を求めます。このとき、引数または引数として指定したセルに文字列あるいは論理値が含まれている場合は無視します。

統計　最大／最小　2016 2019 2021 365

MAXA マックス・エー

データの最大値を求める

書　式　MAXA(**値1**[, **値2**,…])

[値1] [値2] …の文字列または論理値も含めた最大値を求める。

機　能　MAXA関数は、データの最大値を求めます。このとき、引数または引数として指定したセルに、数値のほか文字列や論理値が含まれていても、計算の対象に含みます。文字列と[FALSE]は[0]、[TRUE]は[1]として計算します。

使用例　最大売上額を求める

下表では、上半期の売上一覧から各店舗の最大売上額をMAXA関数で求めています。対象を「休業」を含めた最大額が求められます。

B9　=MAXA(B2:B7)

	A	B	C	D	E	F	G	H
1		新宿店	台場店	町田店	横浜店	幕張店	売上合計	
2	4月	77,220	71,490	55,910	改装休業	110,700	315,320	
3	5月	86,310	改装休業	123,330	82,800	126,250	418,690	
4	6月	142,590	102,450	改装休業	111,230	114,060	470,330	
5	7月	58,240	127,180	119,750	96,550	104,020	505,740	
6	8月	52,050	54,900	92,720	102,490	改装休業	302,160	
7	9月	改装休業	137,650	127,870	82,920	145,820	494,260	
8	上半期計	416,410	493,670	519,580	475,990	600,850	2,506,500	
9	最大売上額	142,590	137,650	127,870	111,230	145,820	505,740	
10								

02-06

MAXIFS マックス・イフス

条件を指定してデータの最大値を求める

書　式　MAXIFS(**最大範囲**, **条件範囲 1**, **条件 1**[, **条件範囲 2**, **条件 2**] ,…)

計算例　MAXIFS(**税込金額**, **商品名**, **検索商品名**)
[商品名] のセル範囲にある [検索商品名] の商品に対応する [税込金額] の数値のうち、最も大きい数値を求めます。

機　能　MAXIFS関数は、指定した検索対象のセル範囲内から複数の条件を指定して検索し、条件を満たす最大値を返します。最大126の範囲と条件のセットを指定することができます。
引数「条件」に使用できる比較演算子は、表のとおりです。

演算子	演算名	使用例	結　果
=	等しい	"=2"	2 と同じ
<>	等しくない	"<>2"	2 以外
>	大きい	">2"	2 より大きい
<	小さい	"<2"	2 より小さい
>=	以上	">=2"	2 以上
<=	以下	"<=2"	2 以下

使用例　商品別の最大売上金額を求める

下表では、売上一覧から指定する商品の最大の売上額を求めています。セル [H1] にセル範囲 [B2：B11] で検索する商品名を指定します。セル範囲 [E2：E11] から商品名に合致するセルを検索して、その中で最大の売上金額を表示します。

H2　=MAXIFS(E2:E11,B2:B11,H1)

	A	B	C	D	E	F	G	H
1	伝票番号	商品名	単価	数量	売上金額		商品名	パソコン
2	1001	パソコン	49,800	1	54,780		最高売上金額	109,560
3	1002	プリンター	24,800	3	81,840			
4	1003	デジカメ	39,800	1	43,780			
5	1004	プリンター	24,800	2	54,560			
6	1005	パソコン	49,800	2	109,560			
7	1006	プリンター	24,800	4	109,120			
8	1007	デジカメ	39,800	2	87,560			
9	1008	プリンター	24,800	1	27,280			
10	1009	パソコン	49,800	1	54,780			
11	1010	プリンター	24,800	1	27,280			
12								

02-07

f(x) =MAXIFS(E2:E11,B2:B11,H1)

統計　最大／最小　2016 2019 2021 365

MIN ミニマム

数値の最小値を求める

書式　MIN(数値1[,数値2,…])

[数値1] [数値2] …の最小値を求める。

機能　MIN関数は、数値の最小値を求めます。引数または引数として指定したセル参照に、文字列または論理値が含まれていても無視されます。

統計　最大／最小　2016 2019 2021 365

MINA ミニマム・エー

データの最小値を求める

書式　MINA(値1[,値2,…])

[値1] [値2]…の文字列または論理値も含めた最小値を求める。

機能　MINA関数は、データの最小値を求めます。このとき、引数または引数として指定したセルに、数値のほか文字列や論理値が含まれていても、計算の対象に含みます。文字列と[FALSE]は[0]、[TRUE]は[1]として計算します。

使用例　最小売上額を求める

下表では、上半期の売上一覧から各店舗の最小売上額をMIN関数とMINA関数で求めています。MIN関数では対象に「改装休業」を含めず、MINA関数では含めるため（文字列は[0]）、求める値が異なります。

C10　=MINA(C2:C7)

	A	B	C	D	E	F	G	H
1			新宿店	台場店	町田店	横浜店	幕張店	売上合計
2	4月		77,220	71,490	55,910	改装休業	110,700	315,320
3	5月		86,310	改装休業	123,330	82,800	126,250	418,690
4	6月		142,590	102,450	改装休業	111,230	114,060	470,330
5	7月		58,240	127,180	119,750	96,550	104,020	505,740
6	8月		52,050	54,900	92,720	102,490	改装休業	302,160
7	9月		改装休業	137,650	127,870	82,920	145,820	494,260
8	上半期計		416,410	493,670	519,580	475,990	600,850	2,506,500
9	売上最小額	MIN関数	52,050	54,900	55,910	82,800	104,020	302,160
10	売上最小額	MINA関数	0	0	0	0	0	302,160
11								

02-08

MINIFS ミニマム・イフス

条件を指定してデータの最小値を求める

書　式　MINIFS(**最小範囲**, **条件範囲** 1, **条件** 1[, **条件範囲** 2, **条件** 2] ,…)

計算例　MINIFS(E2：B11,B2：B11,H1)
[商品名] が入力されているセル範囲 [B2：B11] にある [検索商品名] (セル [H1]) の商品に対応する [売上金額] (セル範囲 [E2:E11]) の数値のうち、最も小さい数値を求めます。

機　能　MINIFS関数は、指定した検索対象のセル範囲内から複数の条件を指定して検索し、条件を満たす最小値を返します。最大126の範囲と条件のセットを指定することができます。なお、引数「条件」に使用できる比較演算子については、MAXIFS関数 (P.77) を参照してください。

使用例　商品別の最小売上金額を求める

下表では、売上一覧から指定する商品の最小の売上額を求めています。セル [H1] にセル範囲 [B2：B11] で検索する商品名を指定します。セル範囲 [E2：E11] から商品名に合致するセルを検索して、その中で最小の売上金額を表示します。

H2　=MINIFS(E2:E11,B2:B11,H1)

	A	B	C	D	E	F	G	H
1	伝票番号	商品名	単価	数量	売上金額		商品名	プリンター
2	1001	パソコン	49,800	1	54,780		最高売上金額	27,280
3	1002	プリンター	24,800	3	81,840			
4	1003	デジカメ	39,800	1	43,780			
5	1004	プリンター	24,800	2	54,560			
6	1005	パソコン	49,800	2	109,560			
7	1006	プリンター	24,800	4	109,120			
8	1007	デジカメ	39,800	2	87,560			
9	1008	プリンター	24,800	1	27,280			
10	1009	パソコン	49,800	1	54,780			
11	1010	プリンター	24,800	1	27,280			
12								
13								

02-09

f(x) =MINIFS(E2:E11,B2:B11,H1)

統計　メジアン／モード　2016 2019 2021 365

MEDIAN メジアン

中央値を求める

書　式　MEDIAN(数値1[,数値2,…])

計算例　MEDIAN(60,30,10,20,70,50,40)
数値[60][30][10][20][70][50][40]の中央値[40]を求める。

機　能　MEDIAN関数は、中央値(メジアン)、すなわちデータを順番に並べてちょうど中央にある数値を抽出します。
引数として指定した数値の個数が偶数である場合には、中央に位置する2つの数値の平均が返されます。

解　説　中央値が平均値よりも大きければ、データは全体的には平均値よりも大きなほうに偏っていて、平均値より小さなほうに個数は少ないが大きな偏差でデータが分布しているということができます。中央値が平均値よりも小さければ、データは全体的には平均値よりも小さなほうに偏っていて、平均値より大きなほうに個数は少ないが大きな偏差でデータが分布しているということができます。

統計　メジアン／モード　2016 2019 2021 365

MODE.SNGL モード・シングル

最頻値を求める

書　式　MODE.SNGL(数値1[,数値2,…])

計算例　MODE.SNGL(60,30,10,20,60,50,50)
数値[60][30][10][20][60][50][50]の最頻度(このうち最初のもの)[60]を求める。

機　能　最頻値(モード)、すなわちデータ内で最も頻繁に出現する数値を抽出するにはMODE.SNGL関数を使用します。最頻値となる数値が複数ある場合は、引数を評価していく順で、最初に最頻値となった数値が返されます。

参照　**MODE** ………………………… P.328
関連　**MODE.MULT** ……………………P.81

MODE.MULT モード・マルチ

複数の最頻値を求める

書　式　MODE.MULT(数値1[, 数値2,…])

計算例　{MODE.MULT(60,30,10,20,60,50,50)}
数値[60][30][10][20][60][50][50]のモード[60][50]を求める。

機　能　MODE.SNGL関数は、データ内で最初に見つかった最頻値を求めるため、ほかに同じ数だけ出現する値があっても抽出されません。これを改善したのがMODE.MULT関数です。MODE.MULT関数は、データ内に存在する複数の最頻値を求めることができます。

解　説　MODE.MULT関数を利用するときは、戻り値を表示するセルをあらかじめ複数選択しておきます。最頻値はいくつ存在するのかわからないので、多めにセル範囲を取っておくことを推奨します。このとき、セル範囲は縦方向に取ります。また、一度に戻り値を求めるので、関数を確定するときには Ctrl + Shift + Enter を押し、配列数式として入力します。

使用例　頻出する得点をすべて求める

下表では、MODE.SNGL関数を利用した場合とMODE.MULT関数を利用した場合の最頻値を示します。MODE.MULT関数の戻り値に指定したセルが余った箇所には[#N/A]と表示されます。

H4　{=MODE.MULT(A2:E7)}

	A	B	C	D	E	F	G	H	I
1	テスト得点一覧							最頻値	
2	42	20	42	33	77		MODE.SNGL関数	42	
3	57	66	55	69	41				
4	37	79	60	61	86		MODE.MULT関数	42	
5	71	61	23	24	74			61	
6	48	46	90	28	74			74	
7	29	82	89	84	22			#N/A	
8									

02-10

f(x) {=MODE.MULT(A2:E7)}

関連　MODE.SNGL ……………………P.80

COUNT カウント

数値などの個数を求める

書　式　COUNT(値1[, 値2,…])

[値1] [値2] …の中に含まれる数値（や論理値）などの個数を求める。

機　能　引数としてセル範囲を指定した場合、COUNT関数は「数値（シリアル値を含む）が入力されているセルの数」を数えます。
下段（COUNTA関数）の使用例を参照してください。

関連　COUNTA……………………………P.82

COUNTA カウント・エー

データの個数を求める

書　式　COUNTA(値1[, 値2,…])

[値1] [値2] …の中に含まれる数値や論理値、文字列の個数を求める。

機　能　引数としてセル範囲を指定した場合、COUNTA関数は「空白セル以外のすべてのセルの数」を数えます。
空白セルを数える場合は、COUNTBLANK関数（P.86参照）を使用します。

使用例　セル参照と引数の直接入力

COUNT関数やCOUNTA関数は、データをセル参照で指定するか、引数に直接入力するかで計算結果が異なります。

E3　=COUNTA(100)

	A	B	C	D	E	F
1			COUNT関数		COUNTA関数	
2	種類	例	引数入力	セル参照	引数入力	セル参照
3	数値	100	1	1	1	1
4	日付	2024/7/7	1	1	1	1
5	論理値	TRUE	1	0	1	1
6	配列	{1,2,3}	3	0	3	1
7	数値に変換できる文字列	"$123"	1	0	1	1
8	数値に変換できない文字列	欠席	0	0	1	1
9	エラー値	#N/A	0	0	1	1
10	空白セル		0	0	1	0
11						

02-11

COUNTIF カウント・イフ

検索条件を満たすデータの個数を求める

書　式　COUNTIF(**範囲**, **検索条件**)

計算例　COUNTIF(A1:A10,">0")
セル範囲［A1：A10］において「値が0より大きい数値の入力されたデータの個数」を求める。

機　能　COUNTIF関数は、セル範囲を［範囲］に指定して、そのセル範囲に含まれるデータのうち、［検索条件］を満たすデータの個数を返します。
［検索条件］を指定するには、「引数に直接入力する」方法と、「条件を入力したセルを参照する」方法とがあります。
COUNTIF関数にワイルドカード（P.86のMEMO参照）を組み合わせるテクニックを使うと応用の幅が広がります。たとえば「*」を条件に指定すると、「文字列が入力されたセルを数える」ことができます。

使用例　特定の会社との取引回数を数える

下表では、セル範囲［B2：B18］の取引先リストの中に、セル［B20］で指定する取引先名がいくつあるか、COUNTIF関数を利用して求めています。

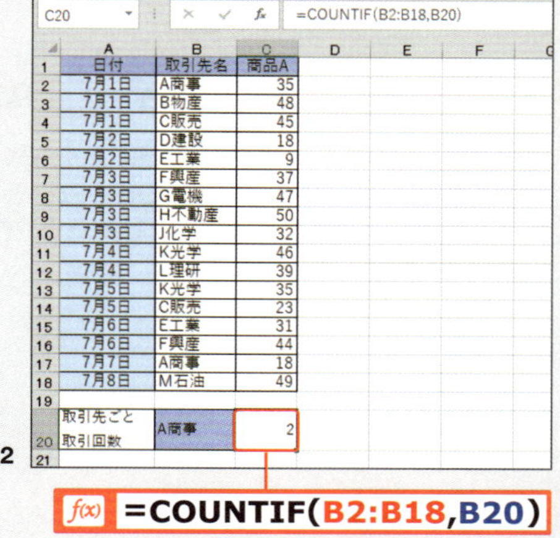
C20　=COUNTIF(B2:B18,B20)

	A	B	C
1	日付	取引先名	商品A
2	7月1日	A商事	35
3	7月1日	B物産	48
4	7月1日	C販売	45
5	7月2日	D建設	18
6	7月2日	E工業	9
7	7月3日	F興産	37
8	7月3日	G電機	47
9	7月3日	H不動産	50
10	7月3日	J化学	32
11	7月4日	K光学	46
12	7月4日	L理研	39
13	7月5日	K光学	35
14	7月5日	C販売	23
15	7月6日	E工業	31
16	7月6日	F興産	44
17	7月7日	A商事	18
18	7月8日	M石油	49
19			
20	取引先ごと取引回数	A商事	2
21			

02-12

f(x) =COUNTIF(B2:B18,B20)

COUNTIFS カウント・イフス

複数の検索条件を満たすデータの数を求める

書　式　COUNTIFS(検索範囲 1, 検索条件 1[, 検索範囲 2, 検索条件 2,…])

計算例　COUNTIFS(A1:A10,">0",B1:B10,">50")
セル範囲［A1：A10］において「セルの数値が0より大」でありかつ、セル範囲［B1：B10］において「セルの数値が50より大」であるデータの数（行数）を返す。

機　能　COUNTIF関数では「1つの条件に合うデータを数える」ことができますが、COUNTIFS関数は「複数の条件に合うデータを数える」ことができます。
条件は127個まで追加できます。
たとえば条件が2個の場合、COUNTIFS関数を利用すると、［検索範囲1］の中で［検索条件1］を満たすものであって、かつ、［検索範囲2］の中で［検索条件2］を満たすセルの個数を返します。
このような計算を行うには、次ページ上段のように、まずIF関数を利用して複数の条件を満たすかどうかを判断して1つにまとめます。次に、その結果を使ってCOUNTIF関数で集計する方法があります。
しかし、次ページ下段のようにCOUNTIFS関数を使えば、その手間が省けます。

使用例　国数英の3教科とも50点以上の人数を求める

次ページ下段では、COUNTIFS関数を使って、まず「国語」の成績のセル範囲［C3：C12］のうち、50点以上のセルを検索します。その中で「数学」、そして「英語」について同様に50点以上のセルを検索して、全教科50点以上の件数を求めています。

関連
COUNTIF ……………………………P.83
IF ………………………………… P.188

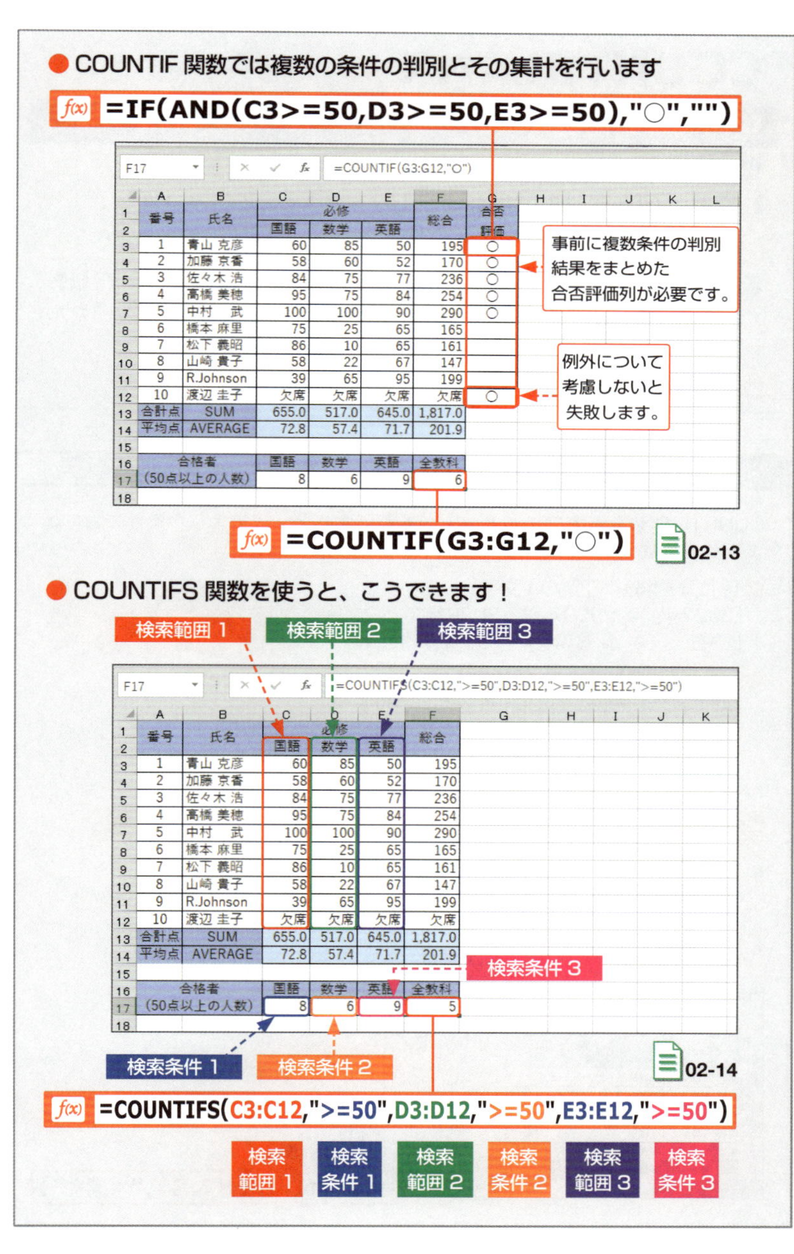

	A	B	C	D	E	F	G
1	番号	氏名	必修			総合	合否
2			国語	数学	英語		評価
3	1	青山 克彦	60	85	50	195	○
4	2	加藤 京香	58	60	52	170	○
5	3	佐々木 浩	84	75	77	236	○
6	4	高橋 美穂	95	75	84	254	○
7	5	中村　武	100	100	90	290	○
8	6	橋本 麻里	75	25	65	165	
9	7	松下 義昭	86	10	65	161	
10	8	山崎 貴子	58	22	67	147	
11	9	R.Johnson	39	65	95	199	
12	10	渡辺 圭子	欠席	欠席	欠席	欠席	○
13	合計点	SUM	655.0	517.0	645.0	1,817.0	
14	平均点	AVERAGE	72.8	57.4	71.7	201.9	
15							
16	合格者		国語	数学	英語	全教科	
17	(50点以上の人数)		8	6	9	6	

	A	B	C	D	E	F
1	番号	氏名	必修			総合
2			国語	数学	英語	
3	1	青山 克彦	60	85	50	195
4	2	加藤 京香	58	60	52	170
5	3	佐々木 浩	84	75	77	236
6	4	高橋 美穂	95	75	84	254
7	5	中村　武	100	100	90	290
8	6	橋本 麻里	75	25	65	165
9	7	松下 義昭	86	10	65	161
10	8	山崎 貴子	58	22	67	147
11	9	R.Johnson	39	65	95	199
12	10	渡辺 圭子	欠席	欠席	欠席	欠席
13	合計点	SUM	655.0	517.0	645.0	1,817.0
14	平均点	AVERAGE	72.8	57.4	71.7	201.9
15						
16	合格者		国語	数学	英語	全教科
17	(50点以上の人数)		8	6	9	5

COUNTBLANK カウント・ブランク

空白セルの個数を求める

書式 COUNTBLANK(範囲)

計算例 COUNTBLANK(A1:A10)
セル範囲[A1：A10]の中の空白セルの個数を求める。

機能 COUNTBLANK関数は、[範囲]に含まれる空白セルの個数を返します。[0]が含まれるセルは数えません。「空白セル以外」を数える場合は、COUNTA関数を使用します。

関連 **COUNTA**……P.82

MEMO ｜ ワイルドカードとセル数の求め方

COUNTIF関数などでワイルドカードを利用すると、次のような条件にあてはまるセルを数えることができます。

- **[?](疑問符)：任意の1文字**
  「202?年」⇒ 2020年から2029年までの文字
  「???」 ⇒ 任意の3文字
- **[*](アスタリスク)：任意の複数文字**
  「ABC*」⇒ 先頭に「ABC」がある文字列すべて
  「*ABC」⇒ 末尾に「ABC」がある文字列すべて
  「*ABC*」⇒ 先頭・末尾を含めて内部に「ABC」がある文字列すべて

ワイルドカードを利用する方法は以下のとおりです。

数えたいセル	数える方法
数値入力セル	COUNT 関数（P.82 参照）
文字列入力セル	COUNTIF 関数（P.83 参照）で「*」を条件に設定
空白セル	COUNTBLANK 関数（P.86 参照）
空白セル以外のセル	COUNTA 関数（P.82 参照）

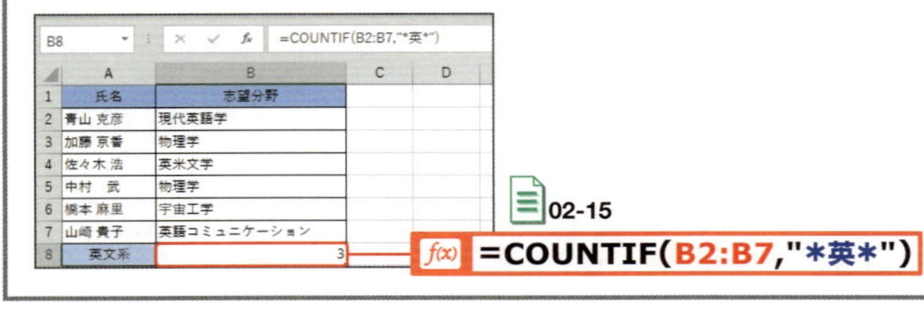

	A	B	C	D
1	氏名	志望分野		
2	青山 克彦	現代英語学		
3	加藤 京香	物理学		
4	佐々木 浩	英米文学		
5	中村 武	物理学		
6	橋本 麻里	宇宙工学		
7	山崎 貴子	英語コミュニケーション		
8	英文系	3		

FREQUENCY フリークエンシー

度数分布を求める

書　式　FREQUENCY(データ配列, 区間配列)

計算例　{FREQUENCY(A1:A10,C1:C5)}
セル範囲[A1：A10]のデータから[C1：C5]の区間配列に従う度数分布を配列で返す。

機　能　FREQUENCY関数を利用すると、データの「度数分布」、すなわち、データの区間ごとにどれくらい出現しているかという表を、区間ごとのデータの個数の配列として求めることができます。その結果を棒グラフで表現したり、累積度数を折れ線グラフにしたりして利用します。
FREQUENCY関数は、「縦方向の配列数式」として入力します。まず、結果を出力するセル範囲を選択します。このセル範囲は、データの度数分布に適用する「区間データ」の隣に設定します。
数式バーに関数を入力して、Ctrl＋Shift＋Enterを押すと、配列数式として選択したセル範囲にデータの度数分布が表示されます。配列数式については、付録3（P.351）を参照してください。

使用例　得点の度数分布を求める

下表では、試験の点数の度数分布を求めるために、セル範囲[F2：F11]に配列数式として入力しています。

F2　{=FREQUENCY(C2:C11,E2:E11)}

	A	B	C	D	E	F	G	H
1	番号	氏名	点数		点数	人数		
2	1	青山 克彦	60		10	0		
3	2	加藤 京香	58		20	0		
4	3	佐々木 浩	84		30	0		
5	4	高橋 美穂	95		40	1		
6	5	中村　武	100		50	0		
7	6	橋本 麻里	75		60	3		
8	7	松下 義昭	86		70	0		
9	8	山崎 貴子	58		80	2		
10	9	R.Johnson	39		90	2		
11	10	渡辺 圭子	75		100	2		
12					合計	10		
13								
14								

02-16

RANK.EQ ランク・イコール

互換

RANK.AVG ランク・アベレージ

順位を求める

書　式　RANK.EQ(**数値**, **範囲** [, **順序**])

[数値]が[範囲]の中で[順序](0または省略で降順、1は昇順)で指定したほうから数えて何番目になるかを求める。

書　式　RANK.AVG(**数値**, **範囲** [, **順序**])

[数値]が[範囲]の中で[順序](0または省略で降順、1は昇順)で指定したほうから数えて何番目になるかを求める。

機　能　RANK.EQ関数とRANK.AVG関数はいずれも[数値]が[範囲]の中で何番目に当たるのかを計算します。重複した数値は同じ順位とみなし、それ以降の順位を調整する点も同様です。両者の違いは、同順位の表示の仕方です。たとえば3番目のデータが3つある場合、RANK.EQ関数では、すべて「3」位と表示し、以降は6位から調整します。一方、RANK.AVG関数は、3、4、5位の3つが同じデータとして順位の平均値「4」と表示し、以降は6位から調整します。

使用例　テストの順位を求める

下表では、テストの成績の順位を求めています。成績は得点の高いほうから順位を付けるので、[順序]は降順になり、降順の場合は[順序]の指定を省略できます。ここでは、6位の成績が2人います。そのため、RANK.EQ関数では2人とも[6]位と表示され、RANK.AVG関数では6位と7位の平均[6.5]位と表示されます。

J3　=RANK.AVG(H3,$H$3:$H$11)

	A	B	C	D	E	F	G	H	I	J	K
1	番号	氏名	必修科目			選択科目		合計	順位		
2			国語	数学	英語	物理	化学	点数	RANK.EQ関数	RANK.AVG関数	
3	1	青山 克彦	60	85	50		50	245	5	5	
4	2	加藤 京香	58	60	52		45	215	6	6.5	
5	3	佐々木 浩	84	75	77	60		296	3	3	
6	4	高橋 美穂	95	75	84	75		329	2	2	
7	5	中村　武	100	100	90	100		390	1	1	
8	6	橋本 麻里	75	25	65	50		215	6	6.5	
9	7	松下 義昭	86	10	65		32	193	8	8	
10	8	山崎 貴子	58	22	67		30	177	9	9	
11	9	R.Johnson	39	65	95		70	269	4	4	
12											

02-17

f(x) =RANK.EQ(H3,$H$3:$H$11)

f(x) =RANK.AVG(H3,$H$3:$H$11)

参照 RANK ………………………… P.328

統計 順位 2016 2019 2021 365

LARGE ラージ

大きいほうからの順位を求める

書 式 LARGE(配列,k)
[配列] の中で [k] 番目に大きな値を求める。

機 能 LARGE関数は、[配列] の中で、何番目に大きい「データ」を返します。

使用例 順位を得点順で求める

下表では、LARGE関数を使って、指定した順位に相当する得点を求めています。これは、RANK.EQ関数(P.88参照)で求めた順位から得点を逆算していることになります。

K2 =LARGE($H$3:$H$11,J2)

	A	B	C	D	E	F	G	H	I	J	K
1	番号	氏名	必修科目			選択科目		合計		順位	合計点数
2			国語	数学	英語	物理	化学	点数		1	390
3	1	青山 克彦	60	85	50		50	245		2	329
4	2	加藤 京香	58	60	52		45	215		3	296
5	3	佐々木 浩	84	75	77	60		296			
6	4	高橋 美穂	95	75	84	75		329			
7	5	中村 武	100	100	90	100		390			
8	6	橋本 麻里	75	25	65	50		215			
9	7	松下 義昭	86	10	65		32	193			
10	8	山崎 貴子	58	22	67		30	177			
11	9	R.Johnson	39	65	95		70	269			
12											

02-18

f(x) =LARGE($H$3:$H$11,J2)

統計 順位 2016 2019 2021 365

SMALL スモール

小さいほうからの順位を求める

書 式 SMALL(配列,k)
[配列] の中で [k] 番目に小さな値を求める。

機 能 SMALL関数は、[配列] の中で、何番目に小さい「データ」を返します。

QUARTILE.INC クアタイル・インクルーシブ

QUARTILE.EXC クアタイル・エクスクルーシブ

四分位数を求める

書　式　QUARTILE.INC(**配列**, **戻り値**)

計算例　QUARTILE.INC({60,30,10,20,40} ,2)
[60] [30] [10] [20] [40] の中央値 [30] を返す。

書　式　QUARTILE.EXC(**配列**, **戻り値**)

計算例　QUARTILE.EXC({60,30,10,20,40} ,30)
[60] [30] [10] [20] [40] の上位4分の1を返す。

機　能　２つの関数は、[配列] に含まれるデータから下表の戻り値に対応する「四分位数」を抽出します。引数によっては、ほかの関数と同じ結果を返します。両者の違いは、QUARTILE.INC関数は0%と100%を含めた範囲、QUARTILE.EXC関数は0%と100%を含めない範囲で結果を求めます。

戻り値	位　置
[0]	最小値（＝ MIN 関数）
[1]	下位 4 分の 1（25%）
[2]	中央値（50%）（＝ MEDIAN 関数）
[3]	上位 4 分の 1（75%）
[4]	最大値（＝ MAX 関数）

(注)QUARTILE.EXC関数では、[戻り値] の [0] と [4] は指定できません。

参照　**QUARTILE** ························ P.329

MEMO ｜四分位数と百分位数

四分位数とは、データリストをデータの小さなほうからデータの数で1/4ずつ区切った場合の次のようなデータのことです。

- ・第一四分位点 (Q1)：データ数で下から1/4のデータ
- ・第二四分位点 (Q2)：データ数で下から2/4のデータ (＝中央値)
- ・第三四分位点 (Q3)：データ数で下から3/4のデータ

四分位数は、四分位偏差「＝(Q3−Q1) /2」からデータの散らばり方を調べるのに利用されます。百分位数とは、全体のデータを小さなほうからデータ数で数えてパーセント (百分率) で指定したデータのことです。

PERCENTILE.INC　パーセンタイル・インクルーシブ

互換

PERCENTILE.EXC　パーセンタイル・エクスクルーシブ

百分位数を求める

書　式	PERCENTILE.INC(**配列**, **率**)
計算例	PERCENTILE.INC({60,30,10,20,40} ,0.5) [60] [30] [10] [20] [40] の中央値 [30] を返す。
書　式	PERCENTILE.EXC(**配列**, **率**)
計算例	PERCENTILE.EXC({60,30,10,20,40} ,0.5) [60] [30] [10] [20] [40] の50%値 [30] を返す。

機　能　2つの関数は、[配列] のデータを小さいほうから数えて [率] に指定した位置に相当する値を返します。PERCENTILE.EXC関数では、[率] に指定できる範囲は0～1（ただし0と1は除く）です。

参照　**PERCENTILE** ………………… P.329

PERCENTRANK.INC　パーセントランク・インクルーシブ

PERCENTRANK.EXC　パーセントランク・エクスクルーシブ

百分率での順位を求める

書　式	PERCENTRANK.INC(**配列**,X[, **有効桁数**])
計算例	PERCENTRANK.INC({60,30,10,20,40} ,30)
書　式	PERCENTRANK.EXC(**配列**,X[, **有効桁数**])
計算例	PERCENTRANK.EXC({60,30,10,20,40} ,30) [60] [30] [10] [20] [40] の [30] の百分位 [0.5] を返す。

機　能　2つの関数は、[x] が [配列] 内のどの位置に相当するかを百分率（0～1）で求めます。なお、PERCENTRANK.EXC関数は0より大きく1より小さい百分率で求められます。

参照　**PERCENTRANK** ……………… P.329

統計 | 二次代表値 | 2016 2019 2021 365

VAR.S バリアンス・エス

VARA バリアンス・エー

不偏分散を求める

書式 VAR.S(数値 1[, 数値 2,…])
引数を母集団（全体）の標本（いくつかのサンプル）とみなし、母集団の分散の推定値（不偏分散）を求める。

書式 VARA(数値 1[, 数値 2,…])
文字や論理値も含めた引数を母集団の標本とみなし、母集団の分散の推定値（不偏分散）を求める。

機能 分散は、データの集まりの（平均値からの）「散らばりの程度」を調べる二次代表値です。個々のデータと平均値の差をそれぞれ2乗して、各値の合計をデータの個数で割って求めます。

参照 VAR ………………………… P.330

統計 | 二次代表値 | 2016 2019 2021 365

VAR.P バリアンス・ピー

VARPA バリアンス・ピー・エー

分散を求める

書式 VARP(数値 1[, 数値 2,…])
引数を母集団とみなし、分散を求める。

書式 VARPA(数値 1[, 数値 2,…])
文字や論理値も含めた引数を母集団とみなし、分散を求める。

参照 VARP ………………………… P.330

MEMO｜分散

分散には、「標本分散」と「不偏分散」の2種類があります。標本分散は、標本から計算した分散です。このとき、標本分散が分散より少ない場合、母分散に等しくなるように補正した値を不偏分散といいます。

STDEV.S スタンダード・ディビエーション・エス

STDEVA スタンダード・ディビエーション・エー

不偏標準偏差を求める

書　式 STDEV.S(**数値 1**[, **数値 2**,…])
引数を母集団(全体)の標本(いくつかのサンプル)とみなし、母集団の標準偏差の近似値を求める。

書　式 STDEVA(**値 1**[, **値 2**,…])
文字や論理値も含めた引数を母集団の標本とみなし、母集団の標準偏差の近似値を求める。

機　能 標準偏差は、データの集まりの(平均値からの)「散らばりの程度」を調べる二次代表値です。標準偏差が小さいと、平均値の散らばりが小さいことを示します。

参照 **STDEV** ……………………………… P.330

統計 二次代表値 2016 2019 2021 365

STDEV.P スタンダード・ディビエーション・ピー

STDEVPA スタンダード・ディビエーション・ピー・エー

標準偏差を求める

書　式 STDEV.P(**数値 1**[, **数値 2**,…])
引数を母集団とみなし、標準偏差を求める。

書　式 STDEVPA(**値 1**[, **値 2**,…])
文字や論理値も含めた引数を母集団とみなし、標準偏差を求める。

参照 **STDEVP** ……………………………… P.330

MEMO | 標準偏差

標準偏差は、「標本標準偏差」と「標準偏差(不偏分散の平方根)」の2種類があります。標本標準偏差は、標準にもとづいて予測した標準偏差です。標準偏差(不偏分散の平方根)は、母集団全体にもとづいて計算する標準偏差です。

AVEDEV アベレージ・ディビエーション

平均偏差を求める

書　式　AVEDEV(数値 1[, 数値 2,…])

計算例　AVEDEV(9,10,11)
数値 [9] [10] [11] の平均偏差 [0.666667] を求める。

機　能　AVEDEV関数は、平均偏差、すなわち「データ全体の平均値に対する個々のデータの絶対偏差の平均」を求めます。平均偏差は、データと次元が同じなので、標準偏差より手軽にデータのばらつきを調べることができます。平均偏差が大きいほど、データのばらつきが大きいものとみなされます。

$$\text{AVEDEV} = \frac{1}{n}\sum_{i=1}^{n}\left| x_i - \bar{x} \right|$$

DEVSQ ディビエーション・スクエア

偏差平方和を求める

書　式　DEVSQ(数値 1[, 数値 2,…])

計算例　DEVSQ(9,10,11)
数値 [9] [10] [11] の偏差平方和 [2] を求める。

機　能　DEVSQ関数は、平均値に対する個々のデータの偏差平方和を求めます。偏差平方和は分散や標準偏差を求める途中経過を示し、この段階までは標準偏差や分散の計算は同じなので、両方の数値を求める場合に便利です。

$$\text{DEVSQ} = \sum_{i=1}^{n}\left(x_i - \bar{x}\right)^2$$

$$\frac{\text{DEVSQ}}{n} = \text{VARP} = \frac{1}{n}\sum_{i=1}^{n}\left(x_i - \bar{x}\right)^2 = \frac{1}{n}\sum_{i=1}^{n}{x_i}^2 - \bar{x}^2$$

SKEW スキュー

歪度を求める（SPSS方式）

書　式　SKEW(数値 1, 数値 2, 数値 3[, 数値 4,…])

計算例　SKEW(10,20,40,60)
数値［10］［20］［40］［60］の歪度［0.48］を求める。

機　能　SKEW関数は、データの歪度（わいど）、すなわち分布の平均値周辺での両側の非対称度を表す三次の代表値を算出します。
正の歪度は、最頻値が中央値より小さく負のほうへ偏り、正の方向へ長く延びる尾部を持つことを示し、負の歪度は、正のほうへ偏り最頻値が中央値より大きく、負の方向へ長く延びる尾部を持つことを示します。

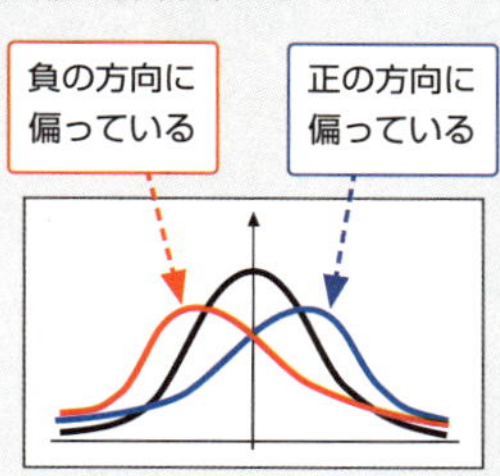

SKEW.P スキュー・ピー

歪度を求める（一般的な方式）

書　式　SKEW.P(数値 1[, 数値 2,…])

計算例　SKEW.P(10,20,40,60)
数値［10］［20］［40］［60］に含まれるデータの母集団をもとにする分布の歪度［0.27］を求める。

機　能　SKEW.P関数は、一般的な定義（下式）の計算方法にもとづいて計算を行います。引数［数値］で指定した値を、母集団全体の標準偏差を用いて、データの母集団をもとにする分布の歪度（分布の平均値周辺での、両側の非対称度を表す値）を求めます。

$$\text{歪度}\ v = \frac{1}{n}\sum_{i=1}^{n} \frac{x_i - \bar{x}^3}{\sigma}$$

統計 高次代表値 2016 2019 2021 365

KURT カート

尖度を求める

書　式　KURT(数値1, 数値2, 数値3, 数値4[, 数値5,…])

計算例　KURT(10,20,40,60)
数値[10][20][40][60]のデータの尖度[-1.70]を求める。

機　能　KURT関数は、分布曲線の集中の鋭さを表す四次の代表値「尖度（せんど）」を返します。この値が大きいほど、集中度が高くなります。

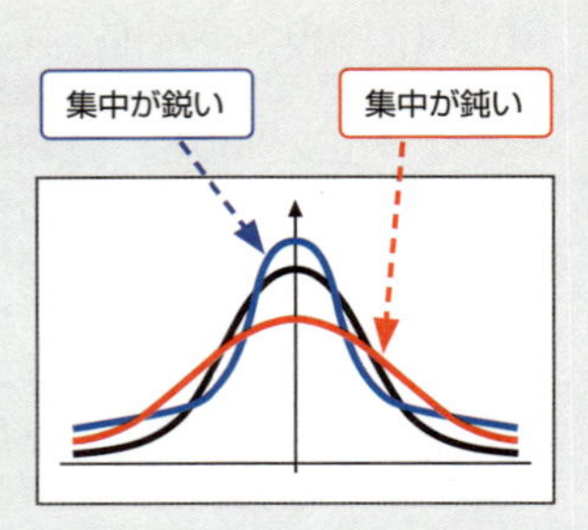

統計 順列／確率 2016 2019 2021 365

PERMUT パーミュテーション

順列の数を求める

書　式　PERMUT(標本数, 抜き取り数)

計算例　PERMUT(10,3)
[10]個の標本の中から[3]個を抜き出す順列の数、[720]（=10×9×8）を求める。

機　能　PERMUT関数は、あるデータから指定された個数を「順序を区別して抜き出す」ときの順列（パターン）を返します。あるデータからAとBを抜き出すときに、順序の違いを数に入れるのがPERMUT関数、順序の違いを数に入れないのがCOMBIN関数です。
PERMUT関数を数式で表現すると、次のようになります。

$$\text{PERMUT} = nPk = n\cdot(n-1)\cdot(n-2)\cdots(n-k+1) = \frac{n!}{(n-k)!}$$

参照 COMBIN……P.47

統計　順列／確率　2016 2019 2021 365

PERMUTATIONA パーミュテーション・エー

重複順列の数を求める

書　式　PERMUTATIONA(総数,抜き取り数)

計算例　PERMUTATIONA(3,2)
[3] つの対象の中から [2] つを重複を許して抜き取るとき、その重複順列の数 [9] を返す。

機　能　PERMUTATIONA関数は、[総数] から重複を許して [抜き取り数] 個並べる重複順列を返します。

使用例　サイコロ2個の組み合わせを求める

六面サイコロを2個投げて1回目と2回目を区別する場合、PERMUTATIONA(6,2) で、組み合わせは36通りになります。PERMUT関数と似ていますが、重複を許す、つまり抜き取ったものが同じでもよい、などの違いがあります。

参照　**PERMUT** ………………………………P.96

統計　順列／確率　2016 2019 2021 365

PROB プロバビリティ

確率範囲の下限と上限を指定して確率を求める

書　式　PROB(x範囲,確率範囲,下限 [,上限])

計算例　PROB(A1:A6,B1:B6,1,2)
A1：A6={1,2,3,4,5,6}
B1：B6={1/6,1/6,1/6,1/6,1/6,1/6}
サイコロの目が [1] か [2] である確率 [1/3] を求める。

機　能　PROB関数は、離散確率分布において、任意の分布または確率密度関数の値とその区間とを入力し、任意の区間での部分合計を求めたり、数値を指定してその確率を抽出したりする関数です。この関数は、[x範囲] に含まれる値が発生する確率を [確率範囲] に記述して、[x範囲] に含まれる値が [下限] と [上限] との間に収まる確率を返します。

統計 二項分布 2016 2019 2021 365

BINOM.DIST

バイノミアル・ディストリビューション

二項分布の確率を求める

書　式　BINOM.DIST(成功数,試行回数,成功率,関数形式)

計算例　BINOM.DIST(2,3,1/6,0)

サイコロを［3］回投げ［1］の目（いずれか1つの目）が［2］回出る確率を求める。

機　能　BINOM.DIST関数は、二項分布の確率を求めます。［成功率］で示される確率で事象が発生する場合に、［試行回数］のうち［成功数］だけの事象が発生する確率を求めます。サイコロを投げて特定の目が出る［成功率］は［1/6］になります。なお、［関数形式］が［0］の場合は確率密度関数、［1］の場合は累積分布関数を求めます。

参照　**BINOMDIST** P.331

統計 二項分布 2016 2019 2021 365

BINOM.DIST.RANGE

バイノミアル・ディストリビューション・レンジ

二項分布を使用した試行結果の確率を求める

書　式　BINOM.DIST.RANGE(試行回数,成功率,成功数1[,成功数2])

計算例　BINOM.DIST.RANGE(50,0.8,35)

［80］%の確率で成功する事象が［50］回の試行のうち、［35］回起こる確率［0.029918657］を求める。

機　能　BINOM.DIST.RANGE関数は、［確率］で起こる事象が、［試行回数］のうち［成功数1］から［成功数2］までの回数だけ起こる確率を求めます。

［成功数2］を省略した場合は、［成功率1］で指定した確率を求めたい事象の下限の回数で求めます。

たとえば、［80］%の確率で成功する事象が［50］回の試行のうち、［成功数1］の［35］回から［成功数2］の［40］回までの間で起こる確率［0.525456164］が求められます。

BINOM.INV バイノミアル・インバース

二項分布確率が目標値以上になる最小回数を求める

書　式　BINOM.INV(試行回数,成功率,基準値α)

計算例　BINOM.INV(10,0.2,0.8)

不良品率［20］%の製品［10］個を抜き取って、［80］%以上の確率で合格させるための最小許容数を求める。

機　能　BINOM.INV関数は、二項分布の成功確率が基準値以上になるための最小の回数を返します。この回数を超えた場合には、目標とする確率は実現しないので、この成功回数は「最小許容回数」とみなせます。

逆に、この関数はBINOM.DIST関数の逆関数値を超える最小の整数値を返すので、品質保証計算などに使用すると、部品の組立ラインで、ロット全体で許容できる欠陥部品数の最大値などを決定できます。

使用例　不良品の最小許容値を求める

下表では、不良品の基準値（許容値）の最小値［α］を、不良率（成功確率）［p］と、抜き取る個数（試行回数）［n］から求めています。つまり、不良品の発生確率と抜き取り個数に対して、目標の合格率を達成するために「許容できる不良品の最小値」を求めます。

C7　=BINOM.INV($E$1,$E$2,B7)

	A	B	C	D	E
1	試行回数[n]		検査回数		10
2	成功確率[p]		不良品率		20%
3	基準値[α]		不良品の最小許容値		α
4					
5		不良品数の最小値			
6		0%			
7		10%	0.0		
8		20%	1.0		
9		30%	1.0		
10		40%	2.0		
11	α	50%	2.0		
12		60%	2.0		
13		70%	3.0		
14		80%	3.0		
15		90%	4.0		
16		100%			
17					

02-19

参照 CRITBINOM ……………… P.331
関連 BINOM.DIST ……………… P.98

NEGBINOM.DIST ネガティブ・バイノミアル・ディストリビューション 互換

負の二項分布の確率を求める

書　式　NEGBINOM.DIST(失敗数,成功数,成功率,関数形式)

計算例　NEGBINOM.DIST(3,1,1/6,TRUE)
サイコロを振って目的の目が[1]回目に出る確率[1/6]を求める。

機　能　NEGBINOM.DIST関数は、試行の[成功率]が一定のとき、[成功数]で指定した回数の試行が成功するまでに、[失敗数]で指定した回数の試行が失敗する確率を求めます。このとき、[関数形式]の指定が[FALSE]の場合は確率密度関数の値を、[TRUE]の場合は累積分布関数の値を求めることができます。

使用例　サイコロの目の出方

下表では、サイコロを振って目的の目が1回出るまでにほかの目が出る失敗の確率とその累積を求めています。
確率密度は互換性関数のNEGBINOMDIST関数を利用し、累積分布にはNEGBINOM.DIST関数を利用します。

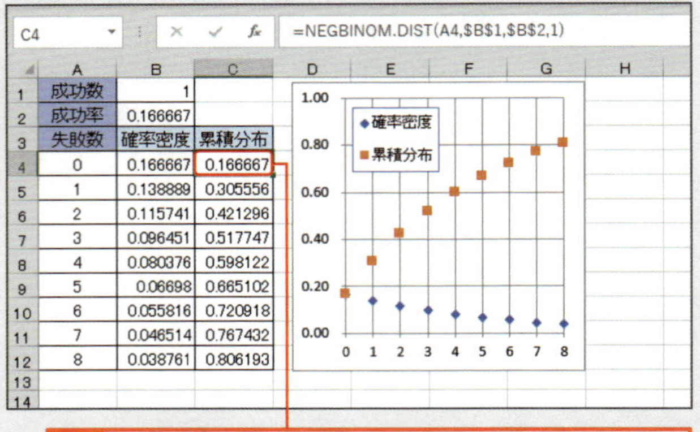
C4　=NEGBINOM.DIST(A4,$B$1,$B$2,1)

	A	B	C
1	成功数	1	
2	成功率	0.166667	
3	失敗数	確率密度	累積分布
4	0	0.166667	0.166667
5	1	0.138889	0.305556
6	2	0.115741	0.421296
7	3	0.096451	0.517747
8	4	0.080376	0.598122
9	5	0.06698	0.665102
10	6	0.055816	0.720918
11	7	0.046514	0.767432
12	8	0.038761	0.806193

02-20

=NEGBINOM.DIST(A4,$B$1,$B$2,1)

参照　NEGBINOMDIST ……………… P.331

HYPGEOM.DIST

ハイパー・ジオメトリック・ディストリビューション

超幾何分布の確率を求める

書　式　HYPGEOM.DIST(**標本の成功数**, **標本の大きさ**, **母集団の成功数**, **母集団の大きさ**, **関数形式**)

計算例　HYPGEOM.DIST(3,5,5,100,1)
不良品が [5] 個発生する製品 [100] 個から [5] 個を抜き取る検査で、不良品が [3] 個以内になる確率を求める。

機　能　HYPGEOM.DIST関数は、指定された [標本数]、[母集団の成功数]、[母集団の大きさ] から、一定数の標本が成功する確率を計算する超幾何分布の確率を返します。
超幾何分布は、一定の母集団を対象とした、それぞれの事象が成功または失敗のいずれかのような二分できるもので、標本は無作為に抽出される試行の分析に使います。このとき、[関数形式] が [0] の場合は確率、[1] の場合は累積確率の値を求めることができます。

使用例　不良品の発生確率を求める

下表では、総製品数から抜き取る検査数で、不良品数の発生を [5] 以内になる確率を求めています。

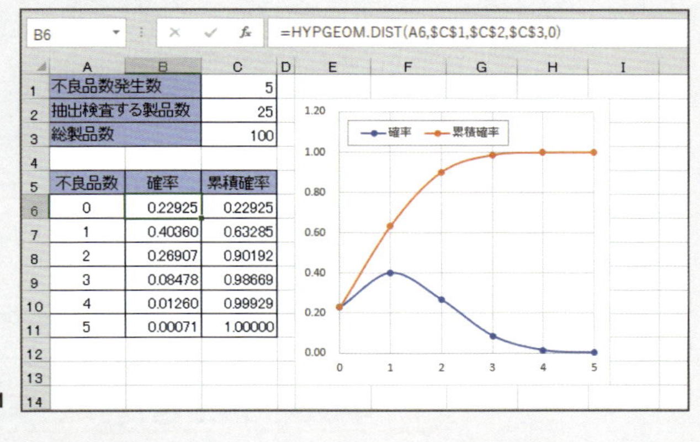

B6　=HYPGEOM.DIST(A6,$C$1,$C$2,$C$3,0)

	A	B	C
1	不良品数発生数		5
2	抽出検査する製品数		25
3	総製品数		100
4			
5	不良品数	確率	累積確率
6	0	0.22925	0.22925
7	1	0.40360	0.63285
8	2	0.26907	0.90192
9	3	0.08478	0.98669
10	4	0.01260	0.99929
11	5	0.00071	1.00000

02-21

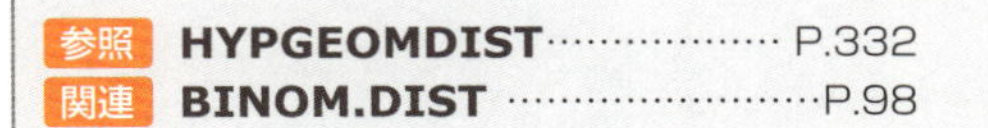
参照　HYPGEOMDIST……………… P.332
関連　BINOM.DIST ……………………P.98

POISSON.DIST　ポアソン・ディストリビューション

ポアソン分布の確率を求める

書　式　POISSON.DIST(イベント数, 平均, 関数形式)

計算例　POISSON.DIST(3,1% ,0)

タクシーが1カ月に起こす事故が、[100] 台のうち [3] 台以下である確率を求める。

機　能　POISSON.DIST関数はポアソン確率分布の値を返します。ポアソン分布は、事象の発生率が低く、発生率が一定であって、発生がそれぞれ独立した要因で起こるような場合の予測に利用されます。ポアソン分布に従う事象を「ポアソン過程」と呼びます。計算が二項分布よりもかんたんなこともあり、1日当たりの交通事故死亡者数のような事象の確率予想に利用します。[関数形式] が [0] の場合は確率密度関数、[1] の場合は累積分布関数を返します。

使用例　タクシーの事故率を求める

下表では、100台のタクシーを運行しているタクシー会社の事故率が1台／月である場合、月間事故台数の確率分布を求めています。
たとえば「1カ月の事故が3台以下である確率を求める」には、セル [C11] を確認します。その結果は、98.1%となります。

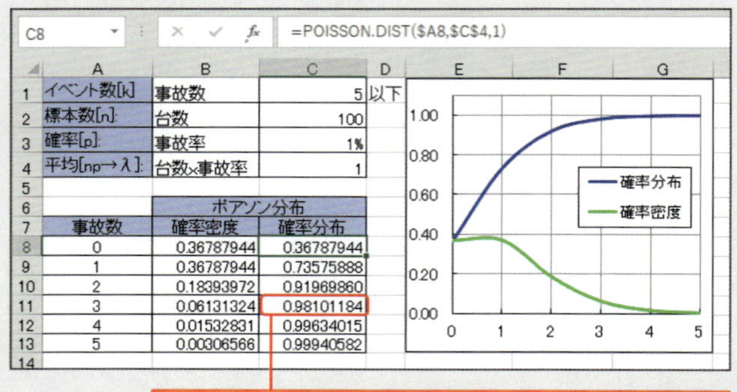

C8　=POISSON.DIST($A8,$C$4,1)

	A	B	C	D
1	イベント数[k]	事故数	5	以下
2	標本数[n]	台数	100	
3	確率[p]	事故率	1%	
4	平均[np→λ]	台数×事故率	1	
5				
6		ポアソン分布		
7	事故数	確率密度	確率分布	
8	0	0.36787944	0.36787944	
9	1	0.36787944	0.73575888	
10	2	0.18393972	0.91969860	
11	3	0.06131324	0.98101184	
12	4	0.01532831	0.99634015	
13	5	0.00306566	0.99940582	
14				

02-22

f(x) =POISSON.DIST($A11,$C$4,1)

参照　POISSON ………………………… P.332

PHI ファイ

標準正規分布の密度を求める

書　式　PHI(値)

計算例　PHI(0.75)

標準正規分布の確率密度関数において、値 [0.75] に対する確率 [0.301137] を求める。

機　能　PHI関数は、[値] で指定した標準正規分布の密度の値を返します。[値] が無効な場合はエラー値 [#NUM!] を返します。

MEMO｜正規分布／二項分布／確率分布

●正規分布

正規分布（またはガウス分布）は、平均値の付近に集積するようなデータの分布を表した連続的な変数に関する確率分布です。
正規分布は統計学や自然科学、社会科学のさまざまな場面で複雑な現象をかんたんに表すモデルとして用いられています。

●二項分布

二項分布は、ある事象の結果が成功か失敗のいずれかである場合に、n 回の独立な試行の成功数で表される離散確率分布のことです。
それぞれの試行における成功・失敗の確率は一定であり、このような試行を「ベルヌーイ試行」と呼びます。

●確率分布

確率分布は、確率変数の個々の値に対し、その起こりやすさを示すものです。たとえば、サイコロ2つを振ったとき、「2つのサイコロの出た目の和（合計）」を確率変数といいます。確率分布とは、この「2つのサイコロの出た目の和」の出る確率を対応させた分布を指します。

サイコロの目の合計	2	3	4	5	6	7	8	9	10	11	12
確率	1/36	2/36	3/36	4/36	5/36	6/36	5/36	4/36	3/36	2/36	1/36

NORM.DIST ノーマル・ディストリビューション

正規分布の確率を求める

書　式　NORM.DIST(x, 平均, 標準偏差, 関数形式)

計算例　NORM.DIST(x,0,1,1)
平均値［0］、標準偏差［1］の正規累積分布関数の変数［x］に対する値を返す。

機　能　NORM.DIST関数は［平均］と［標準偏差］に対する正規分布関数の値を返します。この関数は、「連続分布」の関数で、仮説検定をはじめとする統計学の幅広い分野に応用されます。［関数形式］の指定が［0］の場合は確率密度関数の値を、［1］の場合は累積分布関数の値を求めることができます。

使用例　標準偏差を変えた場合の正規分布の例

下表では、標準偏差を変えた場合の正規分布の形を示します。［平均］＝［0］、かつ［標準偏差］＝［1］で［関数形式］＝［1］の場合、標準正規分布の累積分布関数の値を求めるNORM.S.DIST関数と、同じ結果になります。

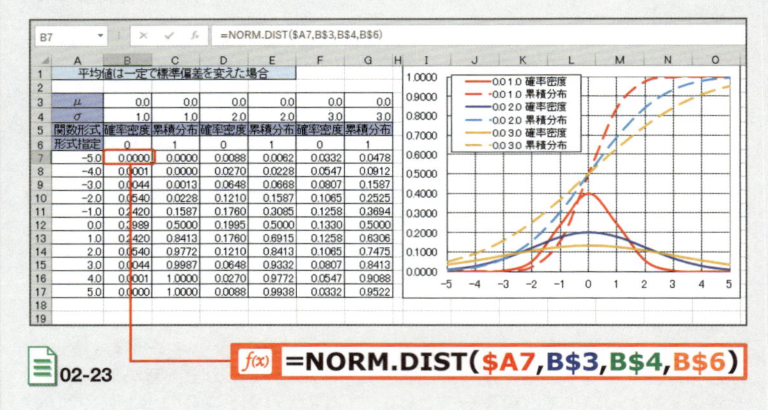
B7　=NORM.DIST($A7,B$3,B$4,B$6)

	A	B	C	D	E	F	G
1	平均値は一定で標準偏差を変えた場合						
2							
3	μ	0.0	0.0	0.0	0.0	0.0	0.0
4	σ	1.0	1.0	2.0	2.0	3.0	3.0
5	関数形式	確率密度	累積分布	確率密度	累積分布	確率密度	累積分布
6	形式指定	0	1	0	1	0	1
7	−5.0	0.0000	0.0000	0.0088	0.0062	0.0332	0.0478
8	−4.0	0.0001	0.0000	0.0270	0.0228	0.0547	0.0912
9	−3.0	0.0044	0.0013	0.0648	0.0668	0.0807	0.1587
10	−2.0	0.0540	0.0228	0.1210	0.1587	0.1065	0.2525
11	−1.0	0.2420	0.1587	0.1760	0.3085	0.1258	0.3694
12	0.0	0.3989	0.5000	0.1995	0.5000	0.1330	0.5000
13	1.0	0.2420	0.8413	0.1760	0.6915	0.1258	0.6306
14	2.0	0.0540	0.9772	0.1210	0.8413	0.1065	0.7475
15	3.0	0.0044	0.9987	0.0648	0.9332	0.0807	0.8413
16	4.0	0.0001	1.0000	0.0270	0.9772	0.0547	0.9088
17	5.0	0.0000	1.0000	0.0088	0.9938	0.0332	0.9522
18							
19							

02-23

f(x) =NORM.DIST($A7,B$3,B$4,B$6)

参照　NORMDIST ……………… P.332
関連　NORM.S.DIST ……………… P.105

NORM.S.DIST ノーマル・スタンダード・ディストリビューション

互換

標準正規分布の確率を求める

書　式　NORM.S.DIST(**値**, **関数形式**)

計算例　NORM.S.DIST(0,FALSE)

標準正規分布の確率密度関数において、[FALSE] に対する確率 [0.398942] を返す。

機　能　NORM.S.DIST関数は、標準正規分布の累積分布関数の値を計算します。この分布は、[平均]＝[0]、[標準偏差]＝[1] である正規分布に対応するため、統計の計算によく使用される正規分布表の代わりに利用できる関数です。

正規分布は、平均と標準偏差の2つのパラメータに依存していますが、標準正規分布は1つの引数 [値] だけに依存しています。

この関数は、[関数形式] の指定が [FALSE] の場合は確率密度関数の値を、[TRUE] の場合は累積分布関数の値を求めることができます。

使用例　標準正規分布の例

下表では、標準正規分布の確率密度と累積分布の値を示しています。

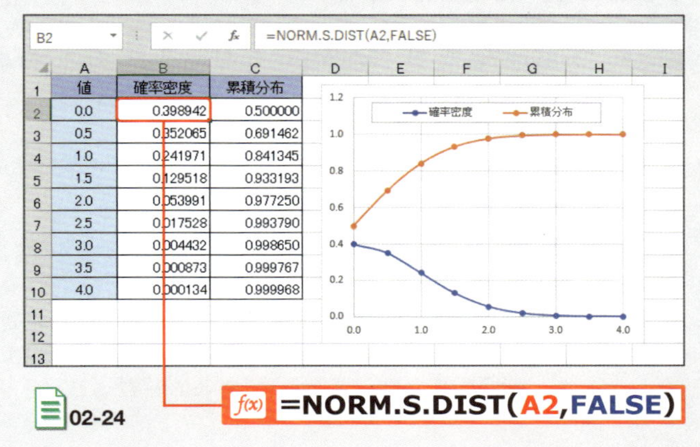

B2　=NORM.S.DIST(A2,FALSE)

	A	B	C
1	値	確率密度	累積分布
2	0.0	0.398942	0.500000
3	0.5	0.352065	0.691462
4	1.0	0.241971	0.841345
5	1.5	0.129518	0.933193
6	2.0	0.053991	0.977250
7	2.5	0.017528	0.993790
8	3.0	0.004432	0.998650
9	3.5	0.000873	0.999767
10	4.0	0.000134	0.999968

02-24

f(x) =NORM.S.DIST(A2,FALSE)

参照 NORMSDIST ………………… P.332

統計　正規分布　2016 2019 2021 365

NORM.INV　ノーマル・インバース

正規分布の累積分布関数の逆関数値を求める

書　式　NORM.INV(確率, 平均, 標準偏差)

計算例　NORM.INV(0.8,0,1)

平均 [0]、標準偏差 [1] の正規累積分布関数において、確率 [0.8] のとき、逆関数値 [0.8416] を返す。

機　能　NORM.INV関数は、[平均] と [標準偏差] に対する正規累積分布関数の逆関数の値を計算します。この関数は、たとえば「ある推定が95%以上正しい」というには、変動値 [x] はどの範囲に収まっていなければならないかという「仮説検定」に利用されます。

[平均]＝[0] かつ [標準偏差]＝[1] である場合、NORM.S.DIST関数の逆関数の値が計算されます。

参照　NORMINV ………………………… P.333
関連　NORT.S.DIST ………………… P.105

統計　正規分布　2016 2019 2021 365

NORM.S.INV　ノーマル・スタンダード・インバース

標準正規分布の累積分布関数の逆関数値を求める

書　式　NORM.S.INV(確率)

計算例　NORM.S.INV(0.9)

標準正規分布における確率 [0.9] に対する累積分布関数の逆関数値 [1.281552] を返す。

機　能　NORM.S.INV関数は、NORM.S.DIST関数の逆関数の値を計算します。[p]=NORM.S.DIST(x)のとき、NORM.S.INV(p)＝[x] となります。[確率] に数値以外の値を指定すると、エラー値 [#VALUE!] が返されます。[確率] <=0または [確率] >=1の場合は、エラー値 [#NUM!] が返されます。

参照　NORMINV ………………………… P.333
関連　NORM.S.DIST ………………… P.105

GAUSS ガウス

指定した標準偏差の範囲になる確率を求める

書　式　GAUSS(値)

計算例　GAUSS(4)

標準正規の母集団に含まれるメンバーが、平均と平均から標準偏差の4倍の範囲になる確率 [0.49379] を返す。

機　能　GAUSS関数は、標準正規母集団のメンバーが、平均と平均から標準偏差の [値] 倍の範囲になる確率を返します。[値] に無効な数値を指定するとエラー値 [#NUM!]、無効なデータ型を指定するとエラー値 [#VALUE!] が返されます。

STANDARDIZE スタンダーダイズ

標準正規分布に変換する標準化変量を求める

書　式　STANDARDIZE(x, 平均, 標準偏差)

計算例　STANDARDIZE(x,2,2)

平均値 [2]、標準偏差 [2] の正規分布上の変数 [x] を、標準正規分布上の値に変換する標準化変量を返す。

機　能　STANDARDIZE関数は、正規分布の標準化変量で、[平均] と [標準偏差] で決定される分布を、[平均]＝[0] かつ [標準偏差]＝[1] である標準正規分布に変換します。標準化することで、異なる単位のデータ分布を比較しやすくします。[標準偏差] ＜＝1の場合はエラー値 [#NUM!] が返されます。
正規化された値は、以下の数式で求めることができます。

$$z = \frac{x - \mu}{\sigma}$$

x：変数　μ：平均値　σ：標準偏差

統計　指数分布／対数分布　2016 2019 2021 365

LOGNORM.DIST ログ・ノーマル・ディストリビューション

互換

対数正規分布の確率を求める

書　式　LOGNORM.DIST(x, 平均, 標準偏差, 関数形式)

[平均] [標準偏差] で決まる対数正規分布において変数 [x] に対し、[関数形式] に応じた確率または累積確率を求める。

機　能　LOGNORM.DIST関数は、対数正規分布の累積分布関数の値を計算します。変数 [x] ではなく、[ln (x)] の [平均] と [標準偏差] による正規型分布です。所得（年収）が対数正規分布に従うというのは有名な例で、対数を取るとほぼ対称的に分布します。

なお、[関数形式] の選択が可能で、[0] の場合は確率密度を、[1] の場合は累積確率を求めることができます。

参照　LOGNORMDIST ……………… P.333

統計　指数分布／対数分布　2016 2019 2021 365

LOGNORM.INV ログ・ノーマル・インバース

対数正規分布の累積分布関数の逆関数値を求める

書　式　LOGNORM.INV(x, 平均, 標準偏差)

計算例　LOGNORM.INV(0.1,1,1)

平均値 [1]、標準偏差 [1] の対数正規分布の累積分布関数の、確率 [0.1] に対する逆関数値 [0.75] を求める。

機　能　LOGNORM.INV関数は、LOGNORM.DIST関数（対数正規累積分布関数）の逆関数の値を計算します。

[p] =LOGNORM.DIST (x,平均,標準偏差) のとき、
[x] =LOGNORM.INV (p,平均,標準偏差)
となります。

参照　LOGINV ……………………………… P.334
関連　LOGNORM.DIST ……………… P.108

EXPON.DIST　エクスポーネンシャル・ディストリビューション

互換

指数分布の確率分布を求める

書　式　EXPON.DIST(x, λ, 関数形式)

計算例　EXPON.DIST(x,1/3,1)

故障率［1/3］の指数分布の累積分布関数の変数［x］に対応する確率値を求める。

機　能　EXPON.DIST関数は、指数分布の確率密度関数と累積分布関数を計算します。［関数形式］が［0］の場合は確率密度関数、［1］の場合は累積分布関数を返します。指数分布の確率密度関数と累積分布関数は、次の数式で表されます。

$$\text{EXPON.DIST}(x;\lambda,0) = f(x;\lambda) = \lambda e^{-\lambda x}$$

$$\text{EXPON.DIST}(x;\lambda,1) = F(x;\lambda) = \int_0^x \lambda e^{-\lambda x} dx = 1 - e^{-\lambda x}$$

x：変数　λ：故障率

この関数は、たとえば銀行での客1人に対する応対時間など、イベントの「間隔」をモデル化する場合に使用します。また、ある処理が一定時間以内に終了する確率を算出することもできます。このように、自分の番がくるまでどのくらいの時間がかかるのかを定量的に求めることを「待ち行列理論」といいます。

指数分布は、定常状態にある機器の故障までの時間や寿命などの算出に利用します。この場合、［λ］は故障率を表し、変数［x］の期待値である［1/λ］は「MTBF（Mean Time Between Failures）」と呼ばれ、寿命または平均故障間隔として利用されます。

また、ポアソン過程（P.102参照）において、ポアソン分布が発生頻度を表すのに対し、指数分布はその間の平均時間、たとえば「待ち時間」などを表します。

参照　**EXPONDIST** ………………… P.334
関連　**POISSON.DIST** ……………… P.102

統計　拡張分布　2016 2019 2021 365

BETA.DIST ベータ・ディストリビューション

互換

ベータ分布の確率を求める

書　式　BETA.DIST(x, α, β, 関数形式 [,A] [,B])

パラメータ（α, β）で決まるベータ分布において変数 [x] に対し、[関数形式] に応じた確率、または、累積確率を求める。

機　能　BETA.DIST関数は、ベータ分布の累積分布関数を計算します。ベータ分布は、α=β=1のとき一様分布になり、(α, β) を変更してさまざまな分布を表現することができます。

[関数形式] が [0] の場合は確率密度を、[1] の場合は累積確率を求めることができます。

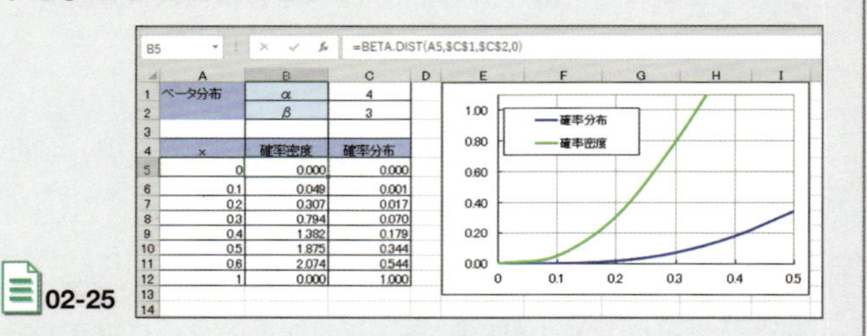
02-25

B5　=BETA.DIST(A5,$C$1,$C$2,0)

	A	B	C
1	ベータ分布	α	4
2		β	3
3			
4	x	確率密度	確率分布
5	0	0.000	0.000
6	0.1	0.049	0.001
7	0.2	0.307	0.017
8	0.3	0.794	0.070
9	0.4	1.382	0.179
10	0.5	1.875	0.344
11	0.6	2.074	0.544
12	1	0.000	1.000
13			
14			

参照　BETADIST ………………………… P.334

統計　拡張分布　2016 2019 2021 365

BETA.INV ベータ・インバース

ベータ分布の累積分布関数の逆関数値を求める

書　式　BETA.INV(確率, α, β [,A] [,B])

計算例　BETA.INV(0.3,1.0,0.5)

パラメータ（α, β）=（1.0,0.5）の区間 [0, 1] におけるベータ分布の、累積確率=0.3における変数xを求める。

機　能　BETA.INV関数は、ベータ分布の累積分布関数の逆関数の値を計算します。[p] =BETA.DIST (x, α, β [,A] [,B]) のとき、[x] =BETA.INV (p, α, β [,A] [,B]) となります。

参照　BETAINV ………………………… P.335
関連　BETA.DIST ………………………… P.110

GAMMA　ガンマ

ガンマ関数の値を求める

書　式　GAMMA(数値)

計算例　GAMMA(2.2)
数値[2.2]のときの、ガンマ関数の値[1.101802491]を返す。

機　能　GAMMA関数は、引数[数値]からガンマ関数の値を返します。

解　説　GAMMA関数はExcel 2010以前では使用できませんが、EXP関数とGAMMALN.PRECISE関数を組み合わせて、計算例の代わりに「=EXP(GAMMALN(2.2))」で求めることができます。ガンマ関数は積分計算で利用され、以下の数式で求めます。数値が負の整数または0の場合は、エラー値[#NUM!]が返されます。

$$\Gamma_{(n)} = \int_0^{\infty} e^{-t} t^{n-1} dt$$

$$\Gamma(n+1) = n \times \Gamma(n)$$

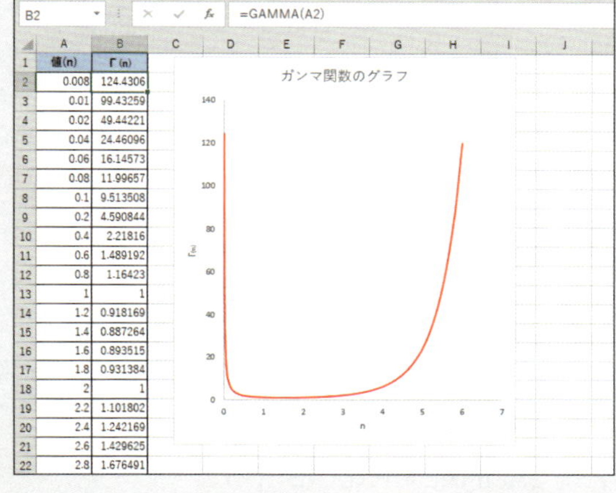

	A	B
1	値(n)	Γ(n)
2	0.008	124.4306
3	0.01	99.43259
4	0.02	49.44221
5	0.04	24.46096
6	0.06	16.14573
7	0.08	11.99657
8	0.1	9.513508
9	0.2	4.590844
10	0.4	2.21816
11	0.6	1.489192
12	0.8	1.16423
13	1	1
14	1.2	0.918169
15	1.4	0.887264
16	1.6	0.893515
17	1.8	0.931384
18	2	1
19	2.2	1.101802
20	2.4	1.242169
21	2.6	1.429625
22	2.8	1.676491

02-26

参照　**EXP** ……………………………… P.54
GAMMALN.PRECISE ……… P.112

統計　拡張分布　2016 2019 2021 365

GAMMA.DIST ガンマ・ディストリビューション

ガンマ分布関数の値を求める

書式　GAMMA.DIST(x, α, β, 関数形式)

計算例　GAMMA.DIST(0.2,1.5,0.5,0)
パラメータ(α, β)=(1.5,0.5)のガンマ分布の、変数x=0.2の場合の確率を求める。

機能　GAMMA.DIST関数は、ガンマ分布関数を計算します。ガンマ関数は、指数分布の拡張型の分布であり、ベータ関数以上にいろいろな分布を表現できるので、正規分布に従わないデータの分析を行うことができます。[関数形式]が[0]の場合は確率密度関数、[1]の場合は累積分布関数を返します。ガンマ分布は次の数式で表されます。β=1の場合は標準ガンマ分布と呼ばれます。α=1の場合は指数分布に戻ります。

$$f(x;\alpha,\beta)=\frac{1}{\beta^{\alpha}\Gamma(\alpha)}x^{\alpha-1}e^{-\frac{x}{\beta}} \qquad \beta=1:\ f(x;\alpha)=\frac{x^{\alpha-1}e^{-x}}{\Gamma(\alpha)}$$

$$\alpha=1,\lambda=\frac{1}{\beta}:\ f(x;\lambda)=\lambda e^{-\lambda x}$$

参照　GAMMADIST ……………………… P.335

統計　拡張分布　2016 2019 2021 365

GAMMALN ガンマ・ログ・ナチュラル

GAMMALN.PRECISE ガンマ・ログ・ナチュラル・プリサイス

ガンマ関数の自然対数を求める

書式　GAMMALN(x)
GAMMALN.PRECISE(x)

機能　2つの関数は、ガンマ関数の値の自然対数を返します。

統計 拡張分布 2016 2019 2021 365

GAMMA.INV ガンマ・インバース

互換

ガンマ分布の累積分布関数の逆関数値を求める

書　式　GAMMA.INV(確率, α, β)

計算例　GAMMA.INV(0.9,1.5,0.5)

パラメータ(α, β)=(1.5,0.5)のガンマ分布の、確率0.9に対応する変数xを求める。

機　能　GAMMA.INV関数は、ガンマ累積分布関数の逆関数の値を返します。つまり、[p]=GAMMA.DIST(x, α, β)のとき、[x]=GAMMA.INV(p, α, β)となります。

参照 GAMMAINV ……………………… P.335

統計 拡張分布 2016 2019 2021 365

WEIBULL.DIST ワイブル・ディストリビューション

互換

ワイブル分布の値を求める

書　式　WEIBULL.DIST(x, α, β, 関数形式)

計算例　WEIBULL.DIST(0.5,4.0,1.0,0)

パラメータ(α, β)=(4,1)のワイブル分布の、変数x=0.5の場合の確率を求める。

機　能　WEIBULL.DIST関数は、ワイブル分布の確率密度関数と累積分布関数を計算します。[関数形式]が[0]の場合は確率密度関数、[1]の場合は累積分布関数を返します。
ワイブル分布の確率密度関数と累積分布関数は、以下の数式で表されます。

$$f(x;\alpha,\beta)=\frac{\alpha}{\beta^{\alpha}}x^{\alpha-1}e^{-\left(\frac{x}{\beta}\right)^{\alpha}} \qquad F(x;\alpha,\beta)=1-e^{-\left(\frac{x}{\beta}\right)^{\alpha}}$$

ワイブル分布は、故障率が経年変化で増大する場合や、死亡率が老化で増加する場合に利用されます。

参照 WEIBULL ……………………… P.336

統計　検定　2016 2019 2021 365

CONFIDENCE.NORM　コンフィデンス・ノーマル　互換

正規分布の標本から母平均の片側信頼区間の幅を求める

書　式　CONFIDENCE.NORM(σ,標準偏差,標本の大きさ)

計算例　CONFIDENCE.NORM(0.05,2,30)
危険率を[0.05]と仮定した場合、標本の大きさ[30]、標準偏差[2]の場合の片側信頼区間の幅は[0.72]となる。

機　能　CONFIDENCE.NORM関数は、正規母集団の大標本から平均値を求めた場合、その平均値が間違えている危険率がαあるとした場合の信頼区間の1/2幅を求めます。

参照　CONFIDENCE …………………… P.336

統計　検定　2016 2019 2021 365

CONFIDENCE.T　コンフィデンス・ティー

t分布の標本から母平均の片側信頼区間の幅を求める

書　式　CONFIDENCE.T(σ,標準偏差,標本の大きさ)

計算例　CONFIDENCE.T(0.05,2,5)
危険率[0.05]と仮定した場合、標本の大きさ[5]、標準偏差[2]の場合の片側信頼区間の幅は[2.48]となる。

機　能　CONFIDENCE.T関数は、データ数の少ない小標本をもとに、母平均を推定するための信頼区間の1/2幅を求めます。

使用例　標本と大標本による母平均の95%信頼区間幅

下表では、CONFIDENCE.T関数とCONFIDENCE.NORM関数を利用して、危険率5%における、データ数に応じた片側信頼区間の幅を求めています。

f(x) =CONFIDENCE.T(0.05,G2,A2)

02-27

	A	B	C	D	E	F	G	H	I
1	データ数	データ群					標準偏差	CONFIDENCE.T	CONFIDENCE.NORM
2	5	0.31	1.20	0.42	−0.96	−2.01	1.272385	1.57987462	1.115274114
3	10	−0.85	−0.34	0.11	−1.23	−0.89	0.946093	0.67679408	0.586383671
4	15	−2.46	0.79	−2.06	−0.83	0.53	1.108115	0.613653618	0.560773244
5	20	−0.13	0.86	−0.06	−0.97	0.65	1.044714	0.488941252	0.457857731

f(x) =CONFIDENCE.NORM(0.05,G2,A2)

T.DIST ティー・ディストリビューション

t分布の確率を求める

書　式　T.DIST(x, 自由度, 関数形式)

機　能　T.DIST関数は、t検定で利用するt分布の確率密度関数と下側確率を返します。確率密度関数を求める場合は［関数形式］を［0］、下側確率を求める場合は［1］を指定します。

解　説　確率の合計は［1］になることから、同じ［x］［自由度］を指定したT.DIST関数とT.DIST.RT関数には次の関係が成り立ちます。

$$\mathrm{T.DIST}(x, 自由度, 1) + \mathrm{T.DIST.RT}(x, 自由度, 1) = 1$$

使用例　t分布と正規分布の例

下表は、自由度［2］と［30］のt分布と標準正規分布です。t分布も正規分布同様、左右対称の釣鐘型の波形であり、自由度が高くなると正規分布に近づきます。

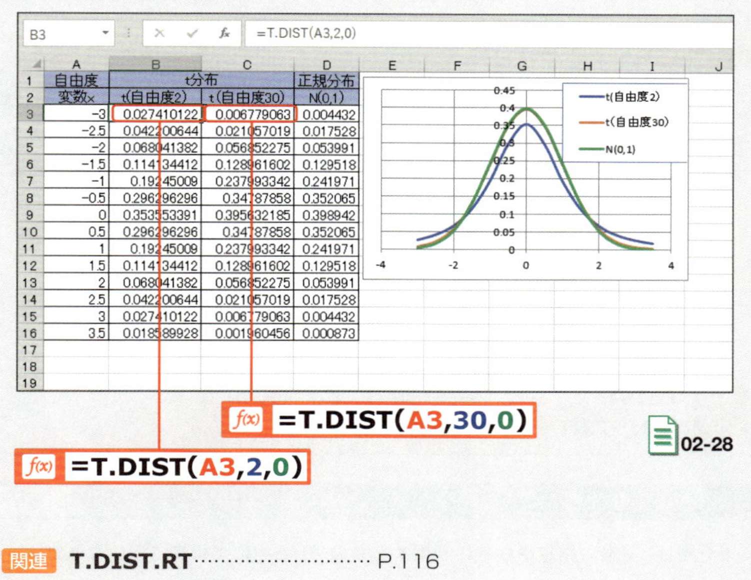

自由度	t分布		正規分布
変数x	t(自由度2)	t(自由度30)	N(0,1)
-3	0.027410122	0.006779063	0.004432
-2.5	0.042200644	0.021057019	0.017528
-2	0.068041382	0.056852275	0.053991
-1.5	0.114134412	0.128961602	0.129518
-1	0.19245009	0.237993342	0.241971
-0.5	0.296296296	0.34787858	0.352065
0	0.353553391	0.395632185	0.398942
0.5	0.296296296	0.34787858	0.352065
1	0.19245009	0.237993342	0.241971
1.5	0.114134412	0.128961602	0.129518
2	0.068041382	0.056852275	0.053991
2.5	0.042200644	0.021057019	0.017528
3	0.027410122	0.006779063	0.004432
3.5	0.018589928	0.001960456	0.000873

f(x) =T.DIST(A3,30,0)

f(x) =T.DIST(A3,2,0)

02-28

関連 T.DIST.RT ……………………… P.116

統計 検定 2016 2019 2021 365

T.DIST.RT ティー・ディストリビューション・ライト・テイルド

t分布の右側確率を求める

書　式 T.DIST.RT(x, **自由度**)

指定した[自由度]のt分布から[x]に対応する右側（上側）確率を求める。

機　能 T.DIST.RT関数は、 t 分布の確率を返します。累積分布関数の値や左側確率を求めることができます。

C2 =T.DIST.RT(A2,B2)

	A	B	C	D	E	F
1	t値	自由度	右側確率			
2	1	20	0.1646283			
3	2	20	0.0296328			
4	3	20	0.0035379			
5	4	20	0.0003518			
6	5	20	0.0000344			
7						

02-29

参照 **TDIST** ………………………… P.336
関連 **T.DIST** ………………………… P.115
関連 **T.DIST.2T** ……………………… P.116

統計 検定 2016 2019 2021 365

T.DIST.2T ティー・ディストリビューション・トゥ・テイルド

t分布の両側確率を求める

書　式 T.DIST.2T(x, **自由度**)

指定した[自由度]のt分布から[x]に対応する両側確率を求める。

機　能 T.DIST.2T関数は、 t 分布の確率を返します。確率密度関数の値や両側確率を求められます。

参照 **TDIST** ………………………… P.336
関連 **T.DIST.RT** ……………………… P.116

MEMO | t 分布

t 分布は、分散の推定や検定に利用するもので、おもに t 検定で用いられます。

統計　検定　2016 2019 2021 365

T.INV　ティー・インバース

t分布の左側逆関数値を求める

書　式　T.INV(**左側確率**, **自由度**)
指定した[自由度]のt布から左側(下側)確率を求める。

機　能　T.INV関数は、T.DIST関数の逆関数を返します。つまり、
[p] =T.DIST(x,自由度,1)
であるとき、
[x] =T.INV(p,自由度)
という関係が成り立ちます。

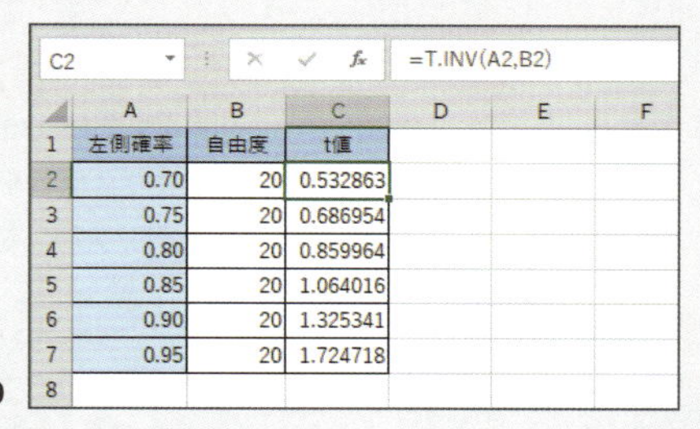

C2　=T.INV(A2,B2)

	A	B	C	D	E	F
1	左側確率	自由度	t値			
2	0.70	20	0.532863			
3	0.75	20	0.686954			
4	0.80	20	0.859964			
5	0.85	20	1.064016			
6	0.90	20	1.325341			
7	0.95	20	1.724718			
8						

02-30

関連　**T.DIST**……………………………… P.115

統計　検定　2016 2019 2021 365

T.INV.2T　ティー・インバース・トゥ・テイルド

t分布の両側逆関数値を求める

書　式　T.INV.2T(**両側確率**, **自由度**)

機　能　T.INV.2T関数は、T.DIST.2T関数の両側分布の逆関数を返します。つまり、
[p] =T.DIST(x)
であるとき、
[x] =T.INV.2T(p)
という関係が成り立ちます。
この関数は、t分布表として利用できます。

参照　**TINV**……………………………… P.337
関連　**T.INV** ……………………………… P.117

T.TEST ティー・テスト

t検定の確率を求める

書式 T.TEST(配列1, 配列2, 尾部, 検定の種類)

機能 スチューデントのt分布に従う確率を返します。T.TEST関数は、指定した[配列1][配列2]の2つのデータの平均に差があるかどうかを検定するのに利用できます。[尾部]に[1]を指定すると片側分布が使用され、[2]を指定すると両側分布が使用されます。
[検定の種類]には、実行するt検定の種類を、次のように数値で指定します。

検定の種類	内容
[1]	対をなすデータのt検定
[2]	等分散の2標本を対象とするt検定
[3]	非等分散の2標本を対象とするt検定

参照 TTEST ································ P.337

MEMO | 平均と分散の検定

2組のデータ(標本)の違いを分析する際には平均と分散を比較します。次のように、4つの検定を使い分けます。

- 2つの標本の平均の検定　：t検定
- 2つの標本の平均の差の検定：z検定
- 2つの標本の分散の検定　：χ^2(カイ二乗)検定
- 2つの標本の分散の比の検定：F検定

これらの検定を利用する際には、平均と分散が既知かどうかで手順が変わります。

(1) 両方の標本の母分散が既知の場合⇒**z検定**で平均の差を検定
(2) 両方の標本の母分散が未知の場合
　(a) 両方の母分散が等しいと仮定できる場合
　　⇒**F検定**で分散の比を検定／**等分散t検定**で平均を検定
　(b) 両方の母分散が等しいと仮定できない場合
　　⇒**対データt検定**／**不等分散t検定**で平均を検定

なお、等分散とは、確率変数の列もしくはベクトルを構成するすべての確率変数が、等しく有限分散をしている(それぞれの群の分布の形が似ている)状態をいい、これに対して不等分散は分散が不均一性の状態のことをいいます。対データは、(x1,y1)のような1対のデータのことです。

Z.TEST ゼット・テスト

z検定の上側確率を求める

書式 Z.TEST(配列, 平均値μ [, σ])

計算例 Z.TEST({3.0,3.5,4.0,4.5} 4)

{3.0,3.5,4.0,4.5} の4つのデータの母集団の平均値μを[4] と仮定して、z検定の片側検定値 [0.78] (約78%) を求める。

機能 Z.TEST関数は、z検定の片側P値を返します。これは、正規母集団の標本から標本平均を計算し、これと真の平均値とを比べて、標本平均がその母集団に属すると仮定した場合の上側確率を求めることに相当します。

$$\textbf{Z.TEST}\left(array, x, \sigma\right) = 1 - \textbf{NORM.DIST}\left(\frac{\mu - x}{\sigma \div \sqrt{n}}\right)$$

参照 ZTEST ································ P.337

F.DIST エフ・ディストリビューション

F分布の確率を求める

書式 F.DIST(x, 自由度 1, 自由度 2, 関数形式)

機能 F.DIST関数は、F検定で利用するF分布の確率密度関数と下側確率を返します。確率密度関数を求める場合は [関数形式] を [0]、下側確率を求める場合は [関数形式] を [1] に指定します。

解説 確率の合計は [1] になることから、同じ [x] [自由度1] [自由度2] を指定したF.DIST関数とF.DIST.RT関数には、次の関係が成り立ちます。

$$\text{F.DIST}(x, 自由度1, 自由度2, 1) + \text{F.DIST.RT}(x, 自由度1, 自由度2) = 1$$

参照 F.DIST.RT ································ P.120

F.DIST.RT エフ・ディストリビューション・ライト・テイルド

互換

F分布の上側確率を求める

書式 F.DIST.RT(x, 自由度1, 自由度2)

機能 F.DIST.RT関数は、F分布の上側確率を返します。

この関数を使用すると、2組のデータを比較して、ばらつきが両者で異なるかどうかを調べることが可能です。
この場合には「等分散検定」で2組のデータの分散の比を検定します。

自由度[n1,n2]のF分布
f(x)
P=
F.DIST.RT(x,n)
[x]
x=F.INV(P,n)

［自由度1］［自由度2］には、それぞれの自由度を指定します。F.DIST.RT関数は、F分布に従う確率変数［x］に対して、数式F.DIST.RT=P（X] x）で表される片側確率を返します。
分布は、χ^2分布に従う自由度［n_1］の変数をu_1、χ^2分布に従う自由度［n_2］の変数をu_2とするとき、下の変数が従う確率分布で、これを「自由度n_1,n_2のF分布」といいます。

$$x = \frac{\left(\frac{u_1}{n_1}\right)}{\left(\frac{u_2}{n_2}\right)}$$

この分布は、次のように表すことができます。

$$f(x) = \frac{\Gamma\left(\frac{n_1+n_2}{2}\right)}{\Gamma\left(\frac{n_1}{2}\right)\Gamma\left(\frac{n_2}{2}\right)}\left(\frac{n_1}{n_2}\right)^{\frac{n_1}{2}} x^{\frac{n_1}{2}-1}\left(1+\frac{n_1}{n_2}x\right)^{-\frac{n_1+n_2}{2}}$$

$$\Gamma(n+1) = n!,\quad \Gamma\left(n+\frac{1}{2}\right) = \left(n-\frac{1}{2}\right)\left(n-\frac{3}{2}\right)\cdots\left(\frac{1}{2}\right)\sqrt{\pi}$$

参照 **FDIST** ……………………………… P.338

統計 検定 2016 2019 2021 365

F.INV.RT エフ・インバース・ライト・テイルド

F分布の上側確率から確率変数を求める

書式 F.INV.RT(確率, 自由度 1, 自由度 2)

機能 F.INV.RT関数は、F.DIST.RT関数の逆関数を返します。つまり、[p]=FDIST(x,自由度1,自由度2)であるとき、F.INV.RT(p,自由度1,自由度2)=[x]という関係が成り立ちます。この関数は、「F分布表」として利用することができます。

参照 **FINV** ································· P.338

関連 **F.DIST.RT** ································· P.120

統計 検定 2016 2019 2021 365

F.INV エフ・インバース

F分布の下側確率から確率変数を求める

書式 F.INV(下側確率, 自由度 1, 自由度 2)

機能 F.INV関数は、F.DIST関数の逆関数を返します。つまり、[p]=F.DIST(x,自由度1,自由度2,1)であるとき、F.INV(p,自由度1,自由度2)=[x]という関係が成り立ちます。

関連 **F.DIST** ································· P.119

統計 検定 2016 2019 2021 365

F.TEST エフ・テスト

F検定の両側確率を求める

書式 F.TEST(配列 1, 配列 2)

機能 F.TEST関数は、[配列1]と[配列2]からF検定の等分散検定用の両側確率を返します。たとえば有意水準を[5%]と設定して、求めた両側確率と比較し、2つの配列の分散に違いがあるかどうかを検定する場合などに利用します。

参照 **FTEST** ································· P.338

統計　検定　2016 2019 2021 365

CHISQ.DIST.RT

カイ・スクエアド・ディストリビューション・ライト・テイルド　互換

カイ二乗分布の上側確率を求める

書　式　CHISQ.DIST.RT(x, 自由度)

機　能　CHISQ.DIST.RT関数は、χ^2検定で利用するカイ二乗(χ^2)分布の上側確率を返します。χ^2検定は、母集団のばらつきが小さいときに、母集団の分散を標本データから推測する場合に利用します。

参照　**CHIDIST** ………………………… P.339

統計　検定　2016 2019 2021 365

CHISQ.INV

カイ・スクエアド・インバース

カイ二乗分布の下側確率から確率変数を求める

書　式　CHISQ.INV(下側確率, 自由度)

機　能　CHISQ.INV関数は、CHISQ.DIST関数の逆関数を返します。つまり、[p]=CHISQ.DIST(x,自由度,1)であるとき、CHISQ.INV(p,自由度)=[x]という関係が成り立ちます。

関連　**CHISQ.DIST** ………………… P.123

統計　検定　2016 2019 2021 365

CHISQ.INV.RT

カイ・スクエアド・インバース・ライト・テイルド

カイ二乗分布の上側確率から確率変数を求める

書　式　CHISQ.INV.RT(上側確率, 自由度)

機　能　CHISQ.INV.RT関数は、CHISQ.DIST.RT関数の逆関数を返します。つまり、[p]=CHIDIST(x,自由度)であるとき、CHIINV(p,自由度)=[x]という関係が成り立ちます。この関数は、「カイ二乗(χ^2)分布表」の代わりに利用すると確率Pに対応する確率変数xを求めることができます。

参照　**CHIINV** ………………………… P.339
関連　**CHISQ.DIST.RT** …………… P.122

CHISQ.DIST カイ・スクエアド・ディストリビューション

カイ二乗分布の確率を求める

書　式　CHISQ.DIST(x, 自由度, 関数形式)

機　能　CHISQ.DIST関数は、χ^2検定で利用するカイ二乗(χ^2)分布の確率密度関数と下側確率を返します。確率密度関数を求める場合は、関数形式を[0]、下側確率を求める場合は、関数形式を[1]に指定します。

解　説　確率の合計は[1]になることから、同じ[x][自由度]を指定したCHISQ.DIST関数とCHISQ.DIST.RT関数には、次の関係が成り立ちます。

CHISQ.DIST(x,自由度,1) + CHISQ.DIST.RT(x,自由度) = 1

使用例　カイ二乗分布の確率密度関数と下側確率を求める

下表では、自由度[10]に対する確率密度関数と下側確率を求めています。

02-31

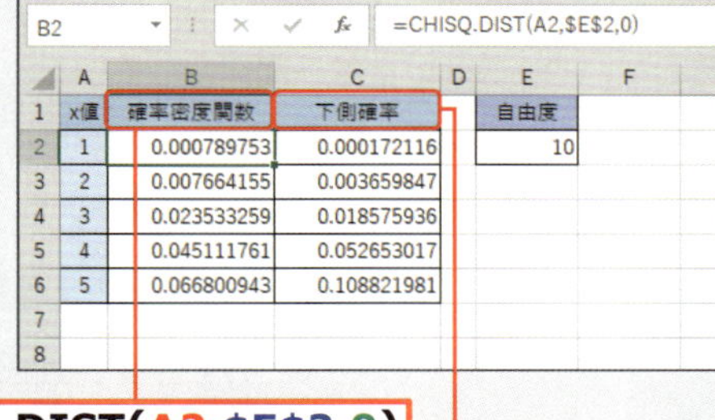
B2　=CHISQ.DIST(A2,$E$2,0)

	A	B	C	D	E	F
1	x値	確率密度関数	下側確率		自由度	
2	1	0.000789753	0.000172116		10	
3	2	0.007664155	0.003659847			
4	3	0.023533259	0.018575936			
5	4	0.045111761	0.052653017			
6	5	0.066800943	0.108821981			
7						
8						

f(x) =CHISQ.DIST(A2,$E$2,0)

f(x) =CHISQ.DIST(A2,$E$2,1)

関連　CHISQ.DIST.RT ……………… P.122

CHISQ.TEST カイ・スクエアド・テスト

カイ二乗検定の上側確率を求める

書　式　CHISQ.TEST(実測値範囲, 期待値範囲)

機　能　CHISQ.TEST関数は、カイ二乗(χ^2)検定を実行するのに利用されます。具体的には、範囲で指定した数値をもとに、χ^2分布から有意水準と比較できる上側確率を返します。比較の結果、求めた確率が有意水準より小さければ対立仮説が採択され、大きければ帰無仮説が採択されます。CHISQ.TEST関数は、次の数式で表されます。

$$\text{CHITEST} = p\left(X > \chi^2\right)$$

$$\chi^2 = \sum_{i=1}^{r}\sum_{j=1}^{c}\frac{\left(A_{ij} - E_{ij}\right)^2}{E_{ij}}$$

使用例　想定数と実際数との確率を求める

下表では、商品を手にした人数と購入人数の実際値と、当初想定していた値を比較してどれだけ当てはまっているか(適合度)を検定します。求められた確率が、有意水準の5%より以下の場合は適合していないことになり、5%以上ならば適合していると判断できます。

B13　=CHISQ.TEST(B3:C5,B9:C11)

	A	B	C	D	E	F
1	実際値					
2		手にした人数	購入した人数			
3	商品A	1,133	227			
4	商品B	1,061	253			
5	商品C	1,151	245			
6						
7	想定数（期待値）					
8		手にする人数	購入する人数			
9	商品A	1,100	250			
10	商品B	1,100	250			
11	商品C	1,100	250			
12						
13	確率	3.04%				
14						
15						

02-32

関連 CHITEST ･･････････････････････ P.339

PEARSON ピアソン

ピアソンの積率相関係数を求める

書式 PEARSON(配列1, 配列2)
ピアソンの積率相関係数を求める。

機能 PEARSON関数は、「ピアソンの積率相関係数」[r] の値を返します。「ピアソンの積率相関係数」は、CORREL関数が返す相関係数と同一です。

関連 **CORREL** ……………………………… P.127

RSQ スクエア・オブ・コリレーション

ピアソンの積率相関係数の決定係数を求める

書式 RSQ(配列1, 配列2)
ピアソンの積率相関係数の平方値（決定係数）を求める。

機能 RSQ関数は、相関係数またはピアソンの積率相関係数の二乗値であり、一般に「決定係数」と呼ばれ、回帰直線では近似の精度を表します。
[r] は [-1.0] から [1.0] の範囲の数値であり、[r^2] は [0] から [1] の範囲の数値であり、ともに2組のデータ間での相関の程度を示します。PEARSON関数の返す「ピアソンの積率相関係数」[r] と、RSQ関数の返すその二乗値 [r^2] の数式は次のとおりです。

$$\text{PEARSON}(X,Y)=r=\frac{n\left(\sum xy\right)-\left(\sum x\right)\left(\sum y\right)}{\sqrt{\left[n\sum x^2-\left(\sum x\right)^2\right]}\sqrt{\left[n\sum y^2-\left(\sum y\right)^2\right]}}$$

$$=\frac{Cov(X,Y)}{\sigma_x\cdot\sigma_y}=\rho_{x,y}\quad\left[-1\leqq r\leqq 1\right]$$

$$\text{RSQ}(X,Y)=r^2=\text{PEARSON}(X,Y)^2$$

x,y ：変数　μ_x ：x の平均値　σ_x ：x の標準偏差
r^2 ：決定係数　μ_y ：y の平均値　σ_y ：y の標準偏差

関連 **PEARSON** ……………………………… P.125

統計 | 相関 | 2016 2019 2021 365

COVARIANCE.P コバリアンス・ピー

母共分散を求める

書　式 COVARIANCE.P(配列 1, 配列 2)
[配列1] のデータと [配列2] のデータの母共分散を求める。

機　能 COVARIANCE.P関数は、共分散（2組の対応するデータ）の「偏差（平均値との差）の積の平均値」を返します。この数値を利用すると、2組のデータの相関関係を分析できます。

参照 **COVAR** ･･････････････････････････････ P.340
関連 **COVARIANCE.S** ････････････････ P.126

統計 | 相関 | 2016 2019 2021 365

COVARIANCE.S コバリアンス・エス

共分散を求める

書　式 COVARIANCE.S(配列 1, 配列 2)
[配列1] のデータと [配列2] のデータの共分散を求める。

機　能 COVARIANCE.S関数は、[配列1] [配列2] から共分散を求めます。

使用例　英語と数学の得点の共分散を求める

下表は、英語と数学の得点の一覧（30件）から、5件、10件、30件とデータ数を変えて2つの関数で共分散を求めています。データ数を多くすれば2つの関数の差も縮小されるので、COVARIANCE.P関数で代用可能です。

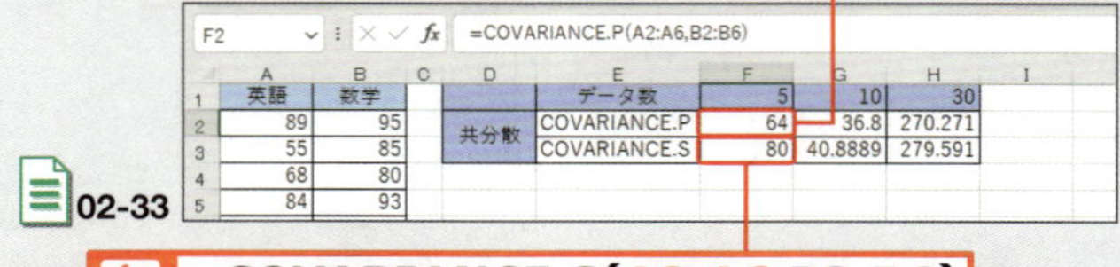

	A	B	C	D	E	F	G	H
1	英語	数学			データ数	5	10	30
2	89	95		共分散	COVARIANCE.P	64	36.8	270.271
3	55	85			COVARIANCE.S	80	40.8889	279.591
4	68	80						
5	84	93						

02-33

関連 **COVARIANCE.P** ････････････････ P.126

CORREL コリレーション

相関係数を求める

書　式　CORREL(**配列 1**, **配列 2**)

[配列1] のデータと [配列2] のデータの相関係数を求める。

機　能　CORREL関数は、2組の対応するデータの相関係数を返します。この数値を利用すると、2組のデータの相関関係を分析できます。戻り値は、PEARSON関数の戻り値と同じになります。

共分散は、データによって値が大きく異なりますが、相関係数は絶対値が [1] 以下なので、異なるデータの相関を比較するときに便利です。

$$\text{COVARIANCE.P}(X,Y) = Cov(X,Y) = \frac{1}{n}\sum_{i=1}^{n}(x_i - \mu_x)(y_i - \mu_y)$$

$$\text{CORREL}(X,Y) = \rho_{x,y} = \frac{Cov(X,Y)}{\sigma_x \cdot \sigma_y} \quad -1 \leqq \rho_{x,y} \leqq 1$$

x,y ：変数　μ_x ：xの平均値　σ_x ：xの標準偏差

ρ ：相関係数　μ_y ：yの平均値　σ_y ：yの標準偏差

使用例　英語と数学の得点の相関係数を求める

下表は、英語と数学の得点の一覧（30件）から、2つのデータの相関関係を分析します。

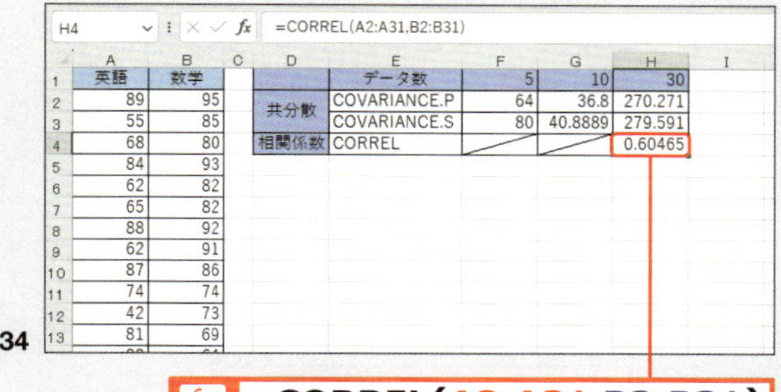

H4　=CORREL(A2:A31,B2:B31)

	A	B	C	D	E	F	G	H
1	英語	数学			データ数	5	10	30
2	89	95		共分散	COVARIANCE.P	64	36.8	270.271
3	55	85			COVARIANCE.S	80	40.8889	279.591
4	68	80		相関係数	CORREL			0.60465
5	84	93						
6	62	82						
7	65	82						
8	88	92						
9	62	91						
10	87	86						
11	74	74						
12	42	73						
13	81	69						

02-34

=CORREL(A2:A31,B2:B31)

関連　COVARIANCE.P ……………… P.126
PEARSON ……………………………… P.125

統計　相関　2016 2019 2021 365

FISHER フィッシャー

フィッシャー変換の値を求める

書　式　FISHER(x)

計算例　FISHER(0.8)
変数 [0.8] をフィッシャー変換した値 [1.099] を求める。

機　能　FISHER関数は、相関係数を与えるとフィッシャー変換値を返します。この変換では、ほぼ正規的に分布した関数が生成されます。この関数は、相関係数にもとづく仮説検定を行うときに使用します。
フィッシャー変換は「フィッシャーのｚ変換」、または単に「ｚ変換」ともいいます。フィッシャー変換は、次の数式で表されます。

$$z = \frac{1}{2}\ln\left(\frac{1+x}{1-x}\right)$$

統計　相関　2016 2019 2021 365

FISHERINV フィッシャー・インバース

フィッシャー変換の逆関数値を求める

書　式　FISHERINV(y)

計算例　FISHERINV(1.099)
変換値 [1.099] に対応する変数 [0.8] を求める。

機　能　FISHERINV関数は、フィッシャー変換の値に対応する相関係数の値を返します。この関数は、データ範囲や配列間の相関を分析する場合に使用します。
[y] =FISHER (x) であるとき、FISHERINV (y) = [x] という関係が成り立ちます。
フィッシャー変換の逆関数は、次の数式で表されます。

$$x = \frac{e^{2y}-1}{e^{2y}+1}$$

関連　**FISHER** P.128

統計 回帰 2016 2019 2021 365

LINEST ライン・エスティメーション

複数の一次独立変数の回帰直線の係数を求める

書式 LINEST(既知のy[, 既知のx] [, 定数] [, 補正])

機能 LINEST関数は、複数の独立変数($x_1, x_2, \cdots, x_n$)が入力されたセル範囲[既知のx]と、独立変数($x_1, x_2, \cdots, x_n$)の関数としての従属変数($y_1, y_2, \cdots, y_n$)が入力されたセル範囲[既知のy]を与えて、「最小二乗法」により、近似直線(回帰直線)を求め、係数($m_1, m_2, \cdots, m_n$)を返します。
これらの回帰直線は、y切片[b]と、配列で求められるそれぞれの[x]に対応する係数[m]で表現されます。[補正]に[1]を指定すると、補正の配列も得られます。

$$y = m_1x_1 + m_2x_2 + \cdots + m_nx_n + b$$

入力に際しては、次のようなセル範囲を選択し、配列数式として入力する必要があります。

列数	独立変数の数＋１列
行数（補正項を出力しない場合）	２行
行数（補正項を出力する場合）	５行

統計 回帰 2016 2019 2021 365

TREND トレンド

複数の一次独立変数の回帰直線の予測値を求める

書式 TREND(既知のy[, 既知のx] [, 新しいx] [, 定数])

機能 TREND関数では、LINEST関数やLOGEST関数と同様に、[既知のx]と[既知のy]とから、最小二乗法で近似式の係数などを計算し、その近似式を[新しいx]に適用して、複数の予測値を算出します。
入力に際しては、LINEST関数と同様に、複数の行／列のセル範囲を選択し、配列数式として入力する必要があります。

関連 **LINEST** ………………………… P.129
LOGEST ………………………… P.134

SLOPE スロープ

INTERCEPT インターセプト

1変数の回帰直線の傾きと切片を求める

書　式　SLOPE(**既知のy**, **既知のx**)
1変数の回帰直線の傾きを算出する。

書　式　INTERCEPT(**既知のy**, **既知のx**)
1変数の回帰直線の切片を算出する。

機　能　SLOPE関数は[既知のy]と[既知のx]のデータから回帰直線の傾きを求め、INTERCEPT関数は回帰直線の切片の値を算出します。
回帰直線の傾きと切片は、[グラフ]メニューの[近似直線の追加]と[線形近似]でも表示させることができます。また、その値をワークシート上で利用することもできます。しかし、はじめから方程式を利用するとわかっているなら、この関数を利用したほうが、手順がかんたんです。

使用例　マンションの価格と床面積との関係の回帰直線を求める

下表は、マンションの価格と床面積との相関関係をSLOPE関数とINTERCEPT関数を用いて求めた例です。
床面積を[既知のx]、価格を[既知のy]として、傾き(床面積単価)と切片を求めます。傾きと床面積と切片から回帰直線の方程式を構成し、入力します。

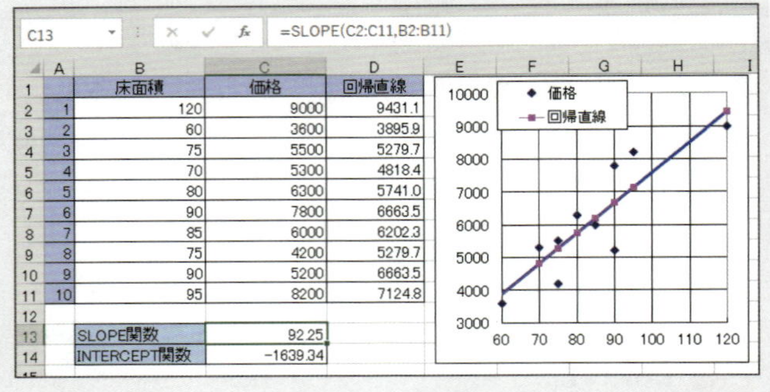

C13　=SLOPE(C2:C11,B2:B11)

	A	B	C	D
1		床面積	価格	回帰直線
2	1	120	9000	9431.1
3	2	60	3600	3895.9
4	3	75	5500	5279.7
5	4	70	5300	4818.4
6	5	80	6300	5741.0
7	6	90	7800	6663.5
8	7	85	6000	6202.3
9	8	75	4200	5279.7
10	9	90	5200	6663.5
11	10	95	8200	7124.8
12				
13		SLOPE関数	92.25	
14		INTERCEPT関数	-1639.34	

02-35

統計　回帰　2016 2019 2021 365

FORECAST.LINEAR フォーキャスト・リニア

1変数の回帰直線の予測値を求める

書式　FORECAST.LINEAR(x, 既知のy, 既知のx)

機能　FORECAST.LINEAR関数は、[既知のy]と[既知のx]から得られる回帰直線上で、与えられた[x]の値に対する従属変数(yとする)の値を予測します。
FORECAST.LINEAR関数などの予測関数は、過去の実績から今後の売上や消費動向などを予測するといった使い方ができます。

参照　FORCAST ………………………… P.340

統計　回帰　2016 2019 2021 365

FORECAST.ETS フォーキャスト・イーティーエス

実績から予測値を求める

書式　FORECAST.ETS(目標期日, 値, タイムライン [, 季節性] [, データ補間] [, 集計])

機能　FORECAST.ETS関数は、これまでの実績の数値(履歴値)をもとに将来の数値を予測します。[季節性]は、季節によって変動がある場合に指定できます。省略した場合は年月日から自動的に季節性が設定され、[0]は無効になります。
[データ補間]では、欠測値がある場合に[1]を指定すると自動的に補間されます。[集計]では、タイムラインに同じ期間がある場合に[値]を集計します。集計方法は、FRRECAST.ETS.SEASONALITY関数を参照してください。

解説　FORECAST.ETS関数は、「予測ワークシート」機能を利用して「予測値列」を求める際に使用されています。

関連　FORECAST.ETS.SEASONALITY ……P.132

統計　回帰　2016 2019 2021 365

FORECAST.ETS.CONFINT　フォーキャスト・イーティーエス・コンフィデンスインターバル

予測値の信頼区間を求める

書　式　FORECAST.ETS.CONFINT(目標期日, 値, タイムライン [, 信頼レベル] [, 季節性] [, データ補間] [, 集計])

機　能　FORECAST.ETS.CONFINT関数は、[目標期日]で指定した期日における予測値の信頼区間を求めます。信頼区間とは、将来の値の一定割合([信頼レベル]が95%)が、その範囲に含まれると想定されるそれぞれの予測値を囲む範囲のことです。

解　説　この関数は、「予測ワークシート」機能のオプションの「信頼区間」を求める際に使用されています。

統計　回帰　2016 2019 2021 365

FORECAST.ETS.SEASONALITY　フォーキャスト・イーティーエス・シーズナリティ

指定した時系列の季節パターンの長さを求める

書　式　FORECAST.ETS.SEASONALITY(値, タイムライン [, データ補間] [, 集計])

機　能　FORECAST.ETS.SEASONALITY関数は、指定した時系列の季節パターンの長さを求めます。この関数を使用すると、FORECAST.ETS関数で使用された季節性を調べることができます。[タイムライン]で指定する期間は0以外の一定間隔のデータを入力する必要がありますが、[データ補間]に[1]を指定すると、期間データのない部分の30%を補間して計算されます。
[集計]では、タイムラインに同じ期間がある場合に[値]を集計します。集計方法は、右表の値を指定できます。省略する場合は集計を行いません。

値	集計方法
1	平均(AVERAGE)
2	数値の個数(COUNT)
3	データの個数(COUNTA)
4	最大値(MAX)
5	中央値(MEDIAN)
6	最小値(MIN)
7	合計(SUM)

関連　FORCAST.ETS ……………… P.131

統計　回帰　2016 2019 2021 365

FORECAST.ETS.STAT フォーキャスト・イーティーエス・スタット

時系列予測から統計値を求める

書　式　FORECAST.ETS.STAT(値, タイムライン, 統計の種類 [, 季節性] [, データ補間] [, 集計])

機　能　FORECAST.ETS.STAT関数は、時系列の予測から統計値を求めます。予測の統計値には、平滑化係数(Alpha、Beta、Gamma)やエラーメトリック(MASE、SMAPE、MAE、RMSE)などの測定値が含まれます。

解　説　この関数は、「予測ワークシート」機能を利用して「予測統計情報」を求める際に使用されています。

統計　回帰　2016 2019 2021 365

STEYX スタンダード・エラー・ワイ・エックス

1変数の回帰直線の標準誤差を求める

書　式　STEYX(既知のy, 既知のx)

機　能　STEYX関数は、[既知のy]と[既知のx]の間に回帰直線を仮定した場合の、その直線上の値と与えられた[既知のy]の間の標準誤差を求めます。
[既知のy]と[既知のx]に「既知の値」を指定すれば「既知の値」の標準誤差を、「新しい値」と予測値を指定すれば、「予測値の標準誤差」を求めることができます。
下表では、上半期の売上額から、売上金額の標準誤差を求めています。

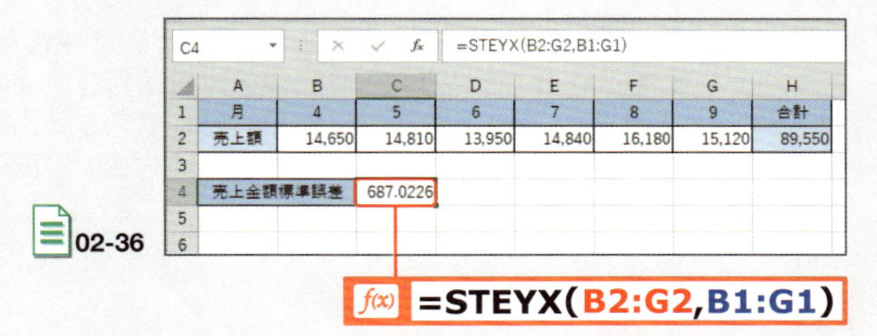
C4　=STEYX(B2:G2,B1:G1)

	A	B	C	D	E	F	G	H
1	月	4	5	6	7	8	9	合計
2	売上額	14,650	14,810	13,950	14,840	16,180	15,120	89,550
3								
4	売上金額標準誤差		687.0226					
5								
6								

統計　回帰　2016 2019 2021 365

LOGEST　ログ・エスティメーション

複数の独立変数の回帰指数曲線の係数を求める

書式　LOGEST(**既知のy**[, **既知のx**]［, **定数**］［, **補正**］)

機能　LOGEST関数は、複数の独立変数を配列［既知のx］で与え、従属変数を配列［既知のy］で与えて、次のような回帰指数曲線を最小二乗法で求めます。

$$y = b(m_1^{x_1})(m_2^{x_2})\cdots(m_n^{x_n})$$

これらの近似曲線は、定数［b］（直線の場合はy切片）と、配列で求められるそれぞれの［x］に対応する底［m］で表現されます。同時に、回帰直線や回帰曲線に関する補正の配列も返します。
データを回帰直線（LINEST関数）で近似するか、回帰曲線（LOGEST関数）で近似するかは、データの傾向によって選択します。グラフを作成するのが便利ですが、両方を計算して決定係数［r^2］を比べると数値的に比較できます。
入力に際しては、LINEST関数と同様に、複数の行・列のセル範囲を選択し、配列数式として入力する必要があります。

関連　**LINEST** ………………………… P.129

統計　回帰　2016 2019 2021 365

GROWTH　グロウス

複数の独立変数の回帰指数曲線の予測値を求める

書式　GROWTH(**既知のy**[, **既知のx**]［, **新しいx**］［, **定数**］)

機能　GROWTH関数では、LINEST関数やLOGEST関数と同様に、［既知のx］と［既知のy］から、最小二乗法で近似式の係数などを計算し、その近似式を［新しいx］に適用して、複数の予測値を算出します。複数の値を指定する場合は、配列数式として入力する必要があります。

関連　**LINEST** ………………………… P.129
LOGEST ………………………… P.134

第3章

日付／時刻

Excel の日付や時刻の関数は、表に現在の日付や時刻を表示したり、指定した日付を表示したりするときに使用します。また、指定した日付の曜日を求める、指定した２つの期間の日数を求めることもできます。
Excel では、日付や時刻をシリアル値で管理しています。日付や時刻をシリアル値に変換したり、逆にシリアル値から日付や時刻に変換したりすることも関数で処理できます。

MEMO｜日付／時刻の関数と日付システム

日付／時刻関数は、「年」「月」「日」「時」「分」「秒」および「曜日」などを統一的に処理するために、計算上は「シリアル値」を使用して記録・処理して表します。これらは、次ページに示すように6つに分類できます。
シリアル値とは、日付と時刻を数値（実数値）で表したもので、整数部（日付シリアル値）で日付を表し、小数部（時刻シリアル値）で時刻を表します。
シリアル値は「数値」のため、そのままかんたんに加減乗除することができますが、小数部の上限、すなわち1日は24時間なので、たとえば[15時間]を単純に2倍しても[30時間]とは表示されないことがあることに注意してください。

●日付シリアル値と日付システム

①シリアル値の整数部分の意味（「1900年日付システム」）
1900年1月1日～9999年12月31日までの期間におけるすべての日付に、[1]～[2,958,465]の整数を順に割り当てたものです。

②2つの日付システム
Excelで使用されている日付システムには、標準的に使われる「1900年日付システム」と「1904年日付システム」（過去のMac版など）の2種類があります。これらの間では、同じシリアル値から表示される「年」には4年のズレがあります。

③日付として認識できない「年」
1900年日付システムでは、1899年以前と10000年以降が日付として認識されません。また、1904年日付では、1903年以前と10000年以降が日付として認識されません。

●時刻シリアル値

①シリアル値の小数部分の意味
1日の0時0分0秒を[0.0]、翌日の0時0分0秒を[1.0]として、24時間を[0.0]以上[1.0]未満に連続的に割り振ったものです。
入力した日付や時刻のシリアル値は、表示形式を[標準]や[数値]にすると確認できます。

②シリアル値の時間への変換の計算
1日24時間が[1.0]に割り当てられているということは、「シリアル値の小数部を24倍して数値として表示すれば時間を表す」ことになります。
ただし、24時間以上の時間を表示するためには、表示形式で、「hh」の前後に「[ ]」を付けて、「[hh]」としなければなりません。

日付／時刻関数の一覧

分類	関数名	説明	主たる引数	戻り値	
				表すもの	数値・文字列
現在の日時のシリアル値	TODAY	当日の日付に対応するシリアル値を返す	なし	当日の日付	シリアル値
	NOW	現在の日時に対応するシリアル値を返す	なし	現在の日時	シリアル値
指定日時のシリアル値	DATE	年月日をシリアル値に変換	数値×３	指定日付	シリアル値
	TIME	時分秒をシリアル値に変換	数値×３	指定時刻	シリアル値
	DATEVALUE	日付文字列をシリアル値に変換	日付文字列	指定日付	シリアル値
	TIMEVALUE	時刻文字列をシリアル値に変換	時刻文字列	指定時刻	シリアル値
シリアル値から日時情報を得る	YEAR	シリアル値から「年」を抽出	シリアル値	年	整数
	MONTH	シリアル値から「月」を抽出	シリアル値	月	整数
	DAY	シリアル値から「日」を抽出	シリアル値	日	整数
	WEEKDAY	シリアル値から「曜日」を抽出	シリアル値	曜日	整数
	HOUR	シリアル値から「時」を抽出	シリアル値	時	整数
	MINUTE	シリアル値から「分」を抽出	シリアル値	分	整数
	SECOND	シリアル値から「秒」を抽出	シリアル値	秒	整数
	DATESTRING	シリアル値を「和暦」で表示	シリアル値	和暦の日付	整数
週の番号	WEEKNUM	ある日付が１年の何週目に当たるかの整数値を返す	シリアル値	週番号	整数
	ISOWEEKNUM	指定した日付 ISO 週番号を返す	シリアル値	指定日付	シリアル値
計算日付のシリアル値	EDATE	指定した月数後の日付のシリアル値を返す	シリアル値	指定日付	シリアル値
	EOMONTH	指定した月数後の月末日付のシリアル値を返す	シリアル値	指定日付	シリアル値
	WORKDAY	指定した稼働日数後の日付のシリアル値を返す	シリアル値	指定日付	シリアル値
期間差	NETWORKDAYS	２つの日付の間の稼働日数を返す	シリアル値	期間	整数
	YEARFRAC	２つの日付の間の期間を年単位で計算	シリアル値／文字列	期間	整数
	DATEDIF	２つの日付の間の期間を日数／月数／年数で返す	シリアル値／文字列	期間	整数
	DAYS	２つの日付の間の日数を返す	シリアル値／文字列	期間	整数
	DAYS360	１年を 360 日として２つの日付の間の日数を返す	シリアル値／文字列	期間	整数

TODAY トゥデイ

現在の日付を表示する

書　式　TODAY( )

計算例　TODAY( )
現在の日付のシリアル値が、セルに設定した表示形式に従って表示される。

機　能　TODAY関数は、その関数が入力されたときの日付、または最後に計算したときの日付のシリアル値を返します。時刻まで求めるにはNOW関数を利用します。TODAY関数は引数を必要としない関数ですが、( )は必要です。
戻り値は、再計算を実行した場合やブックを閉じて再度開いた場合に更新され、それ以外の場合は更新されません。

NOW ナウ

現在の日付と時刻を表示する

書　式　NOW( )

計算例　NOW( )
現在の日時のシリアル値が、セルに設定した表示形式に従って表示される。

機　能　NOW関数は、その関数が入力されたときの日時、または最後に計算したときの日時のシリアル値を返します。日付だけを求めるにはTODAY関数を利用します。NOW関数は引数を必要としない関数ですが、( )は必要です。
戻り値は、再計算を実行した場合やブックを閉じて再度開いた場合に更新され、それ以外の場合は更新されません。

MEMO | 正しい日時にならない場合

正しい日付や時刻が表示されない場合は、画面右下の日付と時刻を確認してください。PCのシステム時計が正しく設定されていない場合は、右クリックして[日時を調整する]から設定し直してください。

DATE デート

指定した日付を表示する

書　式　DATE(年,月,日)

計算例　DATE(2024,7,1)
数値［2024］［7］［1］から、シリアル値［45474］（日付［2024/7/1］）を返す。

機　能　DATE関数は、「年月日で指定した日付」に対応する「シリアル値」を算出します。
年月日それぞれの引数は、数値を直接入力するか、セル参照で入力します。年月日それぞれを別個に数値で入力しておいて、それから日付表示を構成する場合に便利です。
年は1999～9999、月は1～12の範囲、日は指定した月の最終日までの整数を入力します。月や日は、範囲以上を指定すると、翌年以降の年月日と判断されます。数値を直接入力した場合など、セルの表示形式が［日付］になっていると日付が表示されます。シリアル値を表示するには、表示形式を［標準］にします（P.140のMEMO参照）。

DATEVALUE デート・バリュー

日付を表す文字列をシリアル値に変換する

書　式　DATEVALUE(日付文字列)

計算例　DATEVALUE("2024/8/1")
日付を表す文字列［2024/8/1］に対応するシリアル値［45505］を返す。

機　能　DATEVALUE関数は、「日付を表す文字列」を「シリアル値」に変換します。
［日付文字列］は、文字列を直接入力するか、セル参照で入力します。あるいは、文字列演算子「&」や文字列操作関数を利用して構成することもできます。
算出されたシリアル値は、そのまま計算の対象にしたり、表示形式を適用して見やすく表示したりすることができます。

日付／時刻　指定日時　2016 2019 2021 365

TIME タイム

指定した時刻を表示する

書　式　TIME(**時**, **分**, **秒**)

計算例　TIME(18,5,0)

数値［18］［5］［0］からシリアル値［0.753472］（時刻なら［6:05 PM］）を返す。

機　能　TIME関数は、「時分秒で指定した時刻」に対応する「シリアル値」を算出します。

時分秒それぞれを別個に数値で入力しておいて、それから時刻表示を構成する場合に便利です。なお、計算例を指定すると、［6:05 PM］と表示されます（表示形式［ユーザー定義］）。

日付／時刻　指定日時　2016 2019 2021 365

TIMEVALUE タイム・バリュー

時刻を表す文字列をシリアル値に変換する

書　式　TIMEVALUE(**時刻文字列**)

計算例　TIMEVALUE("6:05 PM")

時刻［6:05 PM］に対応するシリアル値［0.753472］を返す。

機　能　TIMEVALUE関数は、「時刻を表す文字列」を「シリアル値」に変換します。

［時刻文字列］は、文字列を直接入力するか、セル参照で入力してもよいですし、文字列演算子「&」や文字列操作関数を利用して構成することもできます。

算出されたシリアル値は、そのまま計算の対象にしたり、表示形式を適用して見やすく表示したりすることができます。

MEMO｜シリアル値の表示形式

P.137の表にあるシリアル値を戻り値とする関数を入力した場合、DATE関数、TIME関数など一部の関数では、セルにはシリアル値そのものではなく、日付文字列が表示されます。シリアル値をそのまま表示したい場合は、［ホーム］タブの［数値の書式］（もしくは［表示形式］）で［標準］を選択します。

DATESTRING デート・ストリング

西暦の日付を和暦の日付に変換する

書　式　DATESTRING(シリアル値または日付文字列)

計算例　DATESTRING("2024/10/18")
西暦の日付［2024/10/18］のシリアル値［45583］を和暦の日付［令和06年10月18日］で返す。

機　能　DATESTRING関数は、シリアル値または日付文字列で指定した日付を、和暦の日付で返す関数です。戻り値として、［令和06年10月18日］のように、和暦の日付が表示されます。
Excelの場合、日付は通常は西暦で表示されます。西暦で表示された日付を和暦で表示するには、表示形式を［和暦］に変更するのが一般的です。この関数は、計算結果をほかの表計算ソフトでも利用可能にするためのものです。
DATESTRING関数は、［関数の挿入］ダイアログボックスに表示されないので、直接入力します。
なお、年は1900～9999の整数を指定します。下表のように、もとになる年が正しくない場合は、DATE関数やDATESTRING関数を用いて変換すると、誤った和暦やエラーが表示されることになります。

F2　=DATESTRING(D2)

	A	B	C	D	E	F
1	年	月	日	DATE関数（西暦）	DATE関数（和暦）	DATESTRING関数
2	1899	1	1	3799/1/1	令和1781年1月1日	令和1781年01月01日
3	1909	1	1	1909/1/1	明治42年1月1日	明治42年01月01日
4	1929	1	1	1929/1/1	昭和4年1月1日	昭和04年01月01日
5	1959	1	1	1959/1/1	昭和34年1月1日	昭和34年01月01日
6	1969	1	1	1969/1/1	昭和44年1月1日	昭和44年01月01日
7	2009	1	1	2009/1/1	平成21年1月1日	平成21年01月01日
8	2019	1	1	2019/1/1	平成31年1月1日	平成31年01月01日
9	2029	1	1	2029/1/1	令和11年1月1日	令和11年01月01日
10	9999	1	1	9999/1/1	令和7981年1月1日	令和7981年01月01日

03-01

MEMO｜日付文字列を指定する際の注意点

第3章で解説している関数のうち、引数に日付を表すシリアル値を指定するものは、日付文字列を直接指定することもできます。
ただし、"2024/10/25"など、［標準］スタイルのセルに入力したときに自動的に［日付］スタイルが設定される形式だけが有効となります。たとえば、日付の表示形式の設定を変更して表示できるようになる"10/25/24"などの形式で入力してもエラーとなるので、注意が必要です。

YEAR イヤー

日付から年を求めて表示する

書　式　YEAR(シリアル値または日付文字列)

計算例　YEAR("2024/4/1")
日付 [2024/4/1] から「年」を表す数値 [2024] を返す。

機　能　YEAR関数は、シリアル値か日付文字列 (またはそのセル参照) を引数とし、そのシリアル値に対応する「年」を返します。戻り値は1900～9999 (年) の範囲の整数となります。
なお、年の指定は西暦4桁を入力する必要があります。

使用例　名簿から入社年、入社月を求めて表示する

入社年月日のセルからYEAR関数を利用して年の数値を表示します。そのほか、MONTH関数で入社月の数値を表示します。

F2　=YEAR(D2:D8)

	A	B	C	D	E	F	G	H
1	社員番号	氏名	所属	入社日		入社年	入社月	
2	5301	正木　和也	営業部	1985/4/1		1985	4	
3	4217	盛田　紗友里	企画部	1992/6/10		1992	6	
4	3611	吉本　夏樹	営業部	1995/10/20		1995	10	
5	2567	風間　祐大	総務部	2012/4/1		2012	4	
6	4219	清水　俊太	人事部	2016/8/1		2016	8	
7	5308	長瀬　友紀	企画部	2005/6/1		2005	6	
8	4252	篠原　祥太郎	営業部	1998/9/1		1998	9	
9								

03-02

MONTH マンス

日付から月を求めて表示する

書　式　MONTH(シリアル値または日付文字列)

計算例　MONTH("2024/8/1")
日付 [2024/8/1] から「月」を表す数値 [8] を返す。

機　能　MONTH関数は、シリアル値か日付文字列 (またはそのセル参照) を引数とし、そのシリアル値に対応する「月」を返します。戻り値は1～12 (月) の範囲の整数となります。

DAY ディイ

日付から日を求めて表示する

書　式　DAY(シリアル値または日付文字列)

計算例　DAY("2024/8/1")
日付［2024/8/1］から「日」を表す数値［1］を返す。

機　能　DAY関数は、シリアル値か日付文字列（またはそのセル参照）を引数とし、そのシリアル値に対応する「日」を返します。戻り値は1～31（日）の範囲の整数となります。

HOUR アワー

時刻から時を求めて表示する

書　式　HOUR(シリアル値または時刻文字列)

計算例　HOUR("12:00")
時刻［12:00］から「時間」を表す数値［12］を返す。

機　能　HOUR関数は、シリアル値か時刻文字列（またはそのセル参照）を引数とし、そのシリアル値に対応する「時」を返します。戻り値は0（午前0時）～23（午後11時）の範囲の整数となります。

使用例　到着時間から時、分、秒を求める

到着時間から、HOUR関数を用いて「時」を表示します。そのほか、MINUTE関数で「分」、SECOND関数で「秒」を表示します。

C2　=HOUR(A2)

	A	B	C	D	E	F
1	到着時刻		時	分	秒	
2	0時06分23秒		0	6	23	
3	8時52分32秒		8	52	32	
4	12時08分51秒		12	8	51	
5	18時16分41秒		18	16	41	
6	21時38分05秒		21	38	5	
7						
8						

03-03

日付／時刻　日時情報　2016 2019 2021 365

MINUTE ミニット

時刻から分を求めて表示する

書式　MINUTE(シリアル値または時刻文字列)

計算例　MINUTE("1:12")
時刻[1:12](1時12分)から「分」を表す数値[12]を返す。

機能　MINUTE関数は、シリアル値か時刻文字列(またはそのセル参照)を引数として入力し、その値に対応する「分」を返します。戻り値は0～59の範囲の整数となります。
この種の関数は通常、引数にシリアル値を返す関数を組み合わせて使用します。

日付／時刻　日時情報　2016 2019 2021 365

SECOND セカンド

時刻から秒を求めて表示する

書式　SECOND(シリアル値または時刻文字列)

計算例　SECOND("0:07:12")
時刻[0:07:12](0時7分12秒)から「秒」を表す数値[12]を返す。

機能　SECOND関数は、シリアル値か時刻文字列(またはそのセル参照)を引数として入力し、その値に対応する「秒」を返します。戻り値は0～59の範囲の整数となります。
この種の関数は通常、引数にシリアル値を返す関数を組み込んで使用します。

MEMO | 勤務時間の計算に使える関数

超過勤務や深夜勤務などの時間帯の計算では、MINUTE関数とHOUR関数を使用します。15分や30分での切り捨てをする場合はFLOOR.PRECISE関数(P.42参照)を使用します。

WEEKDAY ウィーク・デイ

日付から曜日を求めて表示する

書　式　WEEKDAY(**シリアル値または日付文字列**, **種類**)

計算例　WEEKDAY("2024/8/31",1)

[2024/8/31] の曜日（土曜日）を種類 [1] によって指定された数値 [7] で返す。

機　能　WEEKDAY関数は、シリアル値か日付文字列（またはそのセル参照）を引数として入力し、[種類] の指定に従って、そのシリアル値に対応する「曜日を表す整数」を返します。
戻り値は1～7（または0～6）の範囲の整数となります。

週の基準	戻り値
1 または省略	1（日曜）～7（土曜）の範囲の整数
2	1（月曜）～7（日曜）の範囲の整数
3	0（月曜）～6（日曜）の範囲の整数
11	1（月曜）～7（日曜）の範囲の整数
12	1（火曜）～7（月曜）の範囲の整数
13	1（水曜）～7（火曜）の範囲の整数
14	1（木曜）～7（水曜）の範囲の整数
15	1（金曜）～7（木曜）の範囲の整数
16	1（土曜）～7（金曜）の範囲の整数
17	1（日曜）～7（土曜）の範囲の整数

使用例　日付の曜日を表示する

下表は、日付に対する曜日を数値と曜日表示で示しています。WEEKDAY関数を指定すると整数で表示されます。曜日の表示は、[セルの書式設定] ダイアログボックスの [ユーザー定義] で「(aaa)」を設定します。

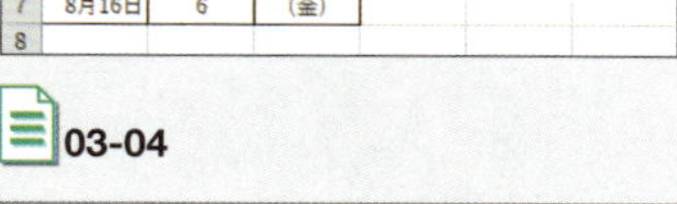

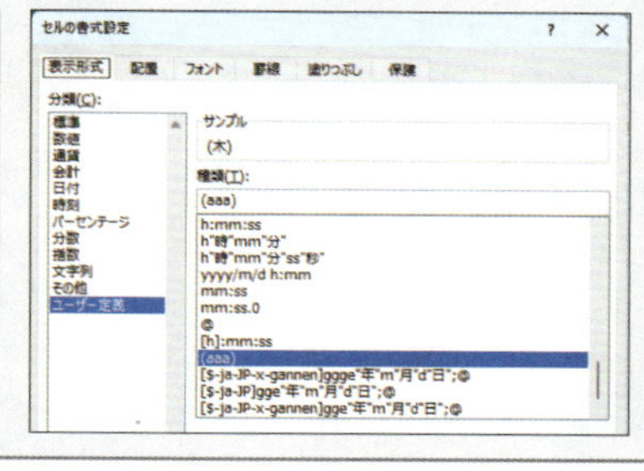

03-04

1 数学／三角
2 統計
3 日付／時刻
4 財務
5 論理
6 情報
7 検索／行列
8 データベース
9 文字列操作
10 エンジニアリング
11 キューブ／Web
12 互換性関数

WEEKNUM ウィーク・ナンバー

日付がその年の何週目かを求める

書　式　WEEKNUM(シリアル値, 週の基準)

計算例　WEEKNUM("2024/7/7",1)
日曜を週の基準として数えた場合、[2024/7/7] がその年の [28週目] に当たることを返す。

機　能　[シリアル値] に指定した日付が、その年の第何週目に当たるかを整数値で返します。このとき、1月1日を含む週が第1週とします。週の数え方を [週の基準] で設定します。WEEKDAY関数が横軸、WEEKNUM関数が縦軸の関係にあります。

解　説　この関数は、「週単位の集計」に利用することができます（下表参照）。[週の基準] に [1] を指定するか省略すると週が日曜からはじまり、[2] を指定すると月曜からはじまります。なお、この関数は2つのシステムがあります。下表のシステム欄の「1」は1月1日を含む週がその年の最初の週（第1週）にする場合です。「2」はその年の最初の木曜日を含む週がその年の最初の週（第1週）とする場合です。このシステムは、ヨーロッパ式週番号システムと呼ばれる方式です。

週の基準	週のはじまり	システム
1 または省略	日曜日	1
2	月曜日	1
11	月曜日	1
12	火曜日	1
13	水曜日	1
14	木曜日	1
15	金曜日	1
16	土曜日	1
17	日曜日	1
21	月曜日	2

関連 WEEKDAY …………………… P.145

ISOWEEKNUM

アイエスオー・ウィーク・ナンバー

日付のISO週番号を求める

書　式 ISOWEEKNUM(シリアル値)

計算例 ISOWEEKNUM("2024/9/30")

［シリアル値］で指定した［"2024/9/30"］のISO週番号［40］を返す。

機　能 ISOWEEKNUM関数は、ISO週番号を求めるものです。ISO週番号とは、その年の第1週を最初の木曜日が含まれる週とする方式です。［シリアル値］に指定した日付が、その年の何週目に当たるかを整数値で返します。

解　説 Excelでは、年月日をシリアル値で管理しています。既定では、1900年1月1日がシリアル値「1」で、以後1日ごとに1ずつカウントされます。たとえば、2024年9月30日のシリアル値は「45565」になるので、シリアル値で指定する場合は「ISOWEEKNUM(45565)」になります。
シリアル値を年月日で指定する場合は、計算例のようにダブルクォーテーション「"」で囲みます。

B2　=ISOWEEKNUM(A2)

	A	B	C	D
1	年月日	ISO週番号	週番号	
2	2024/8/8	32	32	
3	2024/9/30	40	40	
4	2024/10/10	41	41	
5	2024/11/18	47	47	
6	2024/12/3	49	49	
7	2024/12/31	1	53	
8	2025/1/5	1	2	
9	2025/2/1	5	5	
10	2025/4/30	18	18	
11	2025/5/4	18	19	
12	2025/8/31	35	36	
13				

週番号は=WEEKNUM(A2)で求めます。

03-05

f(x) =ISOWEEKNUM(A2)

1 数学／三角 2 統計 3 日付／時刻 4 財務 5 論理 6 情報 7 検索／行列 8 データベース 9 文字列操作 10 エンジニアリング 11 キューブ／Web 12 互換性関数

日付／時刻　期間　2016 2019 2021 365

EDATE エクスペイレーション・デート

指定した月数前／後の日付を求める

書　式　EDATE(**開始日**,**月**)

計算例　EDATE("2024/8/31",2)

［開始日］である［2024/8/31］のシリアル値［45535］から、［2カ月後］の日付である［2024/10/31］のシリアル値［45596］を返す。

機　能　EDATE関数は、［開始日］から起算して、指定された［月］数だけ前あるいは後ろの日付に対応するシリアル値を返します。このように、「月」だけずらして一種の「日」を維持するのはEDATE関数とEOMONTH関数しかありません(P.149のMEMO参照)。

1カ月の日数は、その月によって30日、31日が自動で算出されます。2月は28日と29日があります。たとえば、2024年2月は29日まであるので、「2024年1月31日」の1カ月後は「2月29日」のシリアル値を返し、2025年は「2月28日」を返します。

関連　**EOMONTH**　…………………… P.148

日付／時刻　期間　2016 2019 2021 365

EOMONTH エンド・オブ・マンス

指定した月数前／後の月末日付を求める

書　式　EOMONTH(**開始日**,**月**)

計算例　EOMONTH("2024/9/1",2)

［開始日］である［2024/9/1］のシリアル値［45536］から、［2カ月後］の月末の日付である［2024/11/30］のシリアル値［45626］を返す。

機　能　EOMONTH関数は、［開始日］から起算して指定された［月］数だけ前あるいは後ろの「月の最終日に対応するシリアル値」を返します。

この関数は、月末に発生する満期日や支払日の計算に役立ちます(P.149のMEMO参照)。

WORKDAY ワークデイ

土日、祝日を除く稼働日数後の日付を求める

書　式　WORKDAY(開始日, 日数 [, 祝日])

計算例　WORKDAY("2024/7/10",10,"2024/7/15")

土日以外の休日として、祝日の［2024/7/15］を指定して、［2024/7/10］のシリアル値［45483］から、稼働日数［10日後］に当たる稼働日［2024/7/24］のシリアル値［45497］を返す。

機　能　WORKDAY関数は、［開始日］から起算して指定された稼働日数だけ前または後ろの日付に対応するシリアル値を返します。稼働日とは、土曜日、日曜日、指定された祝日を除く日のことで、支払日・発送日や作業日数などを計算する際に、週末や祝日を除外することができます。

解　説　祝日や公休など、稼働日数の計算から除外したい日は、表のように「祝日のリスト」を作成しておきます。引数［祝日］にセル参照で指定すると便利です。

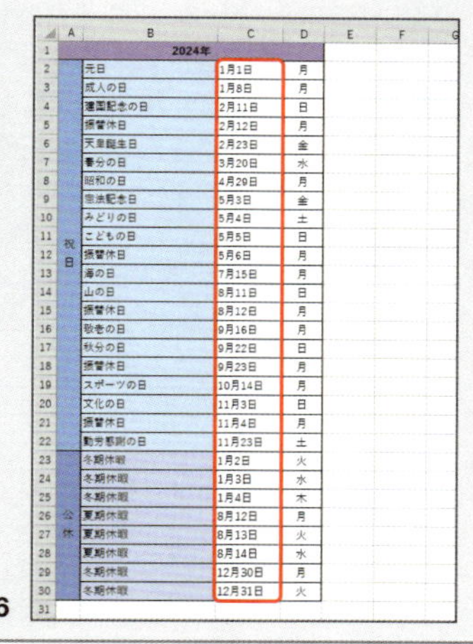

	A	B	C	D
1	2024年			
2	祝日	元日	1月1日	月
3		成人の日	1月8日	月
4		建国記念の日	2月11日	日
5		振替休日	2月12日	月
6		天皇誕生日	2月23日	金
7		春分の日	3月20日	水
8		昭和の日	4月29日	月
9		憲法記念日	5月3日	金
10		みどりの日	5月4日	土
11		こどもの日	5月5日	日
12		振替休日	5月6日	月
13		海の日	7月15日	月
14		山の日	8月11日	日
15		振替休日	8月12日	月
16		敬老の日	9月16日	月
17		秋分の日	9月22日	日
18		振替休日	9月23日	月
19		スポーツの日	10月14日	月
20		文化の日	11月3日	日
21		振替休日	11月4日	月
22		勤労感謝の日	11月23日	土
23	公休	冬期休暇	1月2日	火
24		冬期休暇	1月3日	水
25		冬期休暇	1月4日	木
26		夏期休暇	8月12日	月
27		夏期休暇	8月13日	火
28		夏期休暇	8月14日	水
29		冬期休暇	12月30日	月
30		冬期休暇	12月31日	火
31				

MEMO｜締日／支払日の計算に使う関数

締日／支払日の計算では、次のように関数を使い分けます。

「1 カ月後 10 日支払」	EDATE 関数
「1 カ月 10 日後支払」	EDATE 関数
「1 カ月後末日支払」	EOMONTH 関数

NETWORKDAYS ネットワーク・デイズ

期間内の稼働日数を求める

書　式　NETWORKDAYS(開始日, 終了日 [, 休日])

計算例　NETWORKDAYS("2024/9/1","2024/12/1")
[2024/9/1] から [2024/12/1] までの稼働日数 [65] 日を返す（ここでは土日のみ除外）。

機　能　NETWORKDAYS関数は、2つの日付をシリアル値または日付文字列で指定し、その2つの日付の間の稼働日数を計算します。土日の休日のほかに、祝日や公休などを指定することができます。

使用例　月ごとの営業日数を求める

下表では、月ごとの営業日数を計算しています。土日、土日と祝日、土日と祝日と公休をそれぞれ除いた営業日数は、NETWORKDAYS関数の引数 [休日] に、「祝日のリスト」（P.149参照）に定義した名前（祝日、祝日公休）を指定しています。たとえば、セル [F3] には「=NETWORKDAYS($B3,$C3,祝日公休)」と入力しています。

F3　=NETWORKDAYS($B3,$C3,祝日公休)

月	開始日	終了日	営業日数		
			休日	祝日	休祝公
1月	1月1日	1月31日	23	21	18
2月	2月1日	2月29日	21	19	19
3月	3月1日	3月31日	21	20	20
4月	4月1日	4月30日	22	21	21
5月	5月1日	5月31日	23	21	21
6月	6月1日	6月30日	20	20	20
7月	7月1日	7月31日	23	22	22
8月	8月1日	8月31日	22	21	21
9月	9月1日	9月30日	21	19	19
10月	10月1日	10月31日	23	22	22
11月	11月1日	11月30日	21	20	20
12月	12月1日	12月31日	22	22	22
合計			262	248	245
最大値			23	22	22

2024年			
祝日	元日	1月1日	月
	成人の日	1月8日	月
	建国記念の日	2月11日	日
	振替休日	2月12日	月
	天皇誕生日	2月23日	金
	春分の日	3月20日	水
	昭和の日	4月29日	月
	憲法記念日	5月3日	金
	みどりの日	5月4日	土
	こどもの日	5月5日	日
	振替休日	5月6日	月
	海の日	7月15日	月
	山の日	8月11日	日
	振替休日	8月12日	月
	敬老の日	9月16日	月
	秋分の日	9月22日	日
	振替休日	9月23日	月
	スポーツの日	10月14日	月
	文化の日	11月3日	日
	振替休日	11月4日	月
	勤労感謝の日	11月23日	土

03-07

関連　WORKDAY P.149

WORKDAY.INTL ワークデイ・インターナショナル

定休日を除く稼働日数後の日付を求める

書　式　WORKDAY.INTL(開始日, 日数 [, 週末] [, 休日])

計算例　WORKDAY.INTL("2024/3/1",10,14)

毎週水曜日を定休日（[週末] の[14]）に指定した場合の、[2024/3/1] のシリアル値 [45352] から、稼働日数 [10日後] に当たる稼働日[2024/3/12]のシリアル値[45363]を返す。

機　能　WORKDAY関数は土日が稼働日から除外されていましたが、WORKDAY.INTL関数は、除外する曜日を [週末] で個別に指定できます。[週末] は非稼働日を [1]、稼働日を [0] として7桁の数字で表すことができます。

たとえば、[1000000] と指定すると、月曜日が週末になります。これにより、土日は営業、平日に定休日というパターンの稼働日数後の日付を求めることができます。

[週末] に指定する番号は、下表に示します。

番　号	曜　日	番　号	曜　日
1（省略）	土、日	11	日
2	日、月	12	月
3	月、火	13	火
4	火、水	14	水
5	水、木	15	木
6	木、金	16	金
7	金、土	17	土

関連　**WORKDAY** ························ P.149

MEMO ｜ 開始日のセル指定

EDATE関数（P.148参照）などで、すでに日付が入力されている表などを利用して、月数後の日付を求めたという場合は、[開始日] に基準となるセル値を指定すれば同様に求めることができます。

03-08

C2　=EDATE(A2,5)

	A	B	C
1	注文日	納品（1ヵ月後）	納品（5ヵ月後）
2	2024/6/1	45474	45597
3	2024/12/25	45682	45802
4			

1 数学／三角　2 統計　3 日付／時刻　4 財務　5 論理　6 情報　7 検索／行列　8 データベース　9 文字列操作　10 エンジニアリング　11 キューブ／Web　12 互換性関数

日付／時刻　期間　2016 2019 2021 365

NETWORKDAYS.INTL ネットワークデイズ・インターナショナル

指定する休日を除いた稼働日数を求める

書　式　NETWORKDAYS.INTL(開始日, 終了日 [, 週末] [, 休日])

計算例　WORKDAY.INTL("2024/8/1","2024/9/1",14)
[2024/8/1] から [2024/9/1] までの稼働日数 [28] 日を返す（毎週水曜日は除外）。

機　能　NETWORKDAYS.INTL関数は、NETWORKDAYS2つの日付間の稼働日数を求めます。ただしこれらは、定休日の曜日は［週末］で指定し、その他の休日は［休日］で指定します。［週末］に指定する番号は、WORKDAY.INTL関数と同じです。

関連　**NETWORKDAYS** …………… P.150
WORKDAY.INTL …………… P.151

日付／時刻　期間　2016 2019 2021 365

YEARFRAC イヤー・フラクション

2つの日付の間の期間を年数で求める

書　式　YEARFRAC(開始日, 終了日 [, 基準])

計算例　YEARFRAC("2024/4/1","2096/3/31",1)
[2024/4/1] から [2096/3/31] までの年数は [72] 年である。

機　能　YEARFRAC関数は、2つの日付をシリアル値または文字列で指定し、その2つの日付の間の期間を年単位で計算します。［基準］は日数計算に使われる基準日数（月/年）を数値で指定します。

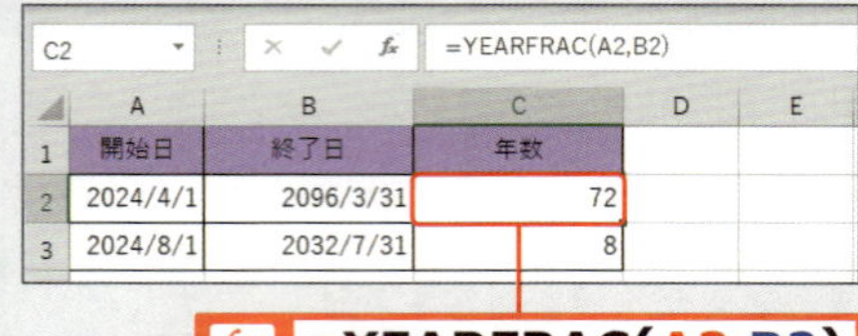

C2　=YEARFRAC(A2,B2)

	A	B	C	D	E
1	開始日	終了日	年数		
2	2024/4/1	2096/3/31	72		
3	2024/8/1	2032/7/31	8		

f(x) =YEARFRAC(A2,B2)

DATEDIF デート・ディフ

2つの日付の間の年／月／日数を求める

書　式　DATEDIF(**開始日**, **終了日**, **単位**)

計算例　DATEDIF("2024/7/1","2024/9/1","M")
[2024/7/1] から [2024/9/1] までの満月数 [2] を返す。

機　能　DATEDIF関数は、2つの日付の期間を以下の単位で求めます。年齢や在社年数を求めるのに便利です。

単　位	戻り値の単位
"Y"	期間内の満年数を求める
"M"	期間内の満月数を求める
"D"	期間内の満日数を求める
"MD"	1カ月未満の日数を求める
"YM"	1年未満の月数を求める
"YD"	1年未満の日数を求める

DATEDIF関数は、[関数ライブラリ] や [関数の挿入] ダイアログボックスには表示されないため、直接入力します。

使用例

下表は社員の生年月日と入社年月日から、年齢、入社時年齢、在社年数を求めています。
それぞれの式は、下記のとおりです。

年齢：　　　「=DATEDIF(生年月日,基準日,"Y")」
入社時年齢：「=DATEDIF(生年月日,入社年月日,"Y")」
在社年数：　「=DATEDIF(入社年月日,基準日,"Y")

E3　=DATEDIF(C3,$C$1,E$1)

	A	B	C	D	E	F	G	H
1		基準日	2024/6/25		Y	Y	Y	
2		氏名	生年月日	入社年月日	年齢	入社時年齢	在社年数	
3	1	斉藤 俊介	1980/12/21	2003/4/1	43	22	21	
4	2	中村 和成	1992/5/5	2016/4/1	32	23	8	
5	3	橋本 稜	1979/8/18	2001/10/4	44	22	22	
6	4	北嶋 良一	1985/6/23	2011/12/1	39	26	12	
7	5	坂本 佳奈	2000/9/1	2023/5/1	23	22	1	

03-10

日付／時刻　期間　2016 2019 2021 365

DAYS ディズ

2つの日付の間の日数を求める

書　式　DAYS(**終了日**, **開始日**)

計算例　DAYS("2024/9/8","2020/4/15")
開始日［2020/4/15］から終了日［2024/9/8］までの期間の日数［1607］を返す。

機　能　DAYS関数は、指定した［開始日］と［終了日］間の日数を求めます。［終了日］が［開始日］より前の場合は、マイナスで日数を返します。この関数はほかの関数とは異なり、［終了日］を先に指定します。期間の［開始日］および［終了日］は、シリアル値または半角のダブルクォーテーション「"」で囲んだ文字列で指定します。
DAYS関数は、DATEIF関数の［単位］に「"D"」を指定した場合と同じ結果が求められます。
また、日数から休日を除きたい場合はNETWORKDAYS.INTL関数を利用します。

関連　**NETWORKDAYS.INTL** …… P.152
DATEDIF …………………………… P.153

日付／時刻　期間　2016 2019 2021 365

DAYS360 デイズ・スリーシックスティー

2つの日付の間の日数を求める（1年=360日）

書　式　DAYS360(**開始日**, **終了日** [, **方式**])

計算例　DAYS360("2020/5/28","2025/5/28",FALSE)
1年を360日とした場合、［2020/5/28］から［2025/5/28］までの期間［1800］日を返す。

機　能　DAYS360関数は、会計計算においてよく用いられる計算方法で、1年を360日とみなして、2つの日付をシリアル値または日付文字列で指定し、その2つの日付の間の日数を計算します。［方式］は、日数の計算方式（会計方式）によって論理値を指定します（米国方式：FALSEまたは省略、ヨーロッパ方式：TRUE）。

第4章

財務

Excelの財務関数は、会社の経理などで用いることが多い計算をかんたんに行うためにさまざまな関数が用意されています。特に計算が複雑になりがちな利率の計算やキャッシュフローに関するさまざまな計算は、財務関数を使うことでかんたんに処理でき、さらに計算間違いを減らすことができます。また、証券の利払日や受渡日までの日数の計算、利払回数を求めるための関数も用意されています。

PMT ペイメント

元利均等返済における返済金額を求める

書　式　PMT(利率, 期間, 現在価値 [, 将来価値] [, 将来期日])

計算例　PMT(0.07/12,12,1000000,0)
100万円を借り入れ、年利[7%]として[1年(12カ月)]で返済するときの定期返済額[-86,527]円を求める。

使用例　月々の返済金額を求める

下表では、100万円を借り入れて1年間で月次返済する場合の、引数の名前をA列に、その名前に対する実際の役割をB列に入力し、セル[D3]にPMT関数を利用して月次返済額を算出しています(−表示についてはP.157上のMEMO参照)。

f(x) =PMT(D6/12,D5,D2,D4)

D3　=PMT(D6/12,D5,D2,D4)

	A	B	C	D	E
1	引数	意味	セルの内容	金額	
2	現在価値	借入金額	数値	1,000,000	
3	定期支払額	定期返済額	PMT関数	-86,527	
4	将来価値	最終返済額	数値	0	
5	期間	返済回数	数値	12	
6	利率（年）	借入利率	数値	7.0%	
7					

04-01

解　説　元利均等返済を行う場合、図のように「定期返済額＝元金返済額＋金利」となります。この中で、元金返済額だけを求めるにはPPMT関数を、利息だけを求めるにはIPMT関数を使用します。
また、元金返済額の累計額を求めるにはCUMPRINC関数を、金利の累計額を求めるにはCUMIPMT関数を使用します。

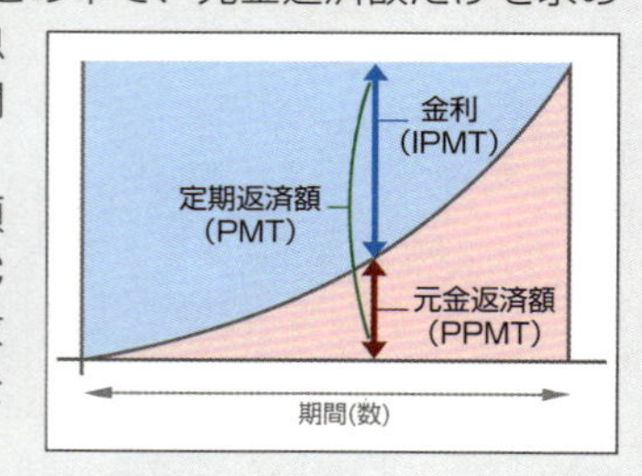

関連 PPMT ……………… P.158
関連 CUMPRINC ……………… P.159
関連 CUMIPMT ……………… P.159

MEMO | 財務関数の中の「借入／返済の関数群」システム

●借入／返済にかかわる関数群とは

財務関数は、合計に使う関数のカテゴリーです。「借入／返済など」投資評価な「減価償却」「証券など」のさまざまな使用目的に合わせて用意されています。その中で最も特徴的なものが借入／返済にかかわる関数群です。これらの関数には、次のような特徴があります。

◆入金は＋／出金は－

返済／貸付／投資のいずれの場合でも、出金は負の数字（金額）であり、借入／回収のいずれの場合でも、入金は正の数字（金額）で入力し、表示されます（これはほかの財務関数にも共通です）。

◆利率と期間は同じ単位で

引数のうち、[利率] と [期間] とは表裏一体の関係にあり、[利率] が年利なら [期間] は1年に1回となります。月に1回の借入／返済／投資／回収を行うなら、[利率] は月利となり、年利を12等分し、[期間] は月単位で数えるので1年間なら12回となります。「期間数が12倍なら利率は1/12」ということです。

◆5つ子の関数の組み合わせ

PMT関数（定期支払額）、NPER関数（期間）、RATE関数（利率）、PV関数（現在価値）、FV関数（将来価値）の5つの関数は、実は1つの方程式で結ばれています。つまり4つの引数を与えれば、ほかの1つが求められるということです。

◆定期支払額の位置づけ

PMT関数は、財務関数の基本的な構成を理解するには最適な関数で、「借入／返済と貸付／回収」「貯蓄／回収」「投資／回収」の計算を行うことができます。

5つの関数は、PMT関数の考え方で統一されています。借入／返済の場合には、「定期支払額」は「定期返済額」（元利金等返済における元金と金利の合計）になります。貯蓄／回収の場合は「定期貯蓄額」、投資／回収あるいは貸付／回収の場合は「定期回収額」となります。

MEMO | 日数計算に利用する基準日数の値

利回りなどの計算をする際の [基準] は、日数計算に使う基準日数（月／年）の値を指定します。

値	基準日数
0または省略	30／360日（米国方式）
1	実際の日数／実際の日数
2	実際の日数／360日
3	実際の日数／365日
4	30日／360日（ヨーロッパ方式）

財務　借入返済　2016 2019 2021 365

PPMT　プリンシパル・ペイメント

元利均等返済における元金返済額を求める

書式　PPMT(利率,期,期間,現在価値[,将来価値][,支払期日])

計算例　PPMT(0.07/12,1,12,1000000)
100万円を借り入れ、年利[7%]として[1年(12カ月)]で返済する場合の[1カ月目]の元金返済額[-80,693]円を求める。

機能　PPMT関数は、利率が一定であると仮定して、定期定額支払を行う場合に、特定の期を指定して元金返済額を求める関数であり、PMT関数の戻り値の元金部分に対応します。
元金返済額の累計額を求めるには、CUMPRINC関数を利用します。

関連　**PMT** ………………………… P.156
CUMPRINC ………………… P.159

財務　借入返済　2016 2019 2021 365

IPMT　インタレスト・ペイメント

元利均等返済における利息を求める

書式　IPMT(利率,期,期間,現在価値[,将来価値][,支払期日])

計算例　IPMT(0.07/12,1,12,1000000)
100万円を借り入れ、年利[7%]として[1年(12カ月)]で返済する場合の、[1カ月目]の利息[-5,833]円を求める。

機能　IPMT関数は、利率が一定であると仮定して、定期定額の支払を行う場合に、特定の期を指定して金利を求める関数であり、PMT関数の戻り値の利息部分に対応します。
金利の累計額を求めるには、CUMIPMT関数を利用します。

関連　**PMT** ………………………… P.156
CUMPRINC ………………… P.159

CUMPRINC キュムラティブ・プリンシパル

元利均等返済における元金返済額累計を求める

書　式　CUMPRINC(利率,期間,現在価値,開始期,終了期,支払期日)

計算例　CUMPRINC(0.07/12,12,1000000,4,8,0)

100万円を借り入れ、年利[7%]、返済期間[1年]で返済中の[4カ月目]に、[8カ月目]までの返済分を繰上返済する場合の、元金返済額[-415,387]円を求める。

機　能　CUMPRINC関数は、元利均等返済等において指定期間に支払う元金返済額の累計を求めます。

なお、[支払期日]は省略できません。

この関数は、複数期の合計を一括して計算するため、返済期間の終了前に元金の一部を一括返済する「繰上返済の計算」や「長期返済における一部の返済状況の表示」などに適しています。

CUMIPMT キュムラティブ・インタレスト・ペイメント

元利均等返済における金利累計を求める

書　式　CUMIPMT(利率,期間,現在価値,開始期,終了期,支払期日)

計算例　CUMIPMT(0.07/12,12,1000000,4,8,0)

100万円を借り入れ、年利[7%]、返済期間[1年]で返済中の[4カ月目]に、[8カ月目]までの返済分を繰上返済する場合の、利息累計額[-17,247]円を求める。

機　能　CUMIPMT関数は、元利均等返済において、指定した期間に借入金に対して支払う利息の合計額を求める関数です。

なお、[支払期日]は省略できません。

この関数は、「繰上返済によって節約できる利息の計算」や「長期返済における一部の返済状況の表示」などに適しています。

RATE レート

元利均等返済における利率を求める

書式 RATE(期間, 定期支払額, 現在価値 [, 将来価値] [, 支払期日] [, 推定値])

計算例 RATE(12,85000,-1000000)
100万円を貸し付け、毎月[85,000]円ずつ[1年間(12カ月)]で回収するのに必要な月利を求める。12倍して年利は3.7%となる。

機能 「現在価値」と「定期支払額」は、「期間」に応じた「利率」を掛け合わせ続けて「将来価値」を実現します。RATE関数は、この場合の「利率」を求める関数であり、「期間」に対応して決定されます。

使用例 貸付金の金利を求める

下表は、100万円を貸し付けて1年間で月次返済(85,000円)する場合の貸付金利を、RATE関数を利用して算出しています。

f(x) =RATE(D5,D3,D2,D4)*12

D6 =RATE(D5,D3,D2,D4)*12

	A	B	C	D	E
1	引数	意味	セルの内容	金額	
2	現在価値	貸付金	PV	-1,000,000	
3	定期支払額	定期回収額	PMT	85,000	
4	将来価値	最終残額	FV	0	
5	支払回数	返済期間数	NPER	12	
6	利率	貸出金利	RATE	3.7%	
7					
8		定期回収額	金利	元金回収	貸出残高
9	0				-1,000,000
10	1	85,000	3,060	81,940	-918,060
11	2	85,000	2,809	82,191	-835,869
12	3	85,000	2,558	82,442	-753,426
13	4	85,000	2,305	82,695	-670,732
14	5	85,000	2,052	82,948	-587,784
15	6	85,000	1,798	83,202	-504,583
16	7	85,000	1,544	83,456	-421,126
17	8	85,000	1,289	83,711	-337,415
18	9	85,000	1,032	83,968	-253,447
19	10	85,000	775	84,225	-169,223
20	11	85,000	518	84,482	-84,741
21	12	85,000	259	84,741	0
22					

04-02

関連 PMT ………… P.156

NPER ナンバー・オブ・ピリオド

元利均等返済における支払回数を求める

書　式 NPER(利率,定期支払額,現在価値 [,将来価値] [,支払期日])

計算例 NPER(0.05/12,-60000,-200000,1000000)
年利［5%］、元金［200,000］円で、毎月［60,000］円を積み立てる場合に、満期額［1,000,000］円に到達するための積立回数［12.83］を求める。

機　能 「現在価値」と「定期支払額」は、「期間」に応じた「利率」を掛け合わせ続けて「将来価値」を実現します。NPER関数は、この場合の「支払回数」を「期間（数）」として求める関数です。

=NPER(D6/12,D3,D2,D4)

D5 =NPER(D6/12,D3,D2,D4)

	A	B	C	D
1	引数	意味	セルの内容	金額
2	現在価値	頭金	PV	-200,000
3	定期支払額	定期貯蓄額	PMT	-60,000
4	将来価値	貯蓄目標	FV	1,000,000
5	支払回数	貯蓄期間数	NPER	12.830
6	利率	預入金利	RATE	5.0%
7				

04-03

関連 PMT ……………………………… P.156

ISPMT イズ・ペイメント

元金均等返済における利息を求める

書　式 ISPMT(利率,期,期間,現在価値)

計算例 ISPMT(0.07/12,2,12,1000000)
［1,000,000］円を借り入れ、年利［7%］で［1年（12カ月）］で返済する場合の、［2カ月目］の金利［−4,861］円を求める。

機　能 ISPMT関数は、表計算ソフトLotus 1-2-3との互換性の維持のために準備された関数で、元金均等返済の場合に、指定した期における利息額を求めるのに利用します。

財務 | 現在価値／将来価値 | 2016 2019 2021 365

PV プレゼント・バリュー

現在価値を求める

書　式　PV(利率, 期間, 定期支払額 [, 将来価値] [, 支払期日])

機　能　「現在価値」と「定期支払額」は、「期間」に応じた「利率」を掛け合わせ続けて「将来価値」を実現します。PV関数は、その「現在価値」を求める関数です。
この関数での「現在価値」は、投資においては「投資金額」、借入においては「借入金額」、貸付においては「貸付金額」、貯蓄においては「頭金」などに当たります。

B4　=PV(B1/12,B2*12,B3)

	A	B	C	D	E
1	利率	6%			
2	貸付期間	8			
3	定期支払額	-60,000			
4	貸付限度額	¥4,565,713			
5					
6					

04-04

財務 | 現在価値／将来価値 | 2016 2019 2021 365

FV フューチャー・バリュー

将来価値を求める

書　式　FV(利率, 期間, 定期支払額 [, 現在価値] [, 支払期日])

機　能　「現在価値」と「定期支払額」は、「期間」に応じた「利率」を掛け合わせ続けて「将来価値」を実現します。FV関数は、実現される「将来価値」を求めます。

解　説　FV関数における「将来価値」とは、「計算期間の期末における金額」という意味であり、「初期および中間期におけるキャッシュフローに金利を掛けて(必要があれば相殺して)実現する金額」となります。
この意味での「将来価値」は、借入では「最終返済金額」、貸付では「最終回収金額」、貯蓄においては「貯蓄目標額」または「満期受領金額」、投資においては「投資の期末のリターン」などの意味になります。

RRI レリバント・レート・オブ・インタレスト

将来価値から利率を求める

書 式 RRI(期間, 現在価値, 将来価値)

計算例 RRI(10,1000000,1200000)
[現在価値] 100万円の投資をしたとき、10年後の [将来価値] が120万円になる場合の年利 [0.018399376] を求める。

機 能 RRI関数は、[期間] と [現在価値] から [将来価値] に到達するための利率を求めます。
なお、[期間] は年を入力する年利での利用が多いですが、月利を求めたいときは [期間] に12を掛けて指定すれば利用できます。
以下の数式を利用しても、利率を求めることができます。

RRI = ([将来価値] / [現在価値]) ^ (1/ [期間]) − 1

解 説 RRI関数は投資額と期間、目標額が決まっていて、適切な投資方法（年利）を選ぶ場合などに利用できます。

B5 =RRI(B1,B3,B4)

	A	B	C	D
1	投資期間(年)	10		
2				
3	投資額	1,500,000		
4	目標額	1,600,000		
5	年利	0.006474723		
6				

MEMO | 結果を%表示にしたい場合は？

RRI関数の戻り値は百分率で表示されますが、パーセント表示にすると見やすくなります。パーセント表示は、[ホーム] タブの [パーセントスタイル] % をクリックします。なお、パーセントスタイルでは小数点以下が表示されないので、[ホーム] タブの [小数点以下の表示桁数を増やす] を小数点以下の桁数分クリックして、表示桁数を設定するとよいでしょう。

NPV ネット・プレゼント・バリュー

定期キャッシュフローの正味現在価値を求める

書　式 NPV(割引率,値1[,値2,…])

計算例 NPV(0.07,B6：B10)
セル[B6]の投資を行い、その後翌期末以降にセル[B7：B10]収入があったときに、割引率を[7%]とした場合の正味現在価値を求める(使用例参照)。

機　能 NPV関数は、一連の月次／年次などの「定期的なキャッシュフロー」をセル範囲または配列で記述し、[割引率]で割り戻して正味現在価値を算出します。
「投資の正味現在価値」は、将来行われる一連の支払い(負の数)と収益(正の数)を、指定した「割引率」によって現時点での価値に換算して求めます。「割引率」としては、「借入金利」や「利回り」などを使用します。
NPV関数の行う計算は、次の数式で表されます。

$$\mathrm{NPV} = \sum_{i=1}^{[\text{キャッシュフロー総数}]} \frac{[i]\text{期のキャッシュフロー}}{(1+\text{割引率})^{i}}$$

この数式で注意すべき点は、[i=1]の期のキャッシュフローも「割引」が行われるということであり、「現在」とは「割引が行われない期」であるということです。あるいは、[i=1]の期の期首時点の現在価値を計算する場合には、最初の投資は[i=1]の期の期末に行われると考えます。

使用例 正味現在価値を求める

次ページの表では、セル範囲[B6:B10]に入力した投資に、セル[B2]に入力した利回りを適用して割り戻した正味現在価値を、NPV関数を使ってセル[B1]に表示しています。
この計算を確認するために、順に割り戻して、集計した結果をC列～H列に表示しています。

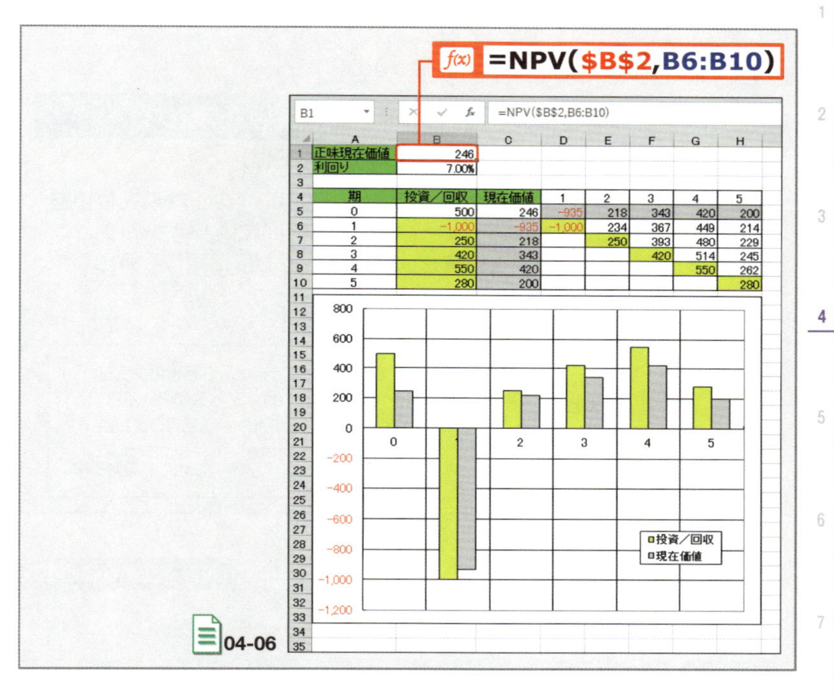

f(x) =NPV($B$2,B6:B10)

	A	B	C	D	E	F	G	H
1	正味現在価値	246						
2	利回り	7.00%						
3								
4	期	投資／回収	現在価値	1	2	3	4	5
5	0	500	246	-935	218	343	420	200
6	1	-1,000	-935	-1,000	234	367	449	214
7	2	250	218		250	393	480	229
8	3	420	343			420	514	245
9	4	550	420				550	262
10	5	280	200					280

財務　現在価値／将来価値　2016 2019 2021 365

FVSCHEDULE フューチャー・バリュー・スケジュール

利率が変動する投資の将来価値を求める

書　式　FVSCHEDULE(元金, 利率配列)

計算例　FVSCHEDULE(1000000,{0.1,0.1,0.1})
100万円を毎期10%の複利で貯蓄できた場合の満期金額を求める。

機　能　FVSCHEDULE関数はFV関数のバリエーションであり、金利が一定ではなく、投資期間内の一連の金利を複利計算することにより、初期投資の元金の［将来価値］を算出します。金利が変動または調整されるような投資の将来価値を計算する場合に使用します。

関連　FV ……………………………… P.162

XNPV エクストラ・ネット・プレゼント・バリュー

不定期キャッシュフローの正味現在価値を求める

書　式　XNPV(割引率, キャッシュフロー, 日付)

機　能　NPV関数が「定期的なキャッシュフロー」の正味現在価値を求めるのに対し、XNPV関数は「定期的でないキャッシュフロー」の正味現在価値を、[日付] とともに指定して算出します。

XNPV関数は、次の数式で表されます。

$$XNPV=\sum_{i=1}^{n}\frac{values_i}{(1+rate)^{\frac{(d_i-d_1)}{365}}}$$

di=　i 回目の支払日
d1=　最初の支払日
values=　i 回目の支払額
rate=　キャッシュフローに適用する割引率

IRR インターナル・レート・オブ・リターン

定期キャッシュフローから内部利益率を求める

書　式　IRR(範囲 [, 推定値])

計算例　IRR(B6 : B10)
セル範囲 [B6 : B10] に入力されている投資と回収のキャッシュフローの内部利益率を求める。

機　能　IRR関数は、一連の月次／年次などの定期的なキャッシュフローに対する内部利益率を算出します。「内部利益率」とは、一定の期間ごとに発生する投資（負の数）と収益（正の数）からなる投資の効率を表す利率で、NPV関数の計算結果が [0] であるときの利率として定義されます。

D2　=IRR(B1:B4)

	A	B	C	D	E
1	投資/年	-1,500,000		内部利益率	
2	1	800,000		11.74%	
3	2	460,000			
4	3	580,000			
5					

04-07

財務　現在価値／将来価値　2016 2019 2021 365

XIRR エクストラ・インターナル・オブ・リターン

不定期キャッシュフローから内部利益率を求める

書　式　XIRR(範囲, 日付 [, 推定値])

機　能　IRR関数が「定期的なキャッシュフロー」に対する内部利益率を算出するのに対し、XIRR関数は「定期的でないキャッシュフロー」に対する内部利益率を算出します。
XIRR関数の計算結果は、XNPV関数の計算結果が [0] であるときの利率となります。

財務　現在価値／将来価値　2016 2019 2021 365

MIRR モディファイド・インターナル・オブ・リターン

定期キャッシュフローから修正内部利益率を求める

書　式　MIRR(範囲, 安全利率, 危険利率)

計算例　MIRR(B1：B6,D2,D4)

セル範囲 [B1：B6] に入力されている取得金額（投資原価）と収益のキャッシュフローの修正内部利益率を求める。

機　能　MIRR関数は、一連の月次／年次などの定期的なキャッシュフローに対する修正内部収益率を求めます。この関数では、投資原価と現金の再投資に対する受取利率の両方が考慮されます。「修正内部収益率」とは、IRR(内部利益率)の短所を補った一定期間の収益率を測る指標で、期間内の収益を再投資するかどうかなど、実際に起こり得る予測を計算に用いるために使われます。

B8　=MIRR(B1:B5,D2,D4)

	A	B	C	D
1	取得価額	-12,500,000		借入年利（安全利率）
2	初年度収益	3,600,000		0.10
3	2年目収益	3,500,000		再投資年利（危険利率）
4	3年目収益	3,700,000		0.12
5	4年目収益	4,600,000		
6	5年目収益	4,100,000		
7	5年後の修正内部利益率	14.38%		
8	3年後の修正内部利益率	9.84%		
9	危険利率を16%と仮定した場合の、5年後の修正内部利益率	16.13%		
10				

04-08

関連　IRR ························ P.166
XIRR ························ P.167

財務 | 年利率 | 2016 2019 2021 365

EFFECT エフェクト

実効年利率を求める

書　式 EFFECT(**名目利率**, **複利計算回数**)

計算例 EFFECT(0.05,12)

名目年利率が [5.00%] の場合、1カ月複利の実質年利率 [5.12%] を求める。

機　能 EFFECT関数は、1年当たりの「複利計算回数」をもとに、「名目利率」を「実効年利率」に変換します。

実効年利率とは、期間内に名目年利率で複利計算を行って得られる実際の年利率のことです。

$$\mathrm{EFFECT} = \text{実質年利率} = \left(1 + \frac{\mathrm{NOMINAL}}{\text{複利計算回数}}\right)^{\text{複利計算回数}} - 1$$

関連 **NOMINAL** ………………………… P.168

財務 | 年利率 | 2016 2019 2021 365

NOMINAL ノミナル

名目年利率を求める

書　式 NOMINAL(**実効利率**, **複利計算期間**)

計算例 NOMINAL(0.05,12)

実効利率 [5%] を目標とする1年満期の定期預金で、1カ月複利の名目年利率 [4.89%] を求める。

機　能 NOMINAL関数は、指定された「実効利率」と1年当たりの「複利計算期間」をもとに名目年利率を算出します。

名目年利率とは、金融商品への投資などにおける、表面上の年利率のことです。

$$\mathrm{NOMINAL} = \text{名目年利率} = \text{複利計算回数} \times \left(\sqrt[\text{複利計算回数}]{\text{実質年利率} + 1} - 1\right)$$

関連 **EFFECT** ………………………… P.168

財務　変換関数　2016 2019 2021 365

DOLLARDE ダラー・デシマル

分数表示のドル価格を小数表示に変換する

書　式　DOLLARDE(**分子**, **分母**)
分数で表されたドル価格を小数表示に変換する。

機　能　DOLLARDE関数は「分数で表されたドル価格を小数表示に変換」します。
この分数表示は、表示形式の設定の変更を必要とするものではなく、[分母]に指定した数値の桁数と同じ桁数の「小数部分」を使って、分数の分子を表します。

財務　変換関数　2016 2019 2021 365

DOLLARFR ダラー・フラッシュ

小数表示のドル価格を分数表示に変換する

書　式　DOLLARFR(**小数値**, **分母**)
小数で表されたドル価格を分数表示に変換する。

使用例　整数部で年を小数部で月数を表示する

DOLLARFR関数は、小数で表されたドル価格を分数表示に変換しますが、この関数の考え方を年数表示に応用すると、セル[B6]のように、かんたんな年月表示ができます。

B6　=DOLLARFR(B4/12,12)

	A	B	C	D
1	借入金	¥20,000,000	数値	
2	定期返済額	¥-100,000	数値	
3	最終返済額	¥0	数値	
4	返済回数	277.61	NPER関数	
5	借入金利	3.0%	数値	
6	返済年数	23.02	YY.MM	
7				
8	内容	数値	数式	
9	月数	277.61	=B4	
10	年数	23.13377513	=B9/12	
11	整数年数	23	=INT(B9/12)	
12	年数相当月数	276	=B11*12	
13	端数月数	1.605301589	=B9-B12	
14	DOLLARFR引数	23.13377513	=B9/12	
15	DOLLARFR戻り値	23.01605302	=DOLLARFR(B14,12)	
16	DOLLARDE戻り値	23.13377513	=DOLLARDE(B15,12)	
17				

04-09

財務　減価償却　2016 2019 2021 365

DB ディクライニング・バランス

減価償却費を旧定率法で求める

書　式　DB(取得価額,残存価額,耐用年数,期 [,月])

機　能　DB関数は、特定の期における資産の減価償却費を「定率法(旧)」で求める関数です。定率法は、毎年同じ「割合」で資産価額を償却していく方法です。

解　説　DB関数は旧定率法にもとづいた計算方法です。新定率法では、2007年4月1日以降に取得した資産は1円まで償却できるようになったため、DB関数では正しい原価償却費を計算できませんので注意してください。

財務　減価償却　2016 2019 2021 365

DDB ダブル・ディクライニング・バランス

減価償却費を定率法で求める

書　式　DDB(取得価額,残存価額,耐用年数,期 [,率])

機　能　DDB関数は、減価償却費を求める関数です。もともとは日本では使われない方法でしたが、2007年度の税制改正により、日本の定率法の減価償却費の計算に利用できるようになりました。

財務　減価償却　2016 2019 2021 365

VDB バリアブル・ディクライニング・バランス

定額法に切り替えて減価償却費を求める

書　式　VDB(取得価額,残存価額,耐用年数,開始期,終了期[,率][,切り替えなし])

機　能　VDB関数は、定率法による減価償却費を求めます。ただし、[切り替えなし] を省略するか、[FALSE] を指定すると、償却保証額を下回ったら定額法に切り替えて計算します。

財務 減価償却 2016 2019 2021 365

SLN ストレート・ライン

減価償却費を定額法で求める

書式 SLN(**取得価額**, **残存価額**, **耐用年数**)

機能 SLN関数は、定額法を使用して、資産の1期当たりの減価償却費を算出します。「定額法」の名前のごとく、この償却費用金額は期によって変化しません。

$$\text{SLN} = \frac{\text{取得価額} - \text{残存価額}}{\text{耐用年数}}$$

定額法は減価償却費が一定で、期末簿価は一定額で減少します。定率法に比べて、減価償却が遅いことが特徴です。

財務 減価償却 2016 2019 2021 365

SYD サム・オブ・イヤー・ディジッツ

減価償却費を算術級数法で求める

書式 SYD(**取得価額**, **残存価額**, **耐用年数**, **期**)

機能 算術級数法を使用して、特定の期における減価償却費を求めます。この方法を利用する場合は、申請書の提出が必要です。

財務 減価償却 2016 2019 2021 365

AMORDEGRC アモリティスモン・デクレレシフ・コンタビリテ

AMORLINC アモリティスモン・リネール・コンタビリテ

各会計期における減価償却費を求める

書式 AMORDEGRC(**取得価額**, **購入日**, **開始期**, **残存価額**, **期**, **率** [, **年の基準**])

書式 AMORLINC(**取得価額**, **購入日**, **開始期**, **残存価額**, **期**, **率** [, **年の基準**])

機能 これらの関数は、フランスの会計システムのために用意されているもので、各会計期における減価償却費を算出します。

財務 証券 2016 2019 2021 365

DURATION デュレーション

定期利付債のデュレーションを求める

書式 DURATION(受渡日, 満期日, 利率, 利回り, 頻度 [, 基準])

機能 DURATION関数は、定期的に利子が支払われる証券の「デュレーション(マコーレー係数)」を算出します。デュレーションとは、「債券のキャッシュフローまでの期間を現在価値で加重平均した期間」で、債券の残存期間の代わりに、利回りの変更に対する債券価格の反応の指標として使用されます。

財務 証券 2016 2019 2021 365

MDURATION モディファイド・デュレーション

証券に対する修正デュレーションを求める

書式 MDURATION(受渡日, 満期日, 利率, 利回り, 頻度 [, 基準])

機能 MDURATION関数は、額面価格を$100と仮定して、証券に対する「修正デュレーション(修正マコーレー係数)」を算出します。デュレーションが債券の投資期間の指標として用いられるのに対し、デュレーションを(1+利率)で割ったものである修正マコーレー係数は、債券価格の金利感応度を表すものとして用いられます。

財務 証券 2016 2019 2021 365

PDURATION ピリオド・デュレーション

目標額になるまでの投資期間を求める

書式 PDURATION(利率, 現在価値, 将来価値)

機能 PDURATION関数は、[利率]と[現在価値]をもとに[将来価値]になるまでの投資期間を求めます。
以下の数式を利用しても、期間を求めることができます。

PDURATION =([将来価値] − [現在価値])/(1 + [利率])

財務 証券 2016 2019 2021 365

RECEIVED レシーブド

割引債の償還価格を求める

書式 RECEIVED(受渡日, 満期日, 投資額, 割引率 [, 基準])

機能 RECIEVED関数は、割引債を満期まで保有していた場合の[満期日]に支払われる償還価格を算出します。

財務 証券 2016 2019 2021 365

INTRATE イントレート

全額投資された証券の利率を求める

書式 INTRATE(受渡日, 満期日, 投資額, 償還価額 [, 基準])

機能 INTRATE関数は、全額投資された証券に対して、証券の利率を算出します。[投資額]に、[償還価格]を[100]として換算した価格を指定すると、YIELDDISC関数と同じ意味になり、同じ結果を得ます。

関連 **YIELDDISC** ………………………… P.173

財務 証券 2016 2019 2021 365

YIELDDISC ディスカウント・イルード

割引債の年利回りを求める

書式 YIELDDISC(受渡日, 満期日, 現在価値, 償還価額 [, 基準])

機能 YIELDDISC関数は、割引債の年利回りを算出します。[受渡日]に発行日を入れると、発行費から満期日までの利回りを求めることができます。

関連 **INTRATE** ………………………… P.173

MEMO | 割引債

割引債は利息が支払われない代わりに額面より割り引いて、安く購入でき、満期に額面を受け取れる債券です。

DISC ディスカウント

割引債の割引率を求める

書　式　DISC(受渡日, 満期日, 現在価値, 償還価額 [, 基準])

機　能　DISC関数は、割引債の割引率を算出します。

使用例　割引債の割引率を求める

下表は、償還価額が「100」の割引債を現在価格「90」で購入するときに割引率を求めています。

E1 =DISC(B1,B2,B3,B4,1)

	A	B	C	D	E
1	受渡日	2024/7/16		割引率	0.980%
2	満期日	2034/10/1			
3	現在価格	90			
4	償還価額	100			
5					

04-10

PRICEDISC プライス・オブ・ディスカウンティッド・セキュリティ

割引債の額面100に対する価格を求める

書　式　PRICEDISC(受渡日, 満期日, 割引率, 償還価額 [, 基準])

機　能　PRICEDISC関数は、発行価格を額面より安くして発行する割引債に対して、額面100に対する現在価格を算出します。

使用例　割引債の現在価格を求める

下表は、割引率1.5%の割引債を購入するときの額面100当たりの現在価格を求めています。[受渡日] に債券の発行日を指定すれば発行価格、すでに発行済みの債券であれば時価となります。この価格は、実際に取り扱われている債券の価格の目安になります。

f(x) =PRICEDISC(B1,B2,B3,B4,B5)

E1 =PRICEDISC(B1,B2,B3,B4,B5)

	A	B	C	D	E	F	G
1	受渡日	2024/10/1		現在価格	94.00		
2	満期日	2028/10/1					
3	割引率	1.50%					
4	償還価額	100					
5	基準	1					
6							

04-11

財務　証券　2016 2019 2021 365

YIELD イールド

定期利付債の利回りを求める

書　式　YIELD(**受渡日**, **満期日**, **利率**, **現在価値**, **償還価額**, **頻度** [, **基準**])

機　能　YIELD関数は、利息が定期的に支払われる債券の利回りを算出します。[受渡日] に債券の発行日を指定すると応募者利回りが求められます。

財務　証券　2016 2019 2021 365

YIELDMAT イールド・アット・マチュリティ

満期利付債の利回りを求める

書　式　YIELDMAT(**受渡日**, **満期日**, **発行日**, **利率**, **現在価値** [, **基準**])

機　能　YIELDMAT関数は、[満期日] に利息が支払われる債券の利回りを算出します。なお、[受渡日] と [発行日] を同日にすると [#NUM!] エラーになります。

使用例　債券の最終利回りを求める

下表は定期利付債（YIELD関数）と満期利付債（YIELDMAT関数）について、満期まで保有していた場合の利回りを求めています。条件はいずれも、額面[100]の外国の5年債を発行日から9ヵ月後に時価[101.18]で購入したものとし、定期利付債は年に2回の利払いがあるとしています。

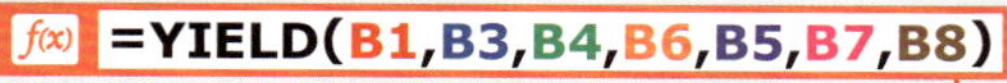

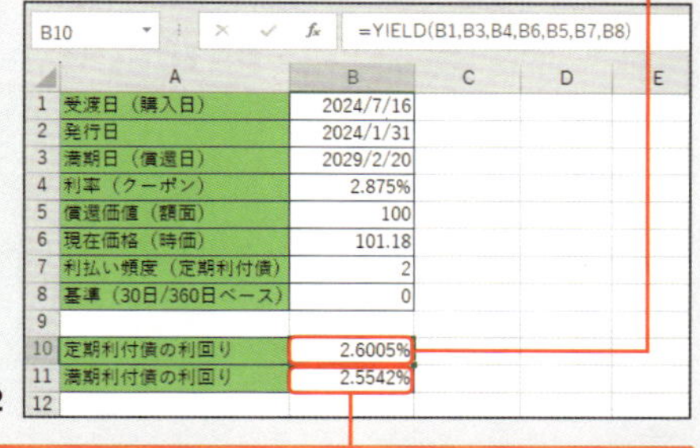

	A	B	C	D	E
1	受渡日（購入日）	2024/7/16			
2	発行日	2024/1/31			
3	満期日（償還日）	2029/2/20			
4	利率（クーポン）	2.875%			
5	償還価値（額面）	100			
6	現在価格（時価）	101.18			
7	利払い頻度（定期利付債）	2			
8	基準（30日/360日ベース）	0			
9					
10	定期利付債の利回り	2.6005%			
11	満期利付債の利回り	2.5542%			
12					

04-12

f(x) =YIELDMAT(B1,B3,B2,B4,B6,B8)

財務 証券 2016 2019 2021 365

PRICE プライス

定期利付債の時価を求める

書　式　PRICE(**受渡日**,**満期日**,**利率**,**利回り**,**償還価額**,**頻度**[,**基準**])

機　能　PRICE関数は、定期的に利息が支払われる債券に対して、額面$100当たりの時価を算出します。

関連 **PRICEMAT** ························ P.176

財務 証券 2016 2019 2021 365

PRICEMAT プライス・アット・マチュリティ

満期利付債の時価を求める

書　式　PRICEMAT(**受渡日**,**満期日**,**発行日**,**利率**,**利回り**[,**基準**])

機　能　PRICE関数は、[満期日]に利息が支払われる債券に対して、額面$100当たりの時価を算出します。

使用例　既発債券の時価を求める

下表は、すでに発行された定期利付債（PRICE関数）と満期利付債（PRICEMAT関数）の購入時の時価を求めています。条件は、いずれも額面[100]、利率[4%]、利回り[3%]の外国の5年債で、発行日から1年後に購入したものとします。なお、定期利付債は年に2回の利払いがあるとします。債券を購入する際、関数の結果を目安に店頭の時価と比較することが可能です。

f(x) **=PRICE(B1,B3,B4,B5,B6,B7,B8)**

E1 =PRICE(B1,B3,B4,B5,B6,B7,B8)

	A	B	C	D	E	F	G
1	受渡日（購入日）	2024/9/1		定期利付債の時価	105.45		
2	発行日	2024/4/1		満期利付債の時価	104.83		
3	満期日（償還日）	2030/9/1					
4	利率（クーポン）	4.0%					
5	利回り（税引き前）	3.0%					
6	償還価値（額面）	100					
7	利払い頻度（定期利付債）	2					
8	基準（30日/360日ベース）	0					
9							

04-13

f(x) **=PRICEMAT(B1,B3,B2,B4,B5,B8)**

ACCRINT アクルード・インタレスト

定期利付債の経過利息を求める

書　式　ACCRINT(発行日, 最初の利払日, 受渡日, 利率, 額面, 頻度 [, 基準])

機　能　ACCRINT関数は、定期的に利息が支払われる債券の未収利息額（経過利息）を求めます。この関数では、受渡日が初回利払日より後になる場合の、発行日から受渡日までに発生する利息になります。前回利払日から受渡日までに発生した経過利息を求めるには、以下の使用例を参照ください。

使用例　債券の経過利息を求める

利払日と利払日の間で購入した債券については、ACCRINT関数の引数を以下のように読み替えて指定することで、前回の利払日から受渡日までに発生した経過利息を求めることができます。

```
=ACCRINT（前回利払日 , 最初の利払日 , 受渡日 , 利率 , 額面 , 頻度 [, 基準]）
```

また、検算として発行日から前回利払日までの利息をセル [F2]、発行日から受渡日までの利息をセル [F4] に求め、セル [F4] からセル [F2] を引いた結果をセル [F6] に表示しています。

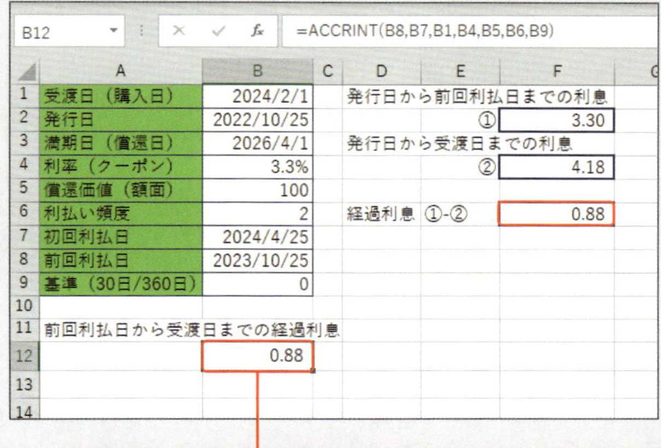

B12　=ACCRINT(B8,B7,B1,B4,B5,B6,B9)

	A	B	C	D	E	F
1	受渡日（購入日）	2024/2/1		発行日から前回利払日までの利息		
2	発行日	2022/10/25			①	3.30
3	満期日（償還日）	2026/4/1		発行日から受渡日までの利息		
4	利率（クーポン）	3.3%			②	4.18
5	償還価値（額面）	100				
6	利払い頻度	2		経過利息 ①-②		0.88
7	初回利払日	2024/4/25				
8	前回利払日	2023/10/25				
9	基準（30日/360日）	0				
10						
11	前回利払日から受渡日までの経過利息					
12		0.88				
13						
14						

04-14

f(x) =ACCRINT(B8,B7,B1,B4,B5,B6,B9)

ACCRINTM アクルード・インタレスト・マチュリティ

満期利付債の利息を求める

書　式　ACCRINTM(発行日, 受渡日, 利率, 額面 [, 基準])

機　能　ACCRINTM関数は、満期日に利息が支払われる債券の利息を算出します。[受渡日]に満期日を入力すると、発行から満期までに発生する利息の合計が求められます。
なお、指定する引数を次のように読み替えることによって、債券保有期間の利息を求めることができます。

```
=ACCRINTM(受渡日(買付),受渡日(売付),利率[,額面][,基準])
```

使用例　債券の利息を求める

下表のセル[E1]は、発行時から満期まで全期間保有していた場合の利息の合計を示します。また、セル[E2]には、受渡日から満期まで保有していた場合の利息の合計を示します。

E1: =ACCRINTM(B2,B3,B4,B5,B6)

	A	B	C	D	E	F
1	受渡日（購入日）	2024/7/1		発行日から満期までの利息	17.4	
2	発行日	2022/10/25		受渡日から満期までの利息	12.0	
3	満期日（償還日）	2028/4/1				
4	利率（クーポン）	3.2%				
5	償還価値（額面）	100				
6	基準（30日/360日）	0				
7						
8						
9						

E2: =ACCRINTM(B1,B3,B4,B5,B6)

04-15

MEMO | 受渡日、満期日について

債券などの証券に対して計算する場合、[受渡日]は証券の売買代金を決済した日、[満期日]は証券の支払期日を指定します。たとえば、2024年1月1日に発行された20年債券を、発行日の3カ月後に購入した場合、[受渡日]は2024年4月1日になり、[満期日]は2044年1月1日になります。

財務　証券　2016 2019 2021 365

ODDFPRICE オッド・ファースト・プライス

最初の利払期間が半端な利付債の価格を求める

書　式　ODDFPRICE(受渡日, 満期日, 発行日, 初回利払日, 利率, 利回り, 償還価額, 利払頻度 [, 計算基準])

機　能　ODDFPRICE関数は、最初の利払期間が異なる利付債の [満期日] までの利回りから、額面＄100当たりの現在価格を算出します。

財務　証券　2016 2019 2021 365

ODDLPRICE オッド・ラスト・プライス

最後の利払期間が半端な利付債の価格を求める

書　式　ODDLPRICE(受渡日, 満期日, 最終利払日, 利率, 利回り, 償還価額, 頻度 [, 基準])

機　能　ODDLPRICE関数は、最終期の日数が半端な証券に対して額面＄100当たりの現在価格を算出します。

E1　=ODDFPRICE(B1,B3,B2,B4,B5,B6,B7,B8,B9)

	A	B	C	D	E	F
1	受渡日（購入日）	2024/3/1		現在価格	76.759	
2	発行日	2022/12/15				
3	満期日（償還日）	2030/1/1				
4	初回利払日	2024/4/1				
5	利率（クーポン）	1.25%				
6	利回り	6.0%				
7	償還価値（額面）	100				
8	利払い頻度	4				
9	基準（30日/360日）	0				
10						

04-16

MEMO | 利払期間が異なる場合

通常、利付債の利払期間は発行日から起算して等間隔になっています。たとえば、年2回の利払いがある債券では発行日から起算して半年ごとに利払いがあります。しかし、債券によっては最初の利払期間だけ、もしくは、最後の利払期間だけほかの利払期間の日数と異なる場合があります。
このような場合は、「ODD」ではじまる関数を利用して現在価格や利回りを計算します。

財務　証券　2016 2019 2021 365

ODDFYIELD オッド・ファースト・イールド

最初の利払期間が半端な利付債の利回りを求める

書　式　ODDFYIELD(受渡日, 満期日, 発行日, 初回利払日, 利率, 償還価額, 頻度 [, 基準])

機　能　ODDFYIELD関数は、1期目の日数が半端な証券の利回りを求めます。

使用例　債券の利回りを求める

下表では、最初の利払期間が2024年1月10日〜2030年3月1日と半端な場合の証券の利回りを算出しています。

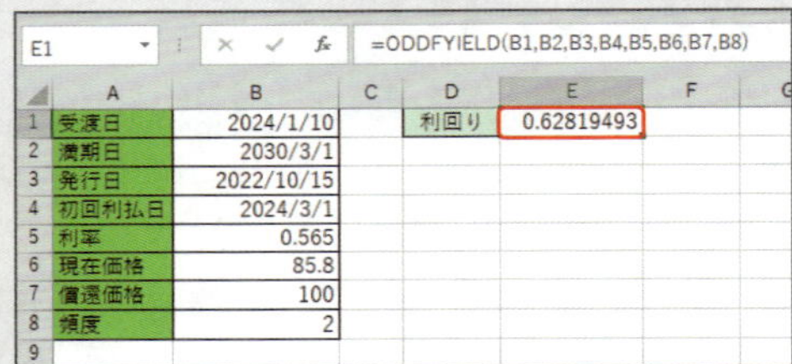

E1 =ODDFYIELD(B1,B2,B3,B4,B5,B6,B7,B8)

	A	B	C	D	E
1	受渡日	2024/1/10		利回り	0.62819493
2	満期日	2030/3/1			
3	発行日	2022/10/15			
4	初回利払日	2024/3/1			
5	利率	0.565			
6	現在価格	85.8			
7	償還価格	100			
8	頻度	2			
9					

04-17

財務　証券　2016 2019 2021 365

ODDLYIELD オッド・ラスト・イールド

最後の利払期間が半端な利付債の利回りを求める

書　式　ODDLYIELD(受渡日, 満期日, 最終利払日, 利率, 価格, 償還価額, 利払頻度 [, 計算基準])

機　能　ODDLYIELD関数は、最後の利払期間の日数（最終期）が半端な利付債を［満期日］まで保有していた場合に受け取れる利回りを求めます。

解　説　ODDFYIELD関数は最初の利払期間だけ半端になる利付債の利回りを求めます。購入したときにすでに最初の利払いを終えている場合は、YIELD関数（P.175参照）を使えば済みます。しかし、受渡日が最初の利払日より前である場合はODDFYIELD関数を利用します。

財務 証券 2016 2019 2021 365

COUPDAYBS クーポン・デイズ・ビギニング・トゥ・セトルメント

前回の利払日から受渡日までの日数を求める

書　式　COUPDAYBS(受渡日, 満期日, 頻度 [, 基準])

機　能　COUPDAYBS関数は、証券の利払期間の1日目から［受渡日］までの日数を求めます。

E2　=COUPDAYBS(A2,B2,C2,D2)

	A	B	C	D	E	F	G
1	受渡日	満期日	頻度	基準(30日/360日)	日数		
2	2024/8/20	2030/7/1	4	0	49		
3	2024/9/20	2030/7/1	4	0	79		
4	2024/10/20	2030/7/1	4	0	19		
5	2024/11/20	2030/7/1	4	0	49		
6	2024/12/20	2030/7/1	4	0	79		
7	2025/1/20	2030/7/1	4	0	19		
8	2025/2/20	2030/7/1	4	0	49		
9							

04-18

財務 証券 2016 2019 2021 365

COUPDAYS クーポン・デイズ

証券の利払期間を求める

書　式　COUPDAYS(受渡日, 満期日, 頻度 [, 基準])

機　能　COUPDAYS関数は、証券の［受渡日］を含む利払期間の日数を求めます。［受渡日］を含む利払期間とは、［受渡日］の直前の利払日から次の利払日までの期間（日数）のことです。

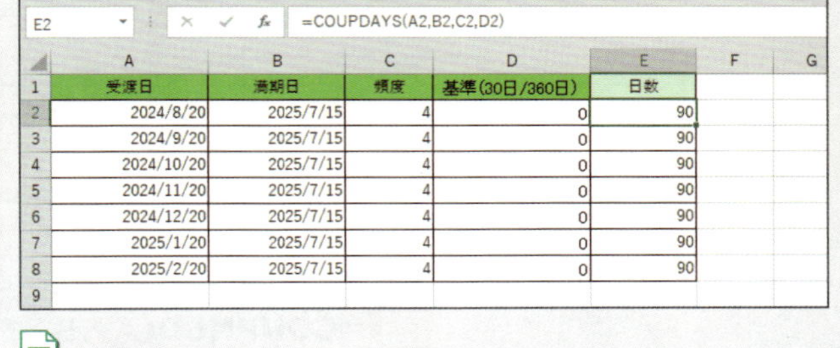

E2　=COUPDAYS(A2,B2,C2,D2)

	A	B	C	D	E	F	G
1	受渡日	満期日	頻度	基準(30日/360日)	日数		
2	2024/8/20	2025/7/15	4	0	90		
3	2024/9/20	2025/7/15	4	0	90		
4	2024/10/20	2025/7/15	4	0	90		
5	2024/11/20	2025/7/15	4	0	90		
6	2024/12/20	2025/7/15	4	0	90		
7	2025/1/20	2025/7/15	4	0	90		
8	2025/2/20	2025/7/15	4	0	90		
9							

04-19

COUPPCD クーポン・プリービアス・クーポン・デート

前回の利払日を求める

書式 COUPPCD(受渡日, 満期日, 頻度 [, 基準])

機能 COUPPCD関数は、証券の[受渡日]以前で最も近い(直前)利払日を求めます。なお、この結果はシリアル値で返されるため、日付を表示する場合は、セルの表示形式を[日付]にしておく必要があります。

参照 COUPNCD ………………………… P.182

財務 証券 2016 2019 2021 365

COUPNCD クーポン・ネクスト・クーポン・デート

次回の利払日を求める

書式 COUPNCD(受渡日, 満期日, 頻度 [, 基準])

機能 COUPNCD関数は、証券の[受渡日]以降で最も近い(次回)利払日を算出します。なお、この結果はシリアル値で返されるため、日付を表示する場合は、セルの表示形式を[日付](下表では[短い日付形式])にしておく必要があります。

f(x) =COUPPCD(A2,B2,C2,D2)

E2 =COUPPCD(A2,B2,C2,D2)

	A	B	C	D	E	F
1	受渡日	満期日	頻度	基準日数	前回の利払日	次回の利払日
2	2024/8/20	2025/7/15	4	0	2024/7/15	2024/10/15
3	2024/9/20	2025/7/15	4	0	2024/7/15	2024/10/15
4	2024/10/20	2025/7/15	4	0	2024/10/15	2025/1/15
5	2024/11/20	2025/7/15	4	0	2024/10/15	2025/1/15
6	2024/12/20	2025/7/15	4	0	2024/10/15	2025/1/15
7	2025/1/20	2025/7/15	4	0	2025/1/15	2025/4/15
8	2025/2/20	2025/7/15	4	0	2025/1/15	2025/4/15
9						

f(x) =COUPNCD(A2,B2,C2,D2)

04-20

財務　証券　2016 2019 2021 365

COUPDAYSNC クーポン・デイズ・セトルメント・トゥ・ネクスト・クーポン

受渡日から次の利払日までの日数を求める

書　式　COUPDAYSNC(受渡日, 満期日, 頻度 [, 基準])

機　能　COUPDAYSNC関数は、証券の[受渡日]から次の利払日までの日数を算出します。

f(x) =COUPDAYSNC(A2,B2,C2,D2)

E2　=COUPDAYSNC(A2,B2,C2,D2)

	A	B	C	D	E
1	受渡日	満期日	頻度	基準(30日/360日)	日数
2	2024/8/20	2025/7/15	4	0	55
3	2024/9/20	2025/7/15	4	0	25
4	2024/10/20	2025/7/15	4	0	85
5	2024/11/20	2025/7/15	4	0	55
6	2024/12/20	2025/7/15	4	0	25
7	2025/1/20	2025/7/15	4	0	85
8	2025/2/20	2025/7/15	4	0	55

04-21

財務　証券　2016 2019 2021 365

COUPNUM クーポン・ナンバー

受渡日と満期日の間の利払回数を求める

書　式　COUPNUM(受渡日, 満期日, 頻度 [, 基準])

機　能　COUPNUM関数は、証券の[受渡日]と[満期日]の間に利息が支払われる回数を算出します。

f(x) =COUPNUM(A2,B2,C2,1)

D2　=COUPNUM(A2,B2,C2,1)

	A	B	C	D	E
1	受渡日	満期日	頻度	利払回数	
2	2024/8/20	2025/7/15	4	4	
3	2024/9/20	2025/7/15	4	4	
4	2024/10/20	2025/7/15	4	3	
5	2024/11/20	2025/7/15	4	3	
6	2024/12/20	2025/7/15	4	3	
7	2025/1/20	2025/7/15	4	2	
8	2025/2/20	2025/7/15	4	2	
9					

04-22

MEMO｜定期利付債の日付情報

COUPではじまる6つの関数は、下図で示すように定期利付債の各種日付情報を知るために用意されています。債券は新規の応募時期以外（新発債）にもすでに発行されているもの（既発債）を購入することも可能です。これら6つの関数で、それぞれ既発債の受渡日を基準に前後の利払日や利払日までの日数、利払回数などを求めることができます。

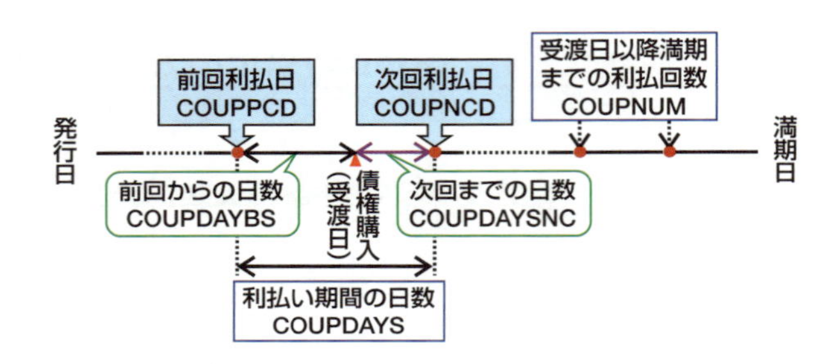

下表は年2回の利払いがある利付債の利払いに関する日付や日数を求めています。通常、利払期間は発行日から起算して等間隔になっています。たとえば、年2回であれば、発行日から半年ごとに利払日が設定されます。満期日が5月30日のため、利払日は毎年11月30日と5月30日になります。受渡日が9月15日の場合、前回の利払日から108日が経過しており、この日数分だけ経過利息が発生していると見ることができます。

04-23

B6　=COUPNUM(B1,B2,B3,B4)

	A	B	C	D	E
1	受渡日（購入日）	2024/9/15		前回利払日	2024/5/30
2	満期日（償還日）	2030/5/30		前回の利払日から受渡日までの日数	108
3	頻度（年間利払回数）	2			
4	基準（実際の日数）	1		次回利払日	2024/11/30
5				受渡日から次回利払日までの日数	76
6	受渡日から満期までの利払回数	12			
7	利払期間の日数	183			
8					

セル［E1］と［E4］において、関数を入力した直後の利払日はシリアル値で表示されます。日付を表示する場合は、セルの表示形式を［日付］にしておく必要があります。

財務　証券　2016 2019 2021 365

TBILLPRICE トレジャリー・ビル・プライス

米国財務省短期証券の額面$100当たりの価格を求める

書　式　TBILLPRICE(受渡日, 満期日, 割引率)

機　能　TBILLPRICE関数は、米国財務省短期証券(Treasury Bill)の額面$100当たりの債権を[満期日]まで保有した場合の現在価格を算出します。

財務　証券　2016 2019 2021 365

TBILLYIELD トレジャリー・ビル・イールド

米国財務省短期証券の利回りを求める

書　式　TBILLYIELD(受渡日, 満期日, 現在価値)

機　能　TBILLYIELD関数は、米国財務省短期証券(Treasury Bill)の額面$100当たりの債権を[満期日]まで保有した場合の利回りを算出します。

財務　証券　2016 2019 2021 365

TBILLEQ トレジャリー・ビル・ボンド・エクイバレント・イールド

米国財務省短期証券の債券に相当する利回りを求める

書　式　TBILLEQ(受渡日, 満期日, 割引率)

機　能　TBILLEQ関数は、米国財務省短期証券(Treasury Bill)の額面$100当たりの債権を[満期日]まで保有した場合に、通常の債権に換算した値で利回りを算出します。

MEMO｜財務関数利用の注意

財務関数には上のような、日本ではあまり利用する機会のない米国財務省短期証券を扱うための関数や、日本国内では税法上利用できない納税に関する関数などがあります。
十分な知識がない場合は、これらを誤って使ってしまわないように注意しましょう。

STOCKHISTORY ストックヒストリー

指定した株式銘柄の株価情報を取り出す

書　式　STOCKHISTORY(銘柄名, 開始日 [, 終了日] [, 間隔] [, 見出し] [, プロパティ 0,…, プロパティ 5])

計算例　STOCKHISTORY("XNAS:MSFT","2024/5/1","2024/5/10",0,2,0,1,2,3,4)

米国マイクロソフト社の2024/5/1から2024/5/10までの株価情報を日次で取り出し、銘柄名と見出しを付けて、日付、終値、始値、高値、安値の順に表示する。

機　能　STOCKHISTORY関数は、指定した株式銘柄の指定した期間の株価データを取り出し、配列として表示します。

[銘柄名]には、証券コードを「"」(ダブルクオーテーション)で囲んで入力するか、市場識別コード(MIC)に「:」(コロン)と証券コードを続けて入力します。

[間隔]は、取り出す間隔を指定します。「0」を指定するか省略すると「日次」、「1」は「週次」、「2」は「月次」になります。

[見出し]は、取り出すデータに見出しを表示するかどうかを指定します。「0」を指定すると「見出しなし」、「1」を指定するか省略すると「見出しを表示」、「2」は「銘柄名と見出しを表示」になります。

[プロパティ]は、「0」から「5」までの数値を表示したい順序で指定します(下表参照)。省略した場合は「0」(日付)と「1」(終値)が表示されます。

0	日付	1	終値	2	始値
3	高値	4	安値	5	出来高

解　説　STOCKHISTORY関数は、日本株には対応していません。また、取得されるデータは専門的目的、取引目的、またはアドバイス用ではないので、使用する場合は注意が必要です。

第 5 章 論理

Excel の関数の中で特に重要なのが論理関数です。表のデータの単純な計算や、並べ替えだけでなく、条件によって計算方法や表示方法を変えたり、複数の条件をもとにして処理する方法を変えたりする場合に使用します。論理関数は単体で使用することはあまりなく、ほかの関数と組み合わせて使うことがほとんどです。また、論理関数同士を組み合わせて使うこともあります。

IF イフ

条件によって異なる値を返す

書　式　IF(**論理式**, **真の場合** [, **偽の場合**])

計算例　IF(A1>=50,"合格","不合格")
セル「A1」の値が50以上の場合は［合格］、そうでない場合は［不合格］と表示する。

機　能　IF関数は、［論理式］を評価し、その結果が［TRUE］のとき［真の場合］の計算結果を返し、［FALSE］のとき［偽の場合］の計算結果を返します。［偽の場合］が省略されていて、［論理式］が［FALSE］のときは、［0］を返します。
［論理式］には、TRUE／FALSEの判断ができる数式などを記述します。
AND関数やOR関数を使うこともあり、最大64階層までのIFを引数［真の場合］、または引数［偽の場合］としてネストすることで、複雑な評価を行うことができます。

使用例　点数によって合格の判定を行う

下表では、英語の試験の結果から、70点以上であれば［真の場合］として「合格」、69点以下であれば［偽の場合］として「不合格」という判定を表示します。

G3　=IF(E3>=70,"合格","不合格")

	A	B	C	D	E	F	G	H
1	No	氏名	試験結果				合否	
2			国語	数学	英語	3科目合計		
3	1	矢野　駿介	83	90	75	248	合格	
4	2	荻原　夏海	85	91	73	249	合格	
5	3	永井　陽葵	68	80	60	208	不合格	
6	4	坂下　祐樹	96	58	63	217	不合格	
7	5	金沢　侑史	74	60	81	215	合格	
8	6	品田　健太郎	73	94	70	237	合格	
9								
10								

05-01

f(x) =IF(E3>=70,"合格","不合格")

関連　AND ………………………… P.191
OR ………………………… P.192

IFS イフス

複数の条件によって異なる値を返す

書　式　IFS(条件 1, 処理 1[, 条件 2, 処理 2,…])

計算例　IFS(点数比較 1, 成績表示 1, 点数比較 2, 成績表示 2)

成績一覧の入力されている点数を［点数比較1］で条件を満たしているかどうかを調べ、満たしている場合は［成績表示1］で成績を表示する。満たしていない場合は［点数比較2］で調べる。

解　説　IFS関数は、複数の条件を調べ、条件を満たす場合は指定した処理を、満たしていない場合は次の条件を調べます。従来はIF関数をネスト（入れ子に）して条件を確認して分岐させていましたが、IFS関数では条件と処理をカンマ「，」で区切って指定できるので、関数式がわかりやすくなります。条件と処理のセットは、最大127まで指定できます。

使用例　試験結果を点数ごとにランク分けする

下表では、点数に対する評価として90点以上をA、80～89点をB、60～79点をC、60点未満をDとして表示させています。最初の条件「C2>＝90」を満たす場合は「A」と表示、満たさない場合は次の条件「C2>＝80」を…というように、条件を調べていきます。
IFS関数ではすべての条件を満たさない場合の処理はなく、いずれの条件を満たさない数値が入力された場合は「#N/A」が表示されます。

D2　=IFS(C2>=90,"A",C2>=80,"B",C2>=60,"C",C2<=59,"D")

	A	B	C	D
1	No	氏名	得点	評価
2	1	矢野　駿介	91	A
3	2	荻原　夏海	90	A
4	3	永井　陽葵	71	C
5	4	坂下　祐樹	59	D
6	5	金沢　侑史	48	D
7	6	品田　健太郎	83	B
8	評価　A～C：合格　D：不合格			
9				

05-02

SWITCH スウィッチ

複数のデータを比較検索して一致するかどうか調べる

書 式 SWITCH(値, 一致する値 1, 結果 1[, 一致する値 2] [, 結果 2] ,… [, 一致する値がない場合に返す値])

計算例 SWITCH(所属コード, 所属コード 1, 所属名 1[, 所属コード 2] [, 所属名 2])

[所属コード] が入力されているセルの値を [所属コード1] と比較し、一致している場合は [所属名1] を表示する。一致していない場合は、[所属コード2] 以降の比較を行う。

解 説 SWITCH関数は、「値」で指定した1つの値と [一致する値] で指定する複数の値を比較し、最初に一致する値に対応する結果を返します。いずれにも一致しない場合は、任意指定の既定値（[一致する値がない場合に返す値]）が返されます。一致する値および結果は、1～126個まで指定できます。

使用例 入力した所属コードに対応する所属名を表示する

下表では、[所属コード] に入力した所属コードから、それに対応する所属名を表示させます。存在しない所属コードを入力した場合は「入力ミス」と表示します。

```
=SWICH(B2,1001,"総務部",1002,"営業部",1003,"広報部","入力ミス")
```

C2 =SWITCH(B2,1001,"総務部",1002,"営業部",1003,"広報部","入力ミス"

	A	B	C	D	E	F	G	H
1		所属コード	所属名					
2	大澤　直樹	1003	広報部					
3	野田　涼花	1001	総務部					
4	坂田　博一	1003	広報部					
5	松木　明希	1002	営業部					
6	吉岡　隼人	1004	入力ミス					
7	大木　正美	1002	営業部					
8	夏川　友紀奈	1003	広報部					
9	高橋　正樹	1004	入力ミス					
10	小田島　潤	1101	入力ミス					
11								

05-03

AND アンド

複数の条件をすべて満たすかどうか調べる

書　式　AND(**論理式 1**[, **論理式 2**] [, **論理式 3**,…])

計算例　AND(A1>=10,A1<=20)

「[10] ≦A1≦ [20]」という条件を満たす場合は [TRUE] を返し、そうでない場合は [FALSE] を返す。

機　能　AND関数は、すべての引数が [TRUE] のとき [TRUE] を返し、1つでも [FALSE] の引数があると [FALSE] を返します。主にIF関数の [論理式] に組み合わせて使用され、1～255個の引数が設定できます。

使用例　3科目とも70点以上なら合格の判定を行う

「3つの条件をすべて満たす」場合の論理式の例を示します。IF関数とAND関数を利用して、点数によって表示が変わるようにしています。

論理式　：AND(C3>=70,D3>=70,E3>=70)
真の場合　："合格"
偽の場合　："不合格"

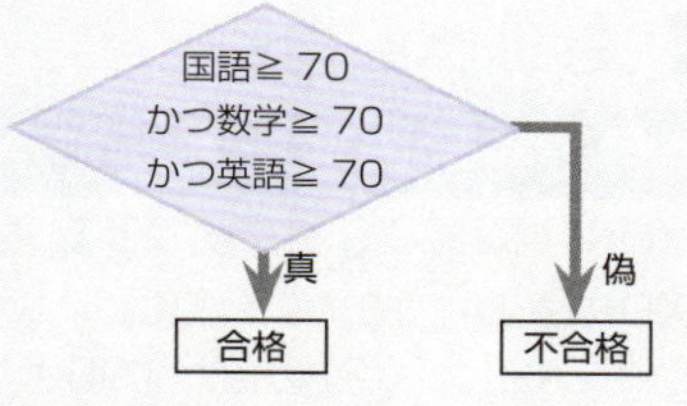

f(x) =IF(AND(C3>=70,D3>=70,E3>=70),"合格","不合格")

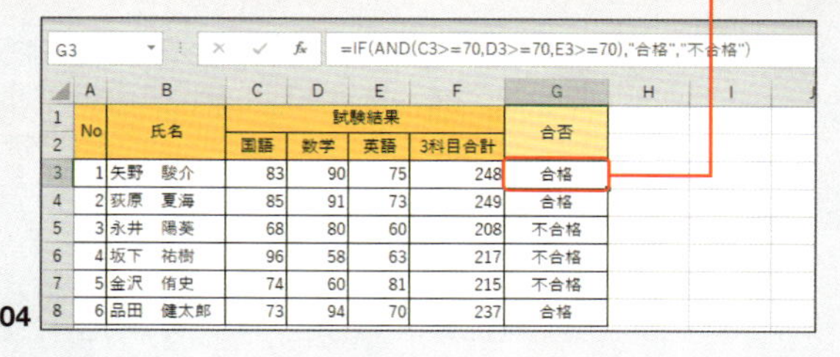
G3　=IF(AND(C3>=70,D3>=70,E3>=70),"合格","不合格")

No	氏名	国語	数学	英語	3科目合計	合否
1	矢野　駿介	83	90	75	248	合格
2	荻原　夏海	85	91	73	249	合格
3	永井　陽葵	68	80	60	208	不合格
4	坂下　祐樹	96	58	63	217	不合格
5	金沢　侑史	74	60	81	215	不合格
6	品田　健太郎	73	94	70	237	合格

（試験結果：国語・数学・英語・3科目合計）

05-04

関連 IF …………………………… P.188

論理 条件 2016 2019 2021 365

OR オア

複数の条件のいずれか1つを満たすかどうか調べる

書式 OR(論理式1[,論理式2][,論理式3,…])

計算例 OR(A1<10,A1>20)

「A1<[10]」または「A1>[20]」という条件のうち、いずれか1つでも満たす場合は[TRUE]を返し、そうでない場合は[FALSE]を返す。

機能 OR関数は、いずれかの引数が[TRUE]のとき[TRUE]を返し、すべての引数が[FALSE]である場合に[FALSE]を返します。主にIF関数の[論理式]に組み合わせて使用され、1～255個の引数が設定できます。

AND関数（P.191参照）の使用例の論理式を、OR関数で「OR(C3<70,D3<70,E3<70)」と書き直し、「真の場合」と「偽の場合」を入れ替えても同じ結果が得られます。

論理 条件 2016 2019 2021 365

XOR エクスクルーシブ・オア

複数の条件で奇数の数を満たすかどうか調べる

書式 XOR(論理式1[,論理式2][,論理式3,…])

計算例 XOR(A2>100,B2>100)

セル[A2]、[B2]の値が100よりも大きいかどうかを判断し、100より大きいセルが1つ（奇数）の場合は[TRUE]、2つ（偶数）の場合は[FALSE]を返す。

機能 XOR関数は、複数の条件によって求められる結果の数が奇数か偶数かによって、[TRUE]、[FALSE]を返します。1～254個の引数が設定できます。XORは排他的論理和と呼ばれる論理演算で、一方の値が1の場合に[TRUE]、それ以外は[FALSE]を返します。

なお、計算例の代わりに、

「=(A2>60)<>(B2>60)<>(C2>60)」

という数式を利用することもできます。

MEMO | 論理演算とは

演算とは、何らかの処理(計算)を行い結果の値を得ることです。四則演算という場合は「加算」、「減算」、「乗算」、「除算」を行い、それぞれ「加算結果」、「減算結果」、「乗算結果」、「除算結果」を得ることができます。たとえば「10+20」という加算を行う場合、その結果として「30」を得ることになります。
論理演算も同様に、何らかの処理(計算)を行い結果の値を得る場合に用います。論理演算には、「AND演算」、「OR演算」、「XOR演算」、「NOT演算」があり、Excelで演算を行う場合はそれぞれ「AND関数」、「OR関数」、「XOR関数」、「NOT関数」を使用します。
論理演算は0(偽:FALSE)と1(真:TRUE)の組み合わせで演算を行います。また、四則演算のように桁上がりや桁下がりはなく、0と1の組み合わせのみの演算です。
それぞれの論理演算の結果を表す表を「真理値表」といい、それぞれ次のように表されます。

●AND演算の真理値表
すべての値が「1(真)」の場合に「1(真)」を返し、それ以外は「0(偽)」を返す。

値1	値2	「値1 AND 値2」の演算結果
0(偽)	0(偽)	0(偽)
0(偽)	1(真)	0(偽)
1(真)	0(偽)	0(偽)
1(真)	1(真)	1(真)

●OR演算の真理値表
いずれかの値が「1(真)」の場合に「1(真)」を返し、それ以外は「0(偽)」を返す。

値1	値2	「値1 OR 値2」の演算結果
0(偽)	0(偽)	0(偽)
0(偽)	1(真)	1(真)
1(真)	0(偽)	1(真)
1(真)	1(真)	1(真)

●XOR演算の真理値表
一方の値が「1(真)」の場合に「1(真)」を返し、それ以外は「0(偽)」を返す。

値1	値2	「値1 XOR 値2」の演算結果
0(偽)	0(偽)	0(偽)
0(偽)	1(真)	1(真)
1(真)	0(偽)	1(真)
1(真)	1(真)	0(偽)

●NOT演算の真理値表
値が「1(真)」の場合は「0(偽)」を返し、値が「0(偽)」の場合は「1(真)」を返す。

値	「NOT 値」の演算結果
0(偽)	1(真)
1(真)	0(偽)

論理 条件 2016 2019 2021 365

NOT ノット

[TRUE] のとき [FALSE]、[FALSE] のとき [TRUE] を返す

書　式　NOT(論理式)

計算例　NOT(A2=" 東京都 ")
セル [A2] が [東京都] のとき、[FALSE] を返す。

機　能　NOT関数は、[論理式] の戻り値が [TRUE] のとき [FALSE] を、[FALSE] のとき [TRUE] を返します。この関数は、たとえば「NOT(A=B)」のように、ある値が特定の値と等しくない (A≠B) ことを確認してから先に進むような場合に使用します。

論理 論理値 2016 2019 2021 365

TRUE トゥルー

必ず [TRUE] を返す

書　式　TRUE()

機　能　TRUE関数は引数を取らない関数で、つねに [TRUE] を返します。TRUE関数を入力する代わりに、セルや数式の中に直接「TRUE」と入力することも可能です。TRUE関数は、ほかの表計算ソフトとの互換性を維持するために用意されたものです。

論理 論理値 2016 2019 2021 365

FALSE フォールス

必ず [FALSE] を返す

書　式　FALSE()

機　能　FALSE関数は引数を取らない関数で、FALSE関数はつねに [FALSE] を返します。FALSE関数を入力する代わりに、セルや数式の中に直接「FALSE」と入力することも可能です。FALSE関数は、ほかの表計算ソフトとの互換性を維持するために用意されたものです。

IFERROR イフ・エラー

対象がエラーの場合に指定した値を返す

書　式　IFERROR(計算式, エラー戻り値)

計算例　IFERROR(C3/B3," −−")

計算式[C3/B3]がエラーの場合は「−−」を表示し、エラーでない場合は、計算式[C3/B3]の結果を返す。

機　能　IFERROR関数は、計算結果のエラーをトラップ処理する関数です。[計算式]に指定した計算式の計算結果がエラーでなければそのまま返しますが、計算結果がエラーの場合は、[エラー戻り値]に指定した値を返します。

IFERROR関数がエラーとして扱うものは、次の7つのエラー値です。

エラー値	原　因
#VALUE!	数式の参照先、引数の型、演算子の種類などが間違っている場合
#N/A	LOOKUP関数やMATCH関数などの検索関数で、検索した値が検索範囲内に存在しない場合
#REF!	参照先のセルがある列や行を削除した場合
#DIV/0!	割り算の除数の値が0の場合。または、除数を参照するセルが空白の場合
#NUM!	関数の引数が適切でない場合。または、Excelで処理できない範囲の数値が計算結果で入力される場合
#NAME?	関数名やセル範囲名が違っている場合
#NULL!	参照先のセルが存在しない場合

IFERROR関数を使用して計算できない(エラーになる)場合にエラー値ではなく、「−−」を表示します。

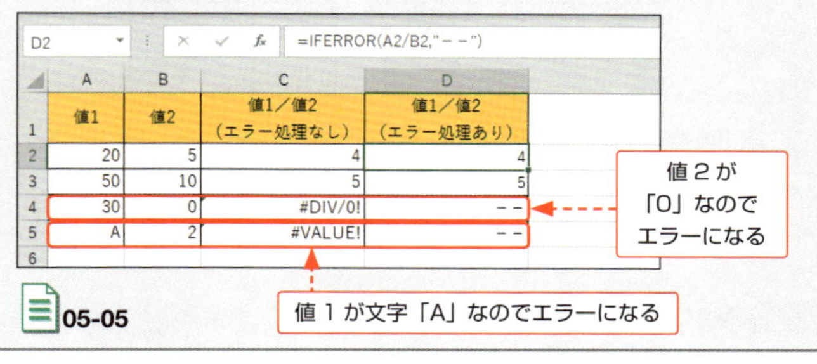

05-05

IFNA イフ・ノン・アプリカブル

結果がエラー値 [#N/A] の場合は指定した値を返す

書式　IFNA(計算式, エラー戻り値)

計算例　IFNA(VLOOKUP(A3,$D$3:$E$11,2,FALSE),"未登録")
VLOOKUP関数の検索値が検索範囲に存在しない場合、「未登録」と表示する。

機能　IFNA関数は、VLOOKUP関数などの検索関数を利用した計算式において、結果の値がエラー値 [#N/A] (範囲内に値が存在しない) になった場合は、[エラー戻り値] を返します。これ以外のエラー値の場合はそのエラー値を、エラーのない正しい結果の場合はその値を返します。
エラー値については、IFERROR関数 (P.195) を参照してください。

使用例　名簿のNoと一致すれば氏名表示する

下表は、VLOOKUP関数を利用して、受講生名簿のNoを1年名簿から検索してNoが合致した氏名を表示させます。
1年名簿に検索するNoが見つからない場合は、エラー値として「未登録」を表示させます。

B3　=IFNA(VLOOKUP(A3,$D$3:$E$11,2,FALSE),"未登録")

	A	B	C	D	E	F	G	H
1	受講生名簿			1年名簿				
2	No	氏名		No	氏名			
3	2001	未登録		1001	青山 拓海			
4	1001	青山 拓海		1002	加藤 彩佳			
5	1004	髙橋 茉歩		1003	佐々木 准			
6	2016	未登録		1004	髙橋 茉歩			
7	1005	野田 玲央		1005	野田 玲央			
8	1056	未登録		1006	渡辺 薫乃介			
9	2007	未登録		1007	柳田 太陽			
10	2011	未登録		1008	小川 日葵			
11	1002	加藤 彩佳		1009	春日 夏央莉			
12								

05-06

f(x) =IFNA(VLOOKUP(A3,$D$3:$E$11,2,FALSE),"未登録")

関連　VLOOKUP ………………………… P.220

LET レット

計算結果に名前を割り当てて再利用する

書　式　LET(名前1,式1[,名前2,式2,…],計算)

計算例　LET(合計,SUM(C2:E2),合計/3)

「SUM(C2:E2)」という数式に[合計]という名前を付け、その名前を使って計算式を指定する。

機　能　LET関数は、数式内で名前を定義して、値や数式、セル参照を格納し、定義した名前を使って計算式を指定します。この名前は、LET関数の中でのみ適用されます。LET関数は、1つの数式内で同じ計算が何度も必要になるときに使うと有用です。引数の[名前]は文字ではじめる必要があります。また、A1やB1などのセル位置や、先頭に数字は使えません。[名前]と[式]の組み合わせは126組まで指定できます。

使用例　3科目の平均点を求める

下表では、国語、数学、英語の3科目の平均を求めています。引数[名前]を「合計と定義し、合計に格納する数式は「SUM(C2:E2)」と入力しています。平均は、3科目の合計点を3で割ると求められるので、定義した名前を使って「合計/3」と入力します。

F2　=LET(合計,SUM(C2:E2),合計/3)

	A	B	C	D	E	F	G	H
1	No	氏名	国語	数学	英語	平均点		
2	1001	青山 拓海	70	94	100	88		
3	1002	加藤 彩佳	68	70	62	66.66666667		
4	1003	佐々木 准	94	86	87	89		
5	1004	高橋 茉歩	95	85	94	91.33333333		
6	1005	野田 玲央	100	95	90	95		
7	1006	渡辺 蔵乃介	75	55	70	66.66666667		
8	1007	柳田 太陽	86	40	66	64		
9	1008	小川 日葵	58	55	67	60		
10	1009	春日 夏央莉	85	72	75	77.33333333		
11								

05-07

f(x) =LET(合計,SUM(C2:E2),合計/3)

LAMBDA ラムダ

変数と数式を指定して使用可能な関数を作成する

書　式　LAMBDA([変数名1, 変数名2,…] , 計算)

計算例　LAMBDA(価格, 割引率,ROUND(価格＊(1-割引率) ,0))

[変数名]に「価格」と「割引率」の2つの引数名を指定する。[計算]には割引価格を求める式「ROUND(価格＊(1-割引率),0」を指定する。

機　能　LAMBDA関数は、変数と計算式を指定してオリジナル関数を作成します。作成した関数は[関数ライブラリ]に登録して、通常の関数と同じように使用できます。ただし、使用できるのは登録したブックのみです。

LAMBDA関数に用意されているヘルパー関数を使用すると、LAMBDA関数自体を引数として設定することができます。ヘルパー関数には、BYCOL、BYROW(P.200参照)、MAKEARRAY(P.199参照)、MAP(P.201参照)、REDUCE、SCAN(P.202参照)、ISOMITTED(P.209参照)があります。

使用例　作成したオリジナル関数を登録する

上記の計算例で作成した割引価格を求めるLAMBDA関数を[関数ライブラリ]に登録して、通常の関数と同じように使用できるようにします。関数名は「DISCOUNT」とします。

[数式]タブの[名前の定義]をクリックして、表示される[新しい名前]ダイアログボックスに下図のとおり入力し、[OK]をクリックします。

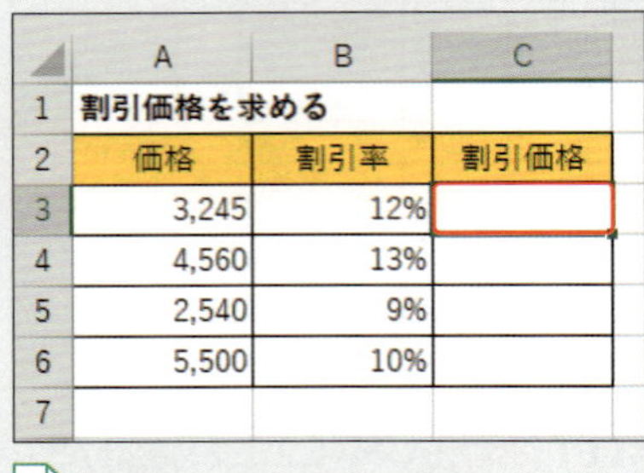

	A	B	C
1	割引価格を求める		
2	価格	割引率	割引価格
3	3,245	12%	
4	4,560	13%	
5	2,540	9%	
6	5,500	10%	
7			

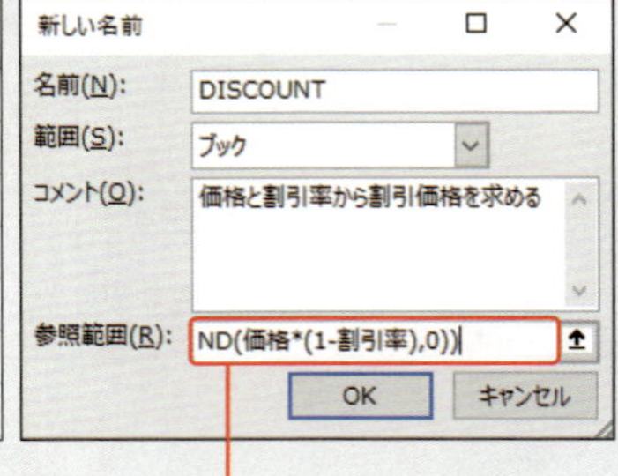

05-08

=LAMBDA(価格,割引率,ROUND(価格＊(1-割引率),0))

使用例　登録したオリジナル関数を使用する

ここでは、P.198で作成、登録したオリジナル関数(DISCOUNT)を使って割引価格を求めます。セル[C3]にDISCOUNT関数を入力して、セル[C6]までコピーします。

C3　=DISCOUNT(A3,B3)

	A	B	C	D	E
1	割引価格を求める				
2	価格	割引率	割引価格		
3	3,245	12%	2,856		
4	4,560	13%	3,967		
5	2,540	9%	2,311		
6	5,500	10%	4,950		
7					
8					

05-09

f(x) =DISCOUNT(A3:B3)

論理　カスタム関数　2016 2019 2021 365

MAKEARRAY メイク・アレイ

LAMBDA関数を行数と列数の配列に適用する

書　式　MAKEARRAY(行,列,LAMBDA(行,列))

計算例　MAKEARRAY(5,4,LAMBDA(x,y,x*y))
[行]に「5」、[列]に「4」を指定して、5行4列の配列を作成する。

機　能　MAKEARRAY関数は、LAMBDA関数のヘルパー関数の1つです。LAMBDA関数で指定した行と列のサイズの配列を作成します。作成される配列のサイズは、「行数」×「列数」となります。[行]または[列]に1未満の値を設定すると、エラー値[#VALUE!]が返されます。

関連　LAMBDA……………………………P.198

論理　カスタム関数　2016 2019 2021 365

BYCOL バイ・カラム

LAMBDA関数を各列に適用して配列を返す

書　式　BYCOL(配列,LAMBDA 関数)

計算例　BYCOL(B3:E5,LAMBDA(x,SUM(x)))
セル範囲［B3:E5］の各列の合計を求める。

機　能　BYCOL関数は、LAMBDA関数のヘルパー関数の1つです。［配列］の各列を1列ずつ［LAMBDA関数］に渡して計算し、その結果を、もとの配列と同じ列数で返します。

関連　LAMBDA……………………… P.198

論理　カスタム関数　2016 2019 2021 365

BYROW バイ・ロウ

LAMBDA関数を各行に適用して配列を返す

書　式　BYROW(配列,LAMBDA 関数)

機　能　BYROW関数は、LAMBDA関数のヘルパー関数の1つです。［配列］の各行を1行ずつ［LAMBDA関数］に渡して計算し、その結果をもとの配列と同じ行数で返します。

使用例　各商品の売上合計を求める

引数［配列］にセル範囲［B2:E4］を、引数［LAMBDA関数］に「LAMBDA(x,SUM(x))」を指定し、各行の合計を求めています。データはスピル機能(P.354参照)によってセル範囲［H2:H4］に自動的に表示されます。

H2　=BYROW(B2:E4,LAMBDA(x,SUM(x)))

	A	B	C	D	E	F	G	H
1		第1四半期	第2四半期	第3四半期	第4四半期			合計
2	パソコン	152	143	162	166		パソコン	623
3	プリンター	138	132	145	148		プリンター	563
4	デジカメ	125	128	142	135		デジカメ	530
5								
6								

05-10

f(x) =BYROW(B2:E4,LAMBDA(x,SUM(x)))

関連　LAMBDA……………………… P.198

MAP マップ

LAMBDA関数に配列の各要素を適用して新たな配列を作成する

書式 MAP(配列1[,配列2,…],LAMBDA関数)

計算例 MAP(A3:B7,LAMBDA(x,x*1.1))
セル範囲[A3:B7]の数値に1.1を掛けた配列を新たに作成する。

機能 MAP関数は、LAMBDA関数のヘルパー関数の1つです。LAMBDA関数に配列の各要素を1つずつ渡して計算し、その戻り値からなる配列を返します。

使用例 セル範囲[A3:B7]の数値を1.1倍にした配列を求める

下表では、引数[配列]にセル範囲[A3:B7]を指定して、引数[LAMBDA関数]には数値に1.1を掛けた結果を求める「LAMBDA(x,x*1.1)」を指定し、5行2列の配列を新たに作成しています。
データはスピル機能(P.354参照)によって、セル範囲[D3:E7]に自動的に表示されます。

D3　=MAP(A3:B7,LAMBDA(x,x*1.1))

	A	B	C	D	E	F	G
1	単価			10%アップ			
2	単価			単価*1.1			
3	1,500	6,500		1,650	7,150		
4	2,000	7,000		2,200	7,700		
5	3,500	8,500		3,850	9,350		
6	4,500	9,500		4,950	10,450		
7	5,000	10,000		5,500	11,000		
8							

05-11

f(x) =MAP(A3:B7,LAMBDA(x,x*1.1))

関連 LAMBDA………………………… P.198

論理　カスタム関数　2016 2019 2021 365

SCAN スキャン

配列にLAMBDA関数を適用して累計を求める

書　式　SCAN(［開始値］,配列,LAMBDA 関数)

計算例　SCAN(0,C3:C9,LAMBDA(x,y,x+y))
セル範囲「C3:C9」の累計を求める。

機　能　SCAN関数は、LAMBDA関数のヘルパー関数の1つです。［開始値］に累計の開始値を、［配列］にセル範囲を指定し、［LAMBDA関数］に計算方法を指定して累計を求めます。

関連　**LAMBDA**……………………………… P.198

論理　カスタム関数　2016 2019 2021 365

REDUCE リデュース

配列にLAMBDA関数を適用して累計の最終値を求める

書　式　REDUSE(［開始値］,配列,LAMBDA 関数)

計算例　REDUCE(0,C3:C9,LAMBDA(x,y,x+y))
セル範囲［C3:C9］の累計の最終値を求める。

機　能　REDUCE関数は、LAMBDA関数のヘルパー関数の1つです。［開始値］に累計の開始値を、［配列］にセル範囲を指定し、［LAMBDA関数］に計算方法を指定して、累計の最終値を求めます。

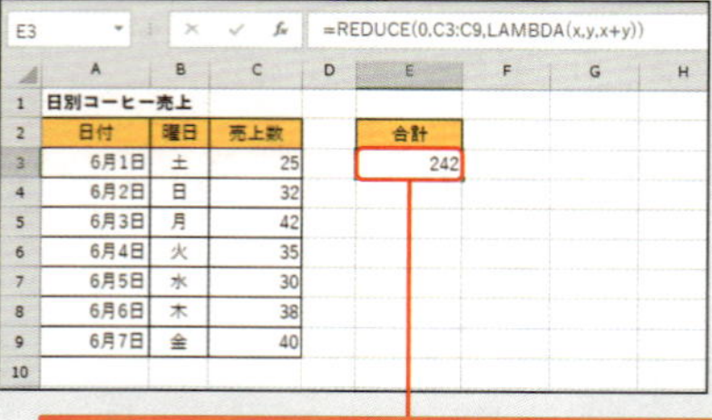

	A	B	C	D	E
1	日別コーヒー売上				
2	日付	曜日	売上数		合計
3	6月1日	土	25		242
4	6月2日	日	32		
5	6月3日	月	42		
6	6月4日	火	35		
7	6月5日	水	30		
8	6月6日	木	38		
9	6月7日	金	40		
10					

05-12

f(x) **=REDUSE(0,C3:C9,LAMBDA(x,y,x+y))**

関連　**LAMBDA**……………………………… P.198

第6章

情報

Excelの情報関数は、指定したセルの情報を調べるときに使用します。たとえば、セルの書式やセルの位置、セルに入力されているのは数値なのか、それとも文字列なのかなど、さまざまな情報を調べることができます。また、セルに入力された数式のエラーの有無や、エラーがある場合はどのようなエラーなのかを知ることもでき、論理関数と組み合わせることでエラー時の処理を行うこともできます。

情報　IS関数　2016 2019 2021 365

ISTEXT イズ・テキスト

対象が文字列かどうか調べる

書　式　ISTEXT(対象)

計算例　ISTEXT("EXCEL")
データ[EXCEL]は文字列なので[TRUE]を返す。

機　能　ISTEXT関数は、[対象]が文字列かどうかを調べます。文字列や文字列が入力されたセルを参照する場合に[TRUE]を返します。
下段(ISNONTEXT関数)の表を参照してください。

情報　IS関数　2016 2019 2021 365

ISNONTEXT イズ・ノン・テキスト

対象が文字列以外かどうか調べる

書　式　ISNONTEXT(対象)

計算例　ISNONTEXT(123)
データ[123]は文字列ではないので[TRUE]を返す。

機　能　ISNONTEXT関数は、[対象]が文字列以外かどうかを調べます。文字列以外のデータや、それらが入力されたセルを参照する場合に[TRUE]を返します。
下表に、テスト値に対するISTEXT関数とISNONTEXT関数の結果を示します。

E2　=ISNONTEXT(C2)

	A	B	C	D	E	F
1	分類表		テスト値	ISTEXT関数	ISNONTEXT関数	
2	文字列		"123"	TRUE	FALSE	
3	数値		123	FALSE	TRUE	
4		奇数	11	FALSE	TRUE	
5		偶数	10	FALSE	TRUE	
6	エラー値	#N/A	#N/A	FALSE	TRUE	
7		#N/A以外	#NAME?	FALSE	TRUE	
8	論理値		TRUE	FALSE	TRUE	
9	空白セル			FALSE	TRUE	
10						
11						

06-01

ISNUMBER イズ・ナンバー

対象が数値かどうか調べる

書　式　ISNUMBER(**対象**)

計算例　ISNUMBER(123)
データ[123]は数値なので[TRUE]を返す。

機　能　ISNUMBER関数は、[対象]が数値かどうかを調べます。数値あるいは数値が入力されたセルを参照する場合に[TRUE]を返します。ISODD関数(P.206参照)の表を参照してください。

MEMO 情報関数

情報関数には、「IS」ではじまる関数が13種類あり、総称して「IS(イズ)関数」と呼びます。「IS」とは、「○○であるかどうか」という意味です。このほか、データやエラーに関する情報を取得する関数が9種類あります。

<table>
<tr><th>大分類</th><th colspan="3">小分類</th><th>関数名</th></tr>
<tr><td rowspan="13">IS 関数</td><td colspan="3">文字列</td><td>ISTEXT</td></tr>
<tr><td colspan="3">非文字列</td><td>ISNONTEXT</td></tr>
<tr><td rowspan="8"></td><td rowspan="3">数値</td><td></td><td>ISNUMBER</td></tr>
<tr><td>偶数</td><td>ISEVEN</td></tr>
<tr><td>奇数</td><td>ISODD</td></tr>
<tr><td rowspan="3">エラー値</td><td></td><td>ISERROR</td></tr>
<tr><td>#N/A</td><td>ISNA</td></tr>
<tr><td>#N/A 以外</td><td>ISERR</td></tr>
<tr><td colspan="2">論理値</td><td>ISLOGICAL</td></tr>
<tr><td colspan="2">空白セル</td><td>ISBLANK</td></tr>
<tr><td colspan="3" rowspan="2">セル参照</td><td>ISREF</td></tr>
<tr><td>ISFORMULA</td></tr>
<tr><td colspan="3">引数（LAMBDA 関数）</td><td>ISOMITTED</td></tr>
<tr><td rowspan="2">データに関する情報の取得</td><td colspan="3">引数に発生したエラーのタイプを表す数値を返す</td><td>ERROR.TYPE</td></tr>
<tr><td colspan="3">引数のデータタイプを表す数値を返す</td><td>TYPE</td></tr>
<tr><td rowspan="3">データの発生／変換／抽出</td><td colspan="3">エラー値の発生</td><td>NA</td></tr>
<tr><td colspan="3">数値への変換</td><td>N</td></tr>
<tr><td colspan="3">ふりがなの抽出</td><td>PHONETIC</td></tr>
<tr><td rowspan="2">シートに関する情報の取得</td><td colspan="3">シートのシート番号を返す</td><td>SHEET</td></tr>
<tr><td colspan="3">シート数を返す</td><td>SHEETS</td></tr>
<tr><td rowspan="2">Excel に関する情報の取得</td><td colspan="3">現在のExcelの操作環境に関する情報</td><td>INFO</td></tr>
<tr><td colspan="3">セルの書式／位置／内容に関する情報</td><td>CELL</td></tr>
</table>

ISEVEN イズ・イーブン

対象が偶数かどうか調べる

書式 ISEVEN(**数値**)
指定した数値が偶数の場合に[TRUE]を返す。

機能 ISEVEN関数は[数値]が偶数かどうかを調べます。偶数のとき[TRUE]、奇数のとき[FALSE]を返します。
下段(ISODD関数)の表を参照してください。

ISODD イズ・オッド

対象が奇数かどうか調べる

書式 ISODD(**数値**)
指定した数値が奇数の場合に[TRUE]を返す。

機能 ISODD関数は[数値]が奇数かどうかを調べます。奇数のとき[TRUE]、偶数のとき[FALSE]を返します。

使用例 テスト値が数値か偶数か奇数かを調べる

下表では、分類のテスト値に対して、数値かどうか(ISNUMBER関数)、偶数かどうか(ISEVEN関数)、奇数かどうか(ISODD関数)を調べ、その結果を示しています。

D2 =ISNUMBER(C2)

	A	B	C	D	E	F	G
1	分類表		テスト値	ISNUMBER関数	ISODD関数	ISEVEN関数	
2	文字列		"123"	FALSE	#VALUE!	#VALUE!	
3	数値		123	TRUE	TRUE	FALSE	
4		奇数	11	TRUE	TRUE	FALSE	
5		偶数	10	TRUE	FALSE	TRUE	
6	エラー値	#N/A	#N/A	FALSE	#N/A	#N/A	
7		#N/A以外	#NAME?	FALSE	#NAME?	#NAME?	
8	論理値		TRUE	FALSE	#VALUE!	#VALUE!	
9	空白セル			FALSE	FALSE	TRUE	
10							

06-02

関連 ISNUMBER ······················· P.205

ISBLANK イズ・ブランク

対象が空白セルかどうか調べる

書式 ISBLANK(対象)

計算例 ISBLANK(A1)
セル[A1]にデータが入力されていない場合に[TRUE]を返す。

機能 ISBLANK関数は、[対象]が空白セルかどうかを調べます。空白セルの場合に[TRUE]を返します。ただし、見た目の空白は[TRUE]になりません。
表示されない0(ゼロ値)については、P.71のMEMOを参照してください。
また、

```
=IF(ISBLANK(A1),"",A1)
```

という数式の使い方もできます。この場合、セル[A1]が[TRUE](空白)のときは「""」(空白)を表示し、[FALSE](空白ではない)のときは「A1」を表示します。

使用例 空白に見えるセルのISBLANK関数の戻り値

下表では、B列のデータを調べています。セル[B3]には数値の「0」が入っていますが、[0]を表示しない設定にしているため、見た目が空白です。セル[B4]には Space を押した空白文字が入っています。ともに、ISBLANK関数の結果は[FALSE]となり、「セルは空白ではない」ことが確認できます。

C2 =ISBLANK(B2)

	A	B	C	D
1	テスト値		ISBLANK関数	
2	空白セル		TRUE	
3	表示されないゼロ		FALSE	
4	空白文字の入力		FALSE	
5	空白以外の値	ABC	FALSE	
6				

06-03

関連 COUNTBLANK ……………………P.86

情報　IS 関数　2016 2019 2021 365

ISLOGICAL イズ・ロジカル

対象が論理値かどうか調べる

書　式　ISLOGICAL(対象)

計算例　ISLOGICAL(FALSE)
データ [FALSE] は論理値なので [TRUE] を返す。

機　能　ISLOGICAL関数は、[対象] が論理値かどうかを調べます。論理値（TRUEやFALSE）の場合に [TRUE] を返します。なお、[対象] に [TRUE] や [FALSE] を直接指定しても [TRUE] になりますが、二重引用符を付けて ["TRUE"] とすると文字列とみなされて [FALSE] が返されます。

情報　IS 関数　2016 2019 2021 365

ISFORMULA イズ・フォーミュラ

セルに数式が含まれているかどうか調べる

書　式　ISFORMULA(対象)

計算例　ISFORMULA(A3)
セル [A3] に数式が含まれていれば [TRUE] を返す。

機　能　ISFORMULA関数は、[対象] にセルが含まれているかどうかを調べます。指定したセルへの参照に数式が含まれている場合は [TRUE] を返します。数式が含まれていない場合は [FALSE] を返します。

使用例　数式かどうかを判断する

下表では、A列に対象を指定して、C列に結果を返します。セル [A2] のTODAY関数（=TODAY()）やセル [A5] の「＝100」は数式なので [TRUE] を返します。

06-04

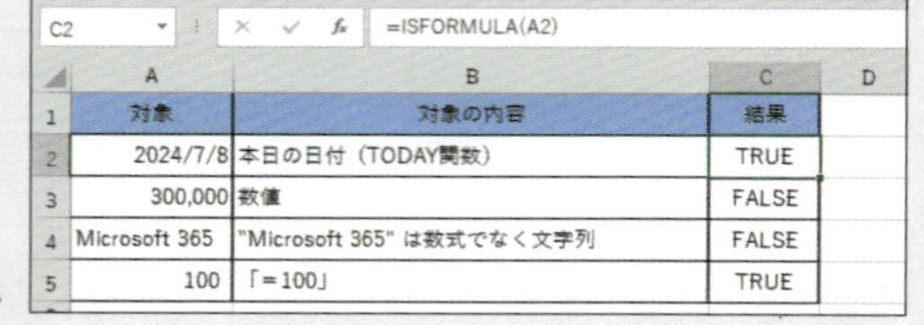

C2　=ISFORMULA(A2)

	A	B	C	D
1	対象	対象の内容	結果	
2	2024/7/8	本日の日付（TODAY関数）	TRUE	
3	300,000	数値	FALSE	
4	Microsoft 365	"Microsoft 365" は数式でなく文字列	FALSE	
5	100	「＝100」	TRUE	

情報 IS関数 2016 2019 2021 365

ISREF イズ・リファレンス

対象がセル参照かどうか調べる

書　式　ISREF(対象)

計算例　ISREF(A1:B3)
[A1：B3]はセル参照なので[TRUE]を返す。

機　能　ISREF関数は、[対象]にセル参照が含まれているかどうかを調べます。セル番地やセル範囲の名前を表す場合に[TRUE]を返します。セル参照が含まれていない場合は[FALSE]を返します。

解　説　セルやセル範囲に名前を定義している場合、[対象]に定義している名前を指定することができます。名前が正しければ、セル参照できるので[TRUE]が返ります。

情報 IS関数 2016 2019 2021 365

ISOMITTED イズ・オミッテッド

LAMBDA関数の引数が省略されているかどうか調べる

書　式　ISOMITTED(引数)

計算例　LAMBDA(x,y,ISOMITTED(x))(,0)
LAMBDA関数の第1引数「x」が省略されているかどうかを調べる。この場合は省略されているので[TRUE]を返す。

LAMBDA(x,y,ISOMITTED(x))(0,0)
この場合は省略されていないので[FALSE]を返す。

機　能　ISOMITTED関数は、LAMBDA関数のヘルパー関数の1つです。LAMBDA関数で定義したカスタム関数の引数が省略されているかどうかを調べます。省略されているときは[TRUE]を、省略されていないときは[FALSE]を返します。

関連 LAMBDA………………………… P.198

情報　エラー値／データ型　2016 2019 2021 365

ISERROR イズ・エラー・オア

対象がエラー値かどうか調べる

書　式　ISERROR(対象)

計算例　ISERROR(#DIV/0!)
データ [#DIV/0!] はエラー値なので [TRUE] を返す。

機　能　ISERROR関数は、[対象] がエラー値かどうかを調べます。エラー値([#VALUE!] [#N/A] [#REF!] [#DIV/0!] [#NUM!] [#NAME?] [#NULL!])の場合に [TRUE] を返します。
下表では、分類のテスト値に対して、エラー値かどうか(ISERROR関数)、エラー値 [#N/A] かどうか(ISNA関数)、エラー値 [#N/A] 以外かどうか(ISERR関数)を調べ、その結果を示しています。

D2　=ISERROR(C2)

	A	B	C	D	E	F	G
1	分類表		テスト値	ISERROR関数	ISNA関数	ISERR関数	
2	文字列		"123"	FALSE	FALSE	FALSE	
3	数値		123	FALSE	FALSE	FALSE	
4		奇数	11	FALSE	FALSE	FALSE	
5		偶数	10	FALSE	FALSE	FALSE	
6	エラー値	#N/A	#N/A	TRUE	TRUE	FALSE	
7		#N/A以外	#NAME?	TRUE	FALSE	TRUE	
8	論理値		TRUE	FALSE	FALSE	FALSE	
9	空白セル			FALSE	FALSE	FALSE	
10							

06-05

関連　ERROR.TYPE ························ P.212

情報　エラー値／データ型　2016 2019 2021 365

ISNA イズ・ノン・アプリカブル

対象がエラー値 [#N/A] かどうか調べる

書　式　ISNA(対象)

計算例　ISNA(#N/A)
データがエラー値 [#N/A] なので [TRUE] を返す。

機　能　ISNA関数は、[対象] がエラー値 [#N/A] の場合に [TRUE] を返します。
使用例は、上段(ISERROR関数)の表を参照してください。

ISERR イズ・エラー

対象がエラー値 [#N/A] 以外かどうか調べる

書　式　ISERR(対象)

計算例　ISERR(#NAME?)
データ [#NAME?] はエラー値 [#N/A] 以外のエラー値なので [TRUE] を返す。

機　能　ISERR関数は、[対象] が「[#N/A] 以外のエラー値」([#VALUE!] [#REF!] [#DIV/0!] [#NUM!] [#NAME?] [#NULL!] [#GETTING_DATA]) の場合に [TRUE] を返します。使用例は、ISERROR関数 (P.210) の表を参照してください。エラー値の種類 (タイプ) を区別したい場合は、ERROR.TYPE関数を利用します。

関連 **ERROR.TYPE** ………………… P.212

NA ノン・アプリカブル

つねにエラー値 [#N/A] を返す

書　式　NA()

計算例　NA()
エラー値 [#N/A] を返す。

機　能　NA関数は、つねにエラー値[#N/A]を返します。[#N/A]は、使用する値がない、数値が見つからない場合などに表示されるエラー値です。
この関数を使わずにセルに直接 [#N/A] と入力しても、エラー値 [#N/A] として認識するため、エラーのセルを参照する計算式の結果はエラーになります。

解　説　計算に使わないセルにあえてNA関数を入力しておけば、誤ってセルを参照した場合にエラーを発生できます。単なる空白セルではエラーが発生しませんが、この方法にするとセル参照の間違いに気づくので、入力ミスを確認する手段としても利用できます。

情報 エラー値／データ型 2016 2019 2021 365

ERROR.TYPE エラー・タイプ

エラー値のタイプを調べる

書　式　ERROR.TYPE(エラー値)

計算例　ERROR.TYPE(#NULL!)
エラー値 [#NULL!] の種類を数値 [1] で返す。

機　能　ERROR.TYPE関数は、エラー値を数値に変換して返します。エラー値と戻り値は次のように対応しています。

エラー値	戻り値	エラー値	戻り値
#NULL!	1	#NAME?	5
#DIV/0!	2	#NUM!	6
#VALUE!	3	#N/A	7
#REF!	4	その他	#N/A

関連 **ISERROR** ………………………… P.210

情報 エラー値／データ型 2016 2019 2021 365

TYPE タイプ

データの型を調べる

書　式　TYPE(データ)

計算例　TYPE(TRUE)
データ [TRUE] のデータ型を数値 [4] で表示する。

機　能　TYPE関数は、データの型（データの種類）を調べます。引数に指定したセルに入力されているデータ（数値や文字列など）の種類が何か知りたいときに利用します。
指定する値と戻り値の関係は、次のようになります。

データ	戻り値
数値／日付／時刻、未入力	1
文字列	2
論理値（TRUE ／ FALSE）	4
エラー値	16
配列	64

N　ナンバー

引数を対応する数値に変換する

書　式　N(値)

計算例　N(A1)
セル[A1]のデータ[2024/8/10]をシリアル値[45514]に変換する。

機　能　N関数は、[値]が数値の場合はその数値を返し、数値でない場合はそのデータの型(タイプ)に対応する数値を返します。

値	戻り値
数値	そのままの数値
Excel の組み込み書式で表示された日付	日付のシリアル値
TRUE	1
エラー値	指定したエラー値
FALSE ／文字列その他の値	0

使用例　N関数とVALUE関数の戻り値の比較

[値]が数値、日付／時刻、論理値以外の場合は[0]が返されます。[値]から数値を得るにはVALUE関数のほうが適当ですが、エラー値が返されることが多くなります。下表に変換結果の比較表を示します。

E3　=N(C3)

	A	B	C	D	E	F	G
1	種類	分類	例	N関数		VALUE関数	
2				引数入力	セル参照	引数入力	セル参照
3	数値	実数	200	200	200	200	200
4		記号付実数	¥500	#NAME?	500	#NAME?	500
5		日付	2025/1/1	2025	45658	2025	45658
6	論理値	TRUE	TRUE	1	1	#VALUE!	#VALUE!
7		FALSE	FALSE	0	0	#VALUE!	#VALUE!
8	文字列	数値に変換できる	"$123"	0	0	123	#VALUE!
9		数値に変換できない	欠席	0	0	#VALUE!	#VALUE!
10	エラー値		#N/A	#N/A	#N/A	#N/A	#N/A
11	空白セル			エラー	0	エラー	0
12	配列	数値	{1,2,3}	1	0	1	#VALUE!
13		数値に変換できる文字列	{"1","3"}	0	0	1	#VALUE!
14		数値に変換できない文字列	{A,B,C}	エラー	0	エラー	#VALUE!
15							

06-06

関連　VALUE ………………………… P.281

SHEET シート

シートが何枚目かを調べる

書　式　SHEET(**対象**)

計算例　SHEET("WorkSheet")
[Worksheet] という名前のワークシートが、左から何枚目にあるかを返す。

機　能　SHEET関数は、[対象] で指定したシートが何枚目にあるか、その番号を返します。[対象] はシート名もしくはシートへの参照を指定します。
シート名を指定する場合は、「Sheet1」を「"Sheet1"」のように半角のダブルクォーテーション「"」で囲みます（下のMEMO参照）。

使用例

下表は、セル範囲 [A1：A5] の各支店名のワークシートがそれぞれ何番目にあるか、シートの番号を調べています。1番目のシートが「1」となります。
なお、シートの順番を変更すると、結果の番号も変更されます。

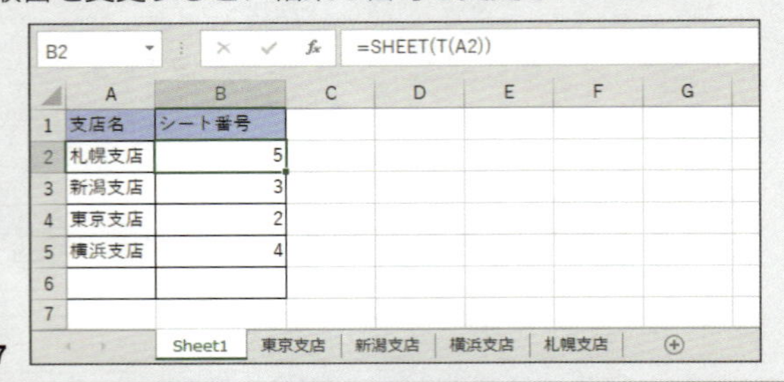

MEMO ｜ 関数や引数の入力

セルに数式を入力する場合、関数やその引数は大文字で入力しても小文字で入力しても同じように扱われます。ただし、文字を表示させるために半角のダブルクォーテーション「"」で囲んだ文字は入力したまま取り扱われるので、大文字と小文字を区別する必要があります。

```
=SUM(A1:A10)
=sum(a1:a10)
```

この２つは同じ数式として扱われます。

SHEETS シーツ

シートの数を調べる

書　式　SHEETS([対象])

計算例　SHEETS(Sheet1:Sheet5!A1)
シート名[Sheet1]から[Sheet5]までのワークシートの数を求める。

機　能　SHEETS関数は、[対象]で指定した2つのシート名の範囲に含まれるシートの数を返します。[対象]を省略した場合は、SHEETS関数を実行したブックに含まれるすべてのシートの数を返します。ブックに多数のシートを作成している場合など、一部のシートを非表示にしていたり、シート名を変更したりしていると、シートの数がいくつあるかわかりにくくなります。こういった場合に、SHEETS関数を利用してシート数を数えることができます。

使用例　非表示のシートがある場合にシートの数を数える

[Sheet3]が非表示になっているブックで、指定範囲(Sheet1～Sheet4)のワークシート数と、ブック全体のワークシート数を求めることができます。

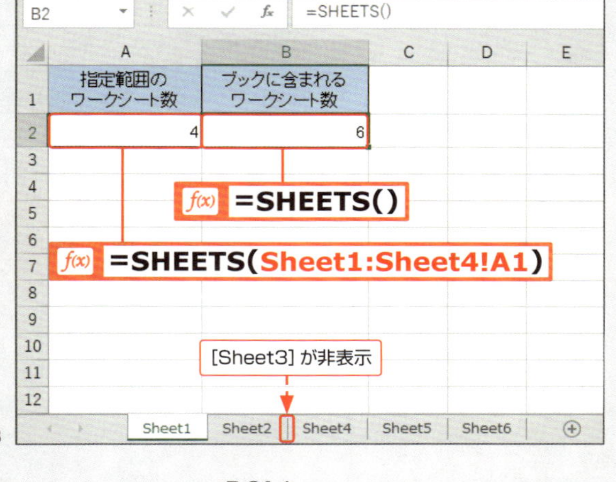

06-08

関連　SHEET ………………………………… P.214

CELL セル

セルの書式／位置／内容を調べる

書　式　CELL(**検査の種類** [, **対象範囲**])

計算例　CELL("address",B1)
セル[B1]のセル番地を絶対参照[$B$1]で返す。

機　能　CELL関数は、［対象範囲］の左上隅にあるセルの書式／位置／内容についての情報を調べます。
CELL関数の戻り値は、表示形式などのセルの設定が変更されても、自動的に更新されません。戻り値を更新するには、関数が入力されたセルを選択して F9 を押します。
［検査の種類］に指定できる内容とCELL関数で返される情報は、次ページの表のようになります。

使用例　セルの表示形式を調べる

右表は、データが入力されたA列のセルに設定されている書式を調べ、セルの表示形式に対応した「書式コード」で表示させています。

06-09

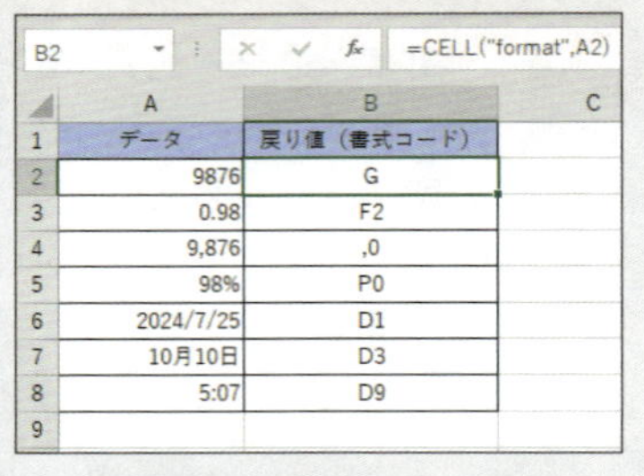

B2　=CELL("format",A2)

	A	B	C
1	データ	戻り値（書式コード）	
2	9876	G	
3	0.98	F2	
4	9,876	,0	
5	98%	P0	
6	2024/7/25	D1	
7	10月10日	D3	
8	5:07	D9	
9			

［検査の種類］に指定した種類によって、戻り値が定められています。"format"と"prefix"を例にその一部を下記に紹介します。

▼"format"を指定した場合

表示形式	戻り値（書式コード）
G/標準	G
0	F0
0.00	F2
#,##0	,0
#,##0.00	,2
0%	P0
0.00%	P2
yyyy/m/d	D1

▼"prefix"を指定した場合

配　置	戻り値（記号）
左揃え	「'」（引用符）
中央揃え	「^」（キャレット）
右揃え	「"」（二重引用符）
両端揃え	「\」（円記号）
その他	「""」（空白文字列）

検査の種類	CELL 関数で返される情報
"address"	引数［対象範囲］の左上隅にあるセル番地を絶対参照で表示
"col"	引数［対象範囲］の左上隅にあるセルの列番号
"color"	負の数を色で表す書式がセルに設定されていれば［1］、そうでなければ［0］
"contents"	引数［対象範囲］の左上隅にあるセルの内容
"filename"	引数［対象範囲］を含むファイルの名前（絶対パス名）。引数［対象範囲］を含むファイルが保存されていない場合は空白文字列「""」
"format"	セルの表示形式に対応する負の数を色で表す書式がセルに設定されている場合、結果の文字列定数の末尾に「-」が付く。正の数またはすべての値をカッコで囲む書式がセルに設定されている場合、結果の文字列定数の末尾に「()」が付く
"parentheses"	正の数あるいはすべての値をカッコで囲む書式がセルに設定されていれば［1］、そうでなければ［0］
"prefix"	セルに入力されている文字列の配置に対応する文字列定数。セルに文字列以外のデータが入力されているときや、セルが空白であるときは空白文字列「""」、セルが左詰めまたは均等配置の文字列を含む場合は「'」、セルが右詰めの文字列を含む場合は「"」、セルが中央配置の文字列を含む場合は「^」、セルが繰り返し配置の文字列を含む場合は「¥」
"protect"	セルがロックされていなければ［0］、されていれば［1］
"row"	引数［対象範囲］の左上隅にあるセルの行番号
"type"	セルに含まれるデータのタイプに対応する文字列定数。セルが空白のときは「b」（Blank の頭文字）、セルに文字列定数が入力されているときは「l」（Label の頭文字）、その他の値が入力されているときは「v」（Value の頭文字）
"width"	小数点以下を切り捨てた整数のセル幅。セル幅の単位は、標準のフォントサイズの 1 文字の幅と等しくなる

MEMO | 情報関数の応用的な利用

情報関数は、関数を使って複雑な仕組みのワークシートを作成するときに役立ちます。TYPE関数でセルに入力されているデータの種類を把握したり、INFO関数で利用者の環境情報を確認したりすることによって、情報関数を使わない限りは目視では確認できない部分の情報を可視化できます。
また、情報関数は作成中の不具合の特定にも使えます。IFERRORなどの論理関数でもエラーの有無は確認できますが、エラーに関するより多くの情報を取得したいときにはERROR.TYPE関数などの情報関数を使いましょう。エラーの種類を判別できるので、その後の修正が容易になります。これらは同じ数式として扱われます。

INFO インフォ

Excelの動作環境を調べる

書　式　INFO(検査の種類)

計算例　INFO("DIRECTORY")
作業中のブックのディレクトリのパス名を表示する。

機　能　INFO関数は、現在の動作環境についての情報を返します。INFO関数の戻り値は、表示形式などのセルの設定が変更されても、自動的に更新されません。戻り値を更新するには、関数が入力されたセルを選択して F9 を押します。
[検査の種類] に指定できる内容と戻り値の情報は、表のようになります。

検査の種類	戻り値が戻す情報	戻り値の例
"DIRECTORY"	現在のディレクトリまたはフォルダーのパス名	C:\Users\ 技評太郎 \Documents\
"NUMFILE"	作業中のワークシート	3
"ORIGIN"	左上隅の可視セル(絶対参照)	$A:$A$1
"OSVERSION"	オペレーティングシステムのバージョン	Windows（64-bit）NT 10.00
"RECALC"	再計算モード	自動
"RELEASE"	Microsoft Excel のバージョン	16.0
"SYSTEM"	Excel の運用環境	pcdos

使用例　バージョンを調べる

下表は、使用しているOSやExcelのバージョン、ワークシート数などを調べています。使用している環境によって、表示は変更されます。

	A	B
1	情 報	戻り値
2	作業中のワークシート	2
3	OSのバージョン	Windows (64-bit) NT 10.00
4	Excelのバージョン	16.0
5	運用環境	pcdos
6		
7		
8		

06-10

第7章

検索／行列

Excelの検索／行列関数は、表から指定したデータを検索して抽出したり、同じデータをまとめて抽出したり、指定したセルの行番号や列番号、指定したセルの相対位置を求めたり、相対位置を指定したりすることができます。
このほか、表のデータの順序を指定して並べ替える、企業の株価を取り出す、国や地域のさまざまな情報も関数で調べるといったことができます。

VLOOKUP ブイ・ルックアップ

縦方向に検索して値を抽出する

書　式　VLOOKUP(検索値, 範囲, 列番号, 検索方法)

計算例　VLOOKUP(101, 表１,2,0)
セル範囲［表1］において、左端の列の［101］を探して、その行の［2列目］の値を返す。

機　能　VLOOKUP関数は、［範囲］の左端列を縦に検索して［検索値］と一致する値を探し、それが見つかると、その行と［列番号］で指定した列が交差するセルの値を返します。［検索値］の検索方法には、検索値と一致する値を抽出する「一致検索」と、検索値と一致する値がない場合に最も近い値を抽出する「近似検索」があります。［検索方法］に［0］を指定すると「一致検索」、［1］を指定するか省略すると「近似検索」になります（P.221のMEMO参照）。

使用例　商品コードから商品名と価格を検索する

下表では、商品コードを利用して商品名や価格を抽出しています。

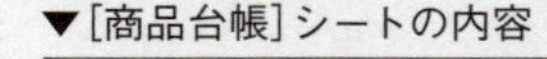
▼［商品台帳］シートの内容

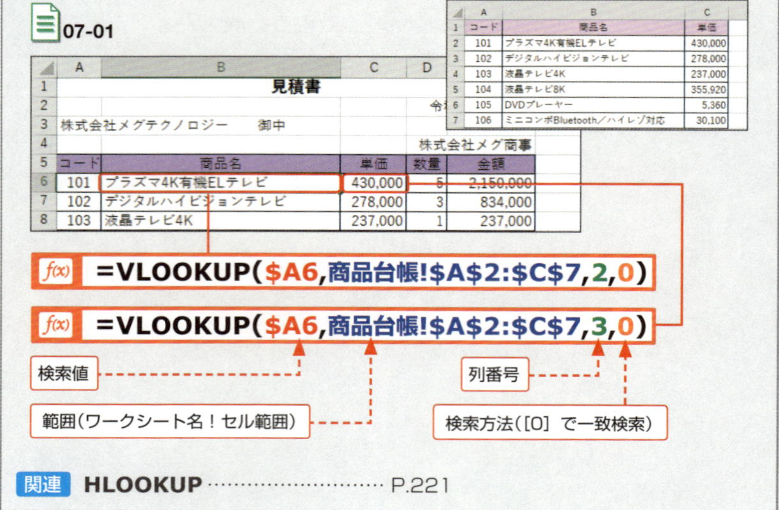

07-01

	A	B	C
1	コード	商品名	単価
2	101	プラズマ4K有機ELテレビ	430,000
3	102	デジタルハイビジョンテレビ	278,000
4	103	液晶テレビ4K	237,000
5	104	液晶テレビ8K	355,920
6	105	DVDプレーヤー	5,360
7	106	ミニコンポBluetooth／ハイレゾ対応	30,100

	A	B	C	D	E
1		見積書			
2				令	
3	株式会社メグテクノロジー　御中				
4				株式会社メグ商事	
5	コード	商品名	単価	数量	金額
6	101	プラズマ4K有機ELテレビ	430,000	5	2,150,000
7	102	デジタルハイビジョンテレビ	278,000	3	834,000
8	103	液晶テレビ4K	237,000	1	237,000

関連　HLOOKUP ………………………… P.221

HLOOKUP エイチ・ルックアップ

横方向に検索して値を抽出する

書　式　HLOOKUP(検索値, 範囲, 行番号, 検索方法)

計算例　HLOOKUP(101, 表1 ,2,0)
セル範囲［表1］において、上端の行の［101］を探して、その列の［2行目］の値を返す。

機　能　HLOOKUP関数とVLOOKUP関数の違いは、次のとおりです。どちらの関数を使うほうが便利かは、表が縦長か横長かによります。

●VLOOKUP関数
［範囲］の「左端列を縦に検索」して、［検索値］と一致する値がある行で［列番号］で指定した列のセルの値を返します。

●HLOOKUP関数
［範囲］の「上端行を横に検索」して、［検索値］と一致する値がある列で［行番号］で指定した行のセルの値を返します。

どちらの関数も、［検索値］用のデータ列や行より左側の列や上側の行の値を検索することはできません。
よって、［検索値］用のデータ列や行は、［範囲］の左端、上端に配置します。

MEMO｜2つの「検索方法」

VLOOKUP関数やHLOOKUP関数の［検索値］の検索方法には、「一致検索」と「近似検索」の2種類があります。

関数の種類		VLOOKUP	HLOOKUP
検索の種類		一致検索	近似検索
引数の指定		［FALSE］または［0］	［TRUE］または［1］または省略
［検索値］が完全に一致するデータが	ある場合	検索値が完全に一致したデータが抽出される	
	ない場合	エラー値［#N/A］が戻る	［検索値］未満で最も大きい値が戻る
［範囲］のデータの並べ方		［検索値］は［範囲］の左端列または上端列に配置する	正しい結果を得るため、［検索値］の行・列のデータは「昇順」に並べ替えておく

LOOKUP … ベクトル形式 ルックアップ

1行／1列のセル範囲を検索して対応する値を求める

書　式　LOOKUP(**検査値**, **検査範囲**, **対応範囲**)

機　能　LOOKUP関数では、「ベクトル形式」と「配列形式」の2つがあります（下のMEMO参照）。ベクトルとは1行あるいは1列からなるセル範囲のことです。
ベクトル形式のLOOKUP関数では、[検査範囲]から[検査値]を検索します。その検査値が見つかると、その位置に対応した[対応範囲]のセルの値を抽出します。

使用例　検索列とデータ列が離れている場合の検索

下表では、検索列を月数に、英語表記をデータ列に設定して、検査値[5]に対応する英語表記を抽出しています。

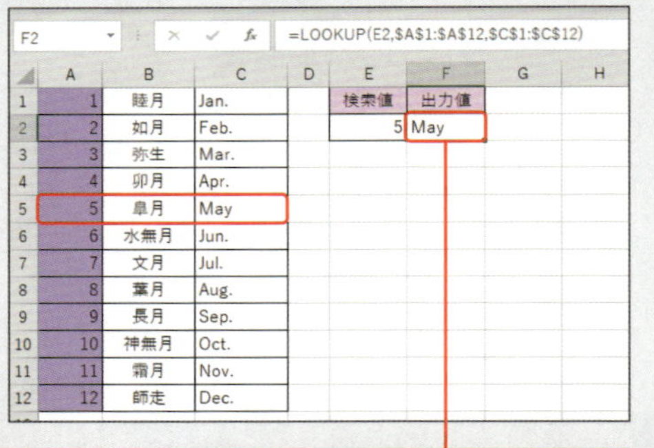
F2　=LOOKUP(E2,$A$1:$A$12,$C$1:$C$12)

	A	B	C	D	E	F	G	H
1	1	睦月	Jan.		検索値	出力値		
2	2	如月	Feb.		5	May		
3	3	弥生	Mar.					
4	4	卯月	Apr.					
5	5	皐月	May					
6	6	水無月	Jun.					
7	7	文月	Jul.					
8	8	葉月	Aug.					
9	9	長月	Sep.					
10	10	神無月	Oct.					
11	11	霜月	Nov.					
12	12	師走	Dec.					

07-02

f(x) =LOOKUP(E2,$A$1:$A$12,$C$1:$C$12)

MEMO｜LOOKUP 関数の使い分け

一般的には、HLOOKUP関数やVLOOKUP関数がよく使われますが、2種類のLOOKUP関数にも利点があります。

●ベクトル形式
ベクトル形式のLOOKUP関数では、[検査範囲]から[検査値]を検索し、それが見つかった位置に対応した[対応範囲]のセルです。
ベクトルとは、1行あるいは1列からなるセル範囲です。ベクトル形式は、VLOOKUP関数やHLOOKUP関数の行・列の幅をなくした代わりに、[検査値]に整数だけでなく実数が利用できます。また、[対応範囲]を別指定するので、[検査範囲]より左側の列や上側の行での検索も可能です。

LOOKUP … 配列形式 ルックアップ

縦横の長い行または列で検索して対応する値を求める

書　式　LOOKUP(**検査値**, **配列**)

機　能　LOOKUP関数では、「ベクトル形式」と「配列形式」の2つがあります(下のMEMO参照)。配列形式のLOOKUP関数では、縦横を指定しなくても、「縦横の長いほうの辺の行または列で検索」して、その対辺の行または列にあるデータを表示します。

使用例　表の縦横を指定しない検索

下表では、長いほうの辺、つまりA列のセル範囲 [A1:A12] で検索し、見つかった値の対辺の英語表記を返します。

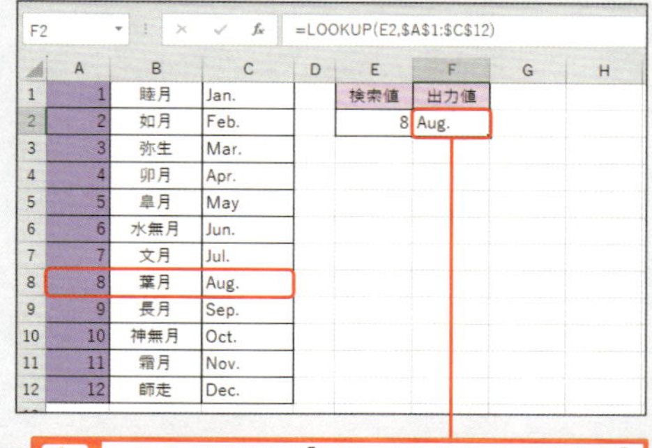

F2　=LOOKUP(E2,$A$1:$C$12)

	A	B	C	D	E	F	G	H
1	1	睦月	Jan.		検索値	出力値		
2	2	如月	Feb.		8	Aug.		
3	3	弥生	Mar.					
4	4	卯月	Apr.					
5	5	皐月	May					
6	6	水無月	Jun.					
7	7	文月	Jul.					
8	8	葉月	Aug.					
9	9	長月	Sep.					
10	10	神無月	Oct.					
11	11	霜月	Nov.					
12	12	師走	Dec.					

07-03

f(x) =LOOKUP(E2,$A$1:$C$12)

●配列形式
一方、配列形式のLOOKUP関数は、ほかの表計算ソフトとの互換性を維持するために用意されています。[配列] の上端行あるいは左端列の長いほう（長さが縦横同じ場合は先頭列）から [検査値] を検索して、検査値が見つかると、下方向あるいは右方向の最終セルの値を返します。

●関数の使い分け
LOOKUP関数は、VLOOKUP関数またはHLOOKUP関数で代用できますが、ベクトル形式には [検査範囲] と [対応範囲] が連続している必要がないこと、配列形式には縦横の指定がないこと、つまりVLOOKUP関数／HLOOKUP関数のような使い分けが不要という特徴があります。

XLOOKUP エックス・ルックアップ

セル範囲から指定した情報を検索する

書　式　XLOOKUP(検索値, 検索範囲, 戻り値範囲 [, 見つからない場合] [, 一致モード] [, 検索モード])

計算例　XLOOKUP(検索商品名, 検索対象商品名, 商品在庫数)
[検索商品名]に入力されている商品名を[検索対象商品名]が入力されているセル範囲から検索し、[商品在庫数]に入力されている検索した商品名の在庫数を表示する。

機　能　表や指定したセルの範囲や配列から行ごとに情報を検索する場合は、XLOOKUP関数を使用します。この関数は1行ごとに入力された値や文字を1つの集まり(レコード)として扱い、検索値で検索して一致した行の指定した列の値を返します。
[見つからない場合]は、検索値がデータ内にない場合に表示する値(あるいは文字列)を指定します。省略した場合はエラー値[#N/A]が返されます。
[一致モード]は、検索結果の一致の種類を指定します。省略可能で、省略した場合は「0」になります。

0	完全一致
−1	完全一致または次に小さい項目
1	完全一致または次に大きい項目
2	ワイルドカード文字との一致

[検索モード]は、検索範囲または検索配列内で検索する順序を指定します。省略した場合は「1」になります。

1	範囲または配列の先頭から末尾へ検索
−1	範囲または配列の末尾から先頭へ検索
2	バイナリ検索(範囲または配列内を昇順で並べ替えた状態で検索)
−2	バイナリ検索(範囲または配列内を降順で並べ替えた状態で検索)

07-04

G2　=XLOOKUP(F2,A2:A6,D2:D6)

	A	B	C	D	E	F	G
1	商品名	商品コード	単価	商品在庫数		検索商品名	在庫数
2	パソコン	1001	130,800	7		プリンター	6
3	ノートパソコン	1002	124,000	13			
4	プリンター	1003	54,500	6			
5	スキャナー	1004	39,800	5			
6	外付けHDD	1005	12,800	24			
7							

1 数学／三角　2 統計　3 日付／時刻　4 財務　5 論理　6 情報　7 検索／行列　8 データベース　9 文字列操作　10 エンジニアリング　11 キューブ／Web　12 互換性関数

CHOOSE チューズ

引数リストから指定した位置の値を取り出す

書　式　CHOOSE(インデックス [, 値1] [, 値2] [, 値3,…])

計算例　CHOOSE(2,"A","B",…,"AC")
引数リストに入力した[A]～[AC]の中から、[2番目]の値である[B]を返す。

機　能　P.220～P.224までに解説した関数は、ワークシート上にデータを記述するものでしたが、CHOOSE関数は引数リストを内部に持ちます。引数の[値]には、1～254個のいずれかの数値またはセル参照を指定します。

使用例　表示形式ではなく関数を使って日付の曜日を表示する

下表では、日付に対しての曜日を表示するために、[年][月][日]を表す数値をDATE関数に入力して日付を算出します。その日付をWEEKDAY関数に代入して、曜日の番号を算出します。さらにその曜日の番号から曜日の文字列を、CHOOSE関数で算出しています。

```
=CHOOSE(WEEKDAY(DATE($A$1,$A$2,A5)),
 "日","月","火","水","木","金","土")
```

B5　=CHOOSE(WEEKDAY(DATE($A$1,$A$2,A5)),"日","月","火","水","木","金","土")

	A	B	C	D	E	F
1		2024	年			
2		8	月			
3						
4	日付		出社時刻	退社時刻	昼休み	勤務時間
5	1	木				
6	2	金				
7	3	土				
8	4	日				
9	5	月				
10	6	火				
11	7	水				
12	8	木				
13	9	金				
14	10	土				

07-05

MEMO | レコード

1行ごとに入力された値や文字データの集まりを「レコード」といいます。

INDEX インデックス

セル範囲から指定した番地の値を取り出す

書　式　INDEX(範囲, 行番号, 列番号 [, 領域番号])

計算例　INDEX(表1 , 表2,5,3,2)
2つの表のうち、領域番号で指定した［表2］の、［5行目］と［3列目］が交差する位置のデータを返す。

機　能　INDEX関数には、「セル範囲形式」と「配列形式」の2種類があります。配列形式のINDEXでは、引数に配列定数を利用できるうえ、計算結果を配列形式で返すことができます。セル範囲形式のINDEXでは、不連続なセル範囲をまとめて検索することができます。
縦横に碁盤の目のように並んで入力されているデータから、行の位置と列の位置をそれぞれ指定（あるいはさらに複数の領域から［領域番号］を利用して指定）して、その行と列の交差する位置の値あるいはセル参照を抽出する場合は、（「セル範囲形式」の）INDEX関数を利用します。

使用例　曜日とシフト名を指定して担当者を抽出する

下表では、曜日とシフト名から、その担当者を抽出しています。なお、曜日とシフト名の入力の代わりに、HLOOKUP関数とVLOOKUP関数を使って、行／列に指定している番号を入力し、曜日とシフト名を表示しています。

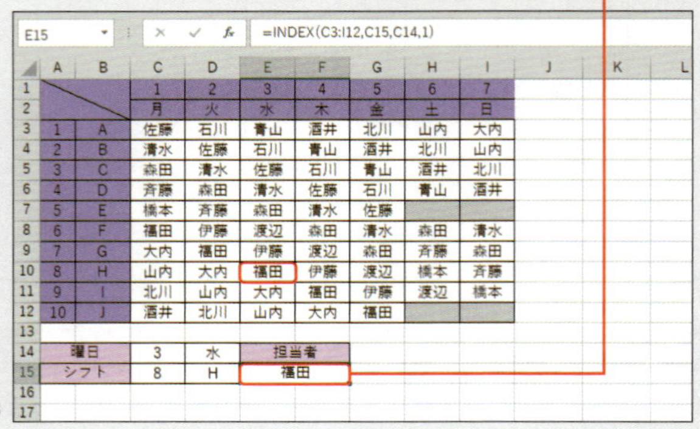
=INDEX(C3:I12,C15,C14,1)

E15　=INDEX(C3:I12,C15,C14,1)

	A	B	C	D	E	F	G	H	I
1			1	2	3	4	5	6	7
2			月	火	水	木	金	土	日
3	1	A	佐藤	石川	青山	酒井	北川	山内	大内
4	2	B	清水	佐藤	石川	青山	酒井	北川	山内
5	3	C	森田	清水	佐藤	石川	青山	酒井	北川
6	4	D	斉藤	森田	清水	佐藤	石川	青山	酒井
7	5	E	橋本	斉藤	森田	清水	佐藤		
8	6	F	福田	伊藤	渡辺	森田	清水	森田	清水
9	7	G	大内	福田	伊藤	渡辺	森田	斉藤	森田
10	8	H	山内	大内	福田	伊藤	渡辺	橋本	斉藤
11	9	I	北川	山内	大内	福田	伊藤	渡辺	橋本
12	10	J	酒井	北川	山内	大内	福田		
13									
14	曜日		3	水	担当者				
15	シフト		8	H	福田				

07-06

MATCH マッチ

検索した値の相対位置を求める

書　式　MATCH(**検査値**, **検査範囲** **[, 照合の種類]**)

計算例　MATCH(50, **表1** ,0)
[表1] から検査値 [50] を検索し、そのデータが [表1] の上端または左端から数えてどの位置にあるかを返す。

機　能　MATCH関数は、[照合の種類] に従って [検査範囲] 内を検索し、[検査値] と一致するデータの相対的な位置を表す数値を求めます。[検査値] の位置を知りたい場合には、この関数を利用します。
[照合の種類] に [0] を指定すると一致する値を検索し、[1] を指定すると [検査値] 以下の最大値 ([検査範囲] は昇順並び) を検索し、[-1] を指定すると [検査値] 以上の最小値 ([検査範囲] は降順並び) を検索します。

使用例　得点の順位に対応する受験番号を抽出する

下表では、得点の順位に対する受験番号を抽出しています。RANK関数では順位付け、LARGE関数では得点の大きな順位の抽出ができますが、「順位の上から数えた位置」がわかれば、受験番号から氏名を抽出できるので、MATCH関数を利用します。

C14　=MATCH(A14,$D$2:$D$11,0)

	A	B	C	D
1	番号	氏名	総合	順位
2	1	秋葉 光星	245	5
3	2	加藤 彩佳	217	6
4	3	矢野 駿介	296	3
5	4	荻原 夏海	329	2
6	5	永井 陽葵	390	1
7	6	坂下 祐樹	215	8
8	7	金沢 侑史	193	9
9	8	品田 健太郎	177	10
10	9	R.Johnson	269	4
11	10	渡辺 大輝	217	6
12				
13	順位	総合	番号	氏名
14	1	390	5	永井 陽葵
15	2	329	4	荻原 夏海
16	3	296	3	矢野 駿介
17	4	269	9	R.Johnson
18	5	245	1	秋葉 光星

この中での順位の位置を調べるのに、MATCH関数を利用します。

07-07

f(x) =MATCH(A14,$D$2:$D$11,0)

XMATCH エックス・マッチ

セルやセル範囲からの相対位置の値を求める

書　式　XMATCH(**検索値**, **検索範囲** [, **一致モード**] [, **検索モード**])

計算例　XMATCH(**目標金額**, **売上金額**, 1)

[売上金額] の範囲の中から、[目標金額] の値に一致または [目標金額] より大きなはじめの値の位置（[売上金額] の範囲の行の相対的な位置）を返す。

機　能　XMATCH関数は、検索対象の中から値を検索して、その値に一致または一致モードで指定した条件を満たす値の入力されている行の相対的な位置を調べます。
検索対象の値および検索値は数値だけでなく文字列を使うことができ、ワイルドカードで検索することもできます。
[一致モード] は、検索結果の一致の種類を指定します。省略可能で、省略した場合は「0」になります。

0	完全一致
−1	完全一致または次に小さい値
1	完全一致または次に大きい値
2	ワイルドカード

[検索モード] は、検索範囲または検索配列内で検索する順序を指定します。省略した場合は「1」になります。

1	範囲または配列の最初から最後まで順番に検索
−1	範囲または配列の最後から最初へ向かって順番に検索（逆検索）
2	バイナリ検索（範囲または配列内を昇順で並べ替えた状態で検索）
−2	バイナリ検索（範囲または配列内を降順で並べ替えた状態で検索）

使用例　目標金額に一致する相対位置を求める

下表では、[売上金額] の中からセル [G2] の目標金額を検索して、一致する商品Noを求めています。ここでは、完全に一致する金額がないため、[一致モード] で指定した次に大きい値の商品Noが表示されます。

H2　=XMATCH(G2,E2:E6,1)

	A	B	C	D	E	F	G	H
1	商品No	品名	単価	販売数	売上金額		目標金額	目標達成商品No
2	1	パソコン	130,800	8	1,151,040		300,000	5
3	2	ノートパソコン	105,000	4	462,000			
4	3	プリンター	54,500	5	299,750			
5	4	スキャナー	39,800	6	262,680			
6	5	外付けHDD	12,800	25	352,000			

07-08

OFFSET オフセット

基準のセルからの相対位置を求める

書　式　OFFSET(基準,行数,列数 [,高さ] [,幅])

計算例　OFFSET(A1,3,4)
基準のセル[A1]から下へ3行、右へ4列だけシフトした位置にあるセル参照を返す。

機　能　OFFSET関数は、[基準]のセル(範囲)から[行数]と[列数]だけシフトした位置にある、[高さ]と[幅]を持つセル範囲の参照(オフセット参照)を求めます。この関数で、あるセルに対して、相対的な位置とサイズを持つ新しいセル範囲を指定できます。
MATCH関数は「値の相対位置」を与えますが、OFFSET関数は「基準のセルからの相対位置のセル参照」を返し、セル参照を引数として使う関数と合わせて利用します。

使用例　集計するセル範囲を数値で指定する

下表では、セル範囲を数値入力で指定して、そのセル範囲の合計を求めています。OFFSET関数は、セル範囲を返すので、これにSUM関数を適用すると、指定したセル範囲の数値の合計が得られます。
この例では、セル範囲[B15:B17]にMATCH関数を利用しています。

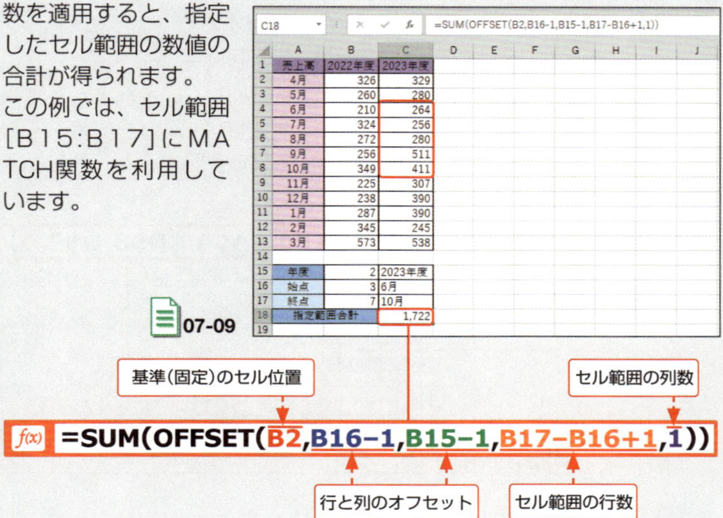
C18　=SUM(OFFSET(B2,B16-1,B15-1,B17-B16+1,1))

	A	B	C
1	売上高	2022年度	2023年度
2	4月	326	329
3	5月	260	280
4	6月	210	264
5	7月	324	256
6	8月	272	280
7	9月	256	511
8	10月	349	411
9	11月	225	307
10	12月	238	390
11	1月	287	390
12	2月	345	245
13	3月	573	538
14			
15	年度	2	2023年度
16	始点	3	6月
17	終点	7	10月
18	指定範囲合計		1,722
19			

検索/行列　セル参照　2016 2019 2021 365

ROW ロウ

セルの行番号を求める

書　式　ROW(**範囲**)

[範囲] に指定したセル範囲の上端の行番号を求める。

機　能　ROW関数は、セルまたはセル範囲の行番号を求めます。指定した [範囲] に対して、[範囲] の上端の行番号を返します。

検索/行列　セル参照　2016 2019 2021 365

COLUMN カラム

セルの列番号を求める

書　式　COLUMN(**範囲**)

[範囲] に指定したセル範囲の左端の列番号を求める。

機　能　COLUMN関数は、セルまたはセル範囲の先頭の行番号を求めます。指定した [範囲] に対して、[範囲] の左端の列番号を返します。

使用例　VLOOKUP関数の列番号を自動調整する

下表では、VLOOKUP関数でD列の情報を参照してH列に表示しています。この場合、普通に列番号を指定しておくと、列を挿入した場合には正しい参照結果が得られませんが、COLUMN関数で列番号を得て（セル [D2]）、そのセルをVLOOKUP関数で参照すると、列を挿入しても、正しい参照結果が得られます。

f(x) =VLOOKUP(F4,$A$4:$D$8,D$2,0)

f(x) =COLUMN()

D2　=COLUMN()

	A	B	C	D	E	F	G	H	I	J	K	L
1												
2	1	2		4								
3	コード	商品名		価格		コード	商品名	価格	数量	合計		
4	101	商品A		1,000		101	商品A	1,000	5	5,000		
5	102	商品B		1,200		103	商品C	1,500	10	15,000		
6	103	商品C		1,500		105	商品E	2,500	3	7,500		
7	104	商品D		2,000		102	商品B	1,200	7	8,400		
8	105	商品E		2,500		104	商品D	2,000	2	4,000		
9						合計金額				39,900		
10												

07-10

関連　VLOOKUP ………………………… P.220

ROWS ロウズ

セル範囲の行数を求める

書式 ROWS(**範囲**)

[範囲] として指定したセル範囲の行数を求める。

機能 ROWS関数は、セルまたはセル範囲の行数を求めます。指定した[範囲]に対して、[範囲]に含まれる行数を返します。使用例は、下段(COLUMNS関数)を参照してください。

検索／行列　セル参照　2016 2019 2021 365

COLUMNS カラムズ

セル範囲の列数を求める

書式 COLUMNS(**範囲**)

[範囲] として指定したセル範囲の列数を求める。

機能 COLUMNS関数は、セルまたはセル範囲の列数を求めます。指定した[範囲]に対して、シート上で[範囲]に含まれる列数を返します。

使用例 リスト形式のデータから行番号や列番号を求める

下表では、コードと商品名、価格の表をもとにレコード数やフィールド数を求めています。セル上にデータがリスト形式などで入力されている場合、レコード部分をセル範囲として選択すると、行数はレコード数、列数はフィールド数に対応します。

07-11

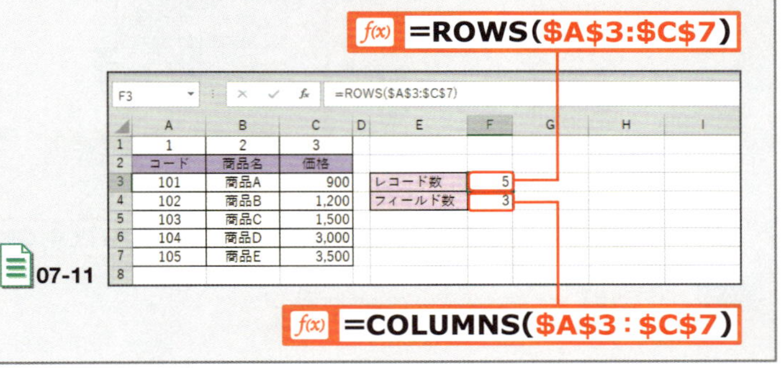

INDIRECT インダイレクト

セル参照の文字列からセルの値を求める

書　式　INDIRECT(参照文字列 [, 参照形式])

計算例　INDIRECT(E6,TRUE)

セル [E6] に入力されている文字列をセルのアドレスとして指定し、対応しているセルの内容を返す。

機　能　INDIRECT関数は、セル参照と同じ形式での文字列（あるいはその文字列が入力されているセル）を [参照文字列] によって指定し、その文字列を介して間接的なセルの指定を行います。INDIRECT関数で返されたセル参照はすぐに計算され、結果としてセルの内容が表示されます。
INDIRECT関数は主に、ADDRESS関数で作成したセル参照文字列を引数として、セル参照を行います。ADDRESS関数で、行番号、列番号、シート名を設定しておくと、ダイナミックなセル参照を記述することができます。

使用例　シート名を入力してデータを表示する

INDIRECT関数とADDRESS関数にOFFSET関数を組み合わせて、シート名に入力してある営業所名を先頭の「集計」シートに入力すると、その営業所の業績だけを表示するしくみを作っています。

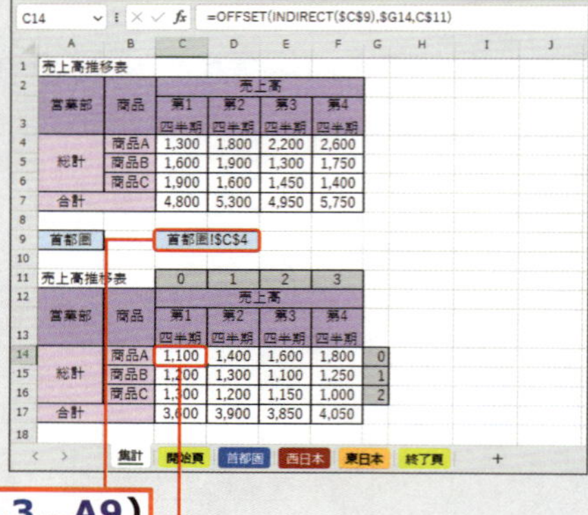

07-12

f(x) =ADDRESS(4,3,,,A9)

f(x) =OFFSET(INDIRECT($C$9),$G14,C$11)

関連　OFFSET ………………………… P.229
ADDRESS ……………………… P.233

ADDRESS アドレス

行番号と列番号をセル参照の文字列に変換する

書式　ADDRESS(行番号, 列番号 [, 参照の型] [, 参照形式] [, シート名])

機能　ADDRESS関数は、[行番号] と [列番号] からセル参照を表す文字列を作成します。[参照の型] で絶対参照 ([1] または省略)、複合参照 ([2] で行固定、[3] で列固定)、相対参照 ([4]) を、[参照形式] で「A1形式/R1C1形式」を指定し、[シート名] で、ほかのシートへの参照を作成できます。使用例は、INDIRECT関数 (P.232) を参照してください。

AREAS エリアズ

範囲／名前に含まれる領域の数を求める

書式　AREAS(範囲)

計算例　AREAS(A1:A10)
セル範囲 [A1:A10] の中にある領域の数を返す。

機能　AREAS関数は、[範囲] に含まれる領域の個数を求めます。領域とは「1つ以上のセルを含むセル範囲」であり、[範囲] の名前に含まれる領域の数も求められます。

使用例　指定した範囲名の領域数を求める

この例では、2乗、3乗、4乗の計算を3つの領域に分けて行い、その領域に名前「累乗」を付けています。「＝AREAS (累乗)」と入力すると、名前「累乗」に含まれる領域の数が求められます。

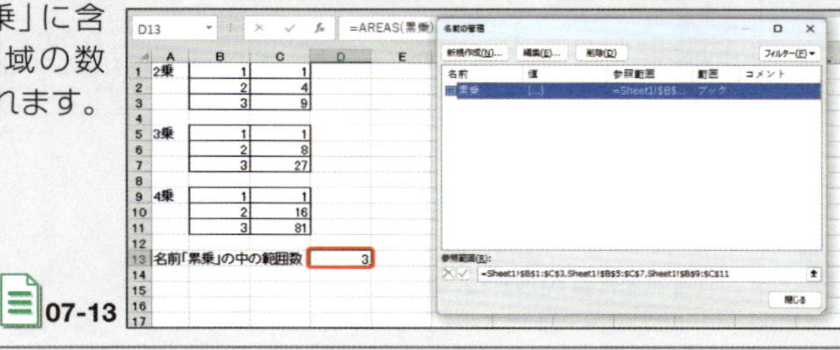

07-13

TRANSPOSE トランスポーズ

セル範囲の行と列を交換する

書　式　TRANSPOSE(配列)

計算例　TRANSPOSE(A1:G10)
配列 [A1:G10] の行と列を入れ替えて返す。

機　能　TRANSPOSE関数は、[配列] に指定したセル範囲（表）の縦方向と横方向を逆転させた値を、配列数式として返します。TRANSPOSE関数を入力するセル範囲と [配列] に指定したもとの表とは、それぞれ列数と行数、行数と列数が一致する必要があります。また、セルの書式は設定し直します。
Excelの「行と列を入れ替えてコピーする」機能を利用した場合は、数式の関係が保持されません。もとの計算結果が変化した場合、その変化はこのTRANSPOSE関数を経由して戻り値に反映されます。

使用例　表の縦横を交換する

下表では、横長の表の行と列を入れ替えて、下に表示しています。この場合、数式を入力後、Ctrl＋Shift＋Enterを押して配列数式として入力する必要があります。
なお、入れ替えた表は、セルの色などは反映されません。

A11　{=TRANSPOSE(A4:J9)}

	A	B	C	D	E	F	G	H	I	J
1	2024	年			月次勤怠表					
2	6	月								
3										
4	日付	曜日	出社時刻	退社時刻	昼休み	勤務時間	遅刻時間	早退時間	残業時間	合計
5	1	土	10:00	17:30	1:00	7:30	0:00	1:00	0:00	6:30
6	2	日	10:00	20:30	1:00	8:30	0:00	0:00	0:00	9:30
7	3	月	9:30	16:00	1:00	6:30	0:00	0:00	0:00	0:00
8	4	火			1:00	0:00	0:00	0:00	0:00	0:00
9	5	水	10:05	19:30	1:00	8:25	0:05	0:00	0:00	8:25
10										
11	日付	1	2	3	4	5				
12	曜日	土	日	月	火	水				
13	出社時刻	10:00	10:00	9:30	0:00	10:05				
14	退社時刻	17:30	20:30	16:00	0:00	19:30				
15	昼休み	1:00	1:00	1:00	1:00	1:00				
16	勤務時間	7:30	8:30	6:30	0:00	8:25				
17	遅刻時間	0:00	0:00	0:00	0:00	0:05				
18	早退時間	1:00	0:00	0:00	0:00	0:00				
19	残業時間	0:00	0:00	0:00	0:00	0:00				
20	合計	6:30	9:30	0:00	0:00	8:25				
21										

これらのセル範囲は、TRANSPOSE関数でリンクされています。

f(x) {=TRANSPOSE(A4:J9)}

07-14

検索／行列　リンク　2016 2019 2021 365

HYPERLINK ハイパーリンク

ほかのドキュメントへのリンクを作成する

書　式　HYPERLINK(リンク先 [, 別名])

計算例　HYPERLINK("https://gihyo.jp/book","技術評論社")
セルに表示された［技術評論社］をクリックすると、指定したリンク先が開く。

機　能　HYPERLINK関数は、ネットワーク上にあるコンピュータに格納されているファイルへのリンクを作成します。この関数が入力されているセルをクリックすると、［リンク先］のファイルが開きます。［リンク先］には、計算例のようなWebページのURLのほかに、ハードディスク内のファイルやフォルダーのパス名、ほかのブック内にあるセル（セル範囲）、メールアドレスなども指定できます。
なお、HYPERLINKが入力されているセルを選択するには、セルのマウスボタンを1秒以上押し続けます。［別名］には、関数を入力したセルに表示する文字列または数値を指定するか、入力されているセルを指定します。

検索／行列　ピボットテーブル　2016 2019 2021 365

GETPIVOTDATA ゲット・ピボット・データ

ピボットテーブル内の値を抽出する

書　式　GETPIVOTDATA(データフィールド, ピボットテーブル [, フィールド1, アイテム1, フィールド2, アイテム2] ,…)

機　能　GETPIVOTDATA関数は、［ピボットテーブル］内の集計データの中から、指定したセルの値を抽出します。数式は、ピボットテーブルの外にあるセルを利用します。
数式バーに「=」を入力後、ピボットテーブルのセルをクリックすると自動的にGETPIVOTDATAの数式が表示されます。入力する引数位置で、該当するセルをクリックすると指定できます。ピボットテーブルのページの切り替えなどにより、参照しているセルの位置が移動した場合でも、つねに目的のデータを参照することができます。

検索／行列　データ抽出　2016 2019 2021 365

FORMULATEXT フォーミュラ・テキスト

数式を文字列に変換する

書　式　FORMULATEXT(対象)

計算例　FORMULATEXT(A3)
セル[A3]に入力されている数式を、文字列に変換して返す。

機　能　FORMULATEXT関数は、[対象]に入力されている数式を、文字列に変換して返します。
[対象]のセルに数式以外が入力されている場合や空白の場合には、エラー値[#N/A]を返します。

検索／行列　データ抽出　2016 2019 2021 365

RTD アール・ティー・ディー

RTDサーバーからデータを取り出す

書　式　RTD(プログラムID[,サーバー],トピック1[,トピック2],…)

計算例　RTD("HITRTD.RTDReport","Orange","Counter")
コンピュータ「Orange」にある「HITRTD.RTDReport」から「Counter」を取り出す。

機　能　RTD関数は、リアルタイムデータサーバー(RTDサーバー)を呼び出し、データをリアルタイムに取得します。たとえば、ホームページの訪問者数を取得したり、証券の価格を取得したりするなど、時々刻々と変化するデータを扱いたい場合に利用します。このとき、表示が変化するように、ブックの計算方法を「自動」に設定しておきます。

解　説　RTD関数を利用するには、あらかじめRTDサーバーが用意されていることが条件です。RTD関数の利用に際して、プログラムの内容を理解する必要はありませんが、プログラムがどこに(サーバー名)、何という名前(プログラムID)であるのか、そして、取得するデータの名前(トピック)を把握しておく必要があります。

FILTER フィルター

条件を指定してデータを取り出す

書　式　FILTER(範囲, 条件 [, 空の場合])

計算例　FILTER(データ範囲, 商品名, パソコン)

[データ範囲] で指定した範囲の中にある [商品名] のデータが入力されている範囲から、商品名が [パソコン] の行のデータを抽出し、行ごとに表示する。

機　能　FILTER関数は、指定された範囲の中から検索条件に一致したデータのある行を抽出し、FILTER関数の入力された位置から行ごとにデータを表示します。抽出するデータがない場合は [空の場合] で指定した値（または文字列）を表示します。[空の場合] を省略、検索値を空欄もしくは検索対象にない値を指定すると、エラー値 [#CALC!] が返ります。

使用例　検索商品に一致する情報を表示する

下表では、検索値で抽出するセル範囲 [A2：C11] で、検索する商品名が入力されているセル範囲 [C2：C11] の中からセル [G1] に指定された検索商品の [プリンター] を検索し、一致するデータが入力されている行をセル [F4] の位置から順に表示します。
データはスピル機能（P.354参照）によって自動的に表示されます。なお、表の書式は自動的に設定されないので、あらかじめ設定をしておく必要があります。

F4　=FILTER(A2:D11,C2:C11=G1)

	A	B	C	D	E	F	G	H	I
1	支店名	担当者	商品名	数量		検索商品	プリンター		
2	東京	仲田 美咲	パソコン	6					
3	横浜	小野寺 翔太	プリンター	23		支店名	担当者	商品名	数量
4	さいたま	大澤 悠梨	外付けHDD	13		横浜	小野寺 翔太	プリンター	23
5	千葉	榊原 祐樹	モニター	9		さいたま	大澤 悠梨	プリンター	13
6	東京	仲田 美咲	スキャナー	12		東京	仲田 美咲	プリンター	5
7	さいたま	大澤 悠梨	プリンター	13					
8	千葉	榊原 祐樹	外付けHDD	16					
9	東京	仲田 美咲	プリンター	5					
10	横浜	小野寺 翔太	スキャナー	13					
11	さいたま	大澤 悠梨	パソコン	21					
12									

FIELDVALUE フィールド・バリュー

株価や地理のデータを取り出す

書　式　FIELDVALUE(値, フィールド名)

計算例　FIELDVALUE(都市名, 人口)
[都市名]で指定している都市の人口を取り出す。

機　能　FIELDVALUE関数は、株価データや地理データなどリンクされた外部データから、取り出したいデータの種類を指定して取り出します。
なお、データによっては最新値をリアルタイムに反映していない場合もあるので、使用する際は注意が必要です。

使用例　都道府県一覧から指定するデータを取り出す

下表では、都道府県一覧から、関東の都県庁所在地と人口のデータを取り出します(2024年7月末現在、日本語非対応)。

B2　=FIELDVALUE(A2,"Capital")

	A	B	C	D	E
1	都道府県	都道府県庁所在地	人口		
2	Tokyo	Shinjuku	13,929,286		
3	Kanagawa Prefecture	Yokohama	9,199,871		
4	Saitama Prefecture	Saitama	7,335,344		
5	Chiba Prefecture	Chiba	6,278,060		
6	Ibaraki Prefecture	Mito	2,871,199		
7	Tochigi Prefecture	Utsunomiya	1,943,886		
8	Gunma Prefecture	Maebashi	1,937,626		
9					

07-16

解　説　FIELDVALUE関数で株価データや地理データを取り出すには、あらかじめ企業名や都市名などを外部データにリンクしておく必要があります。
外部データにリンクするには、外部データにリンクしたい値が入力されているセル(使用例ではセル[A2]の[Tokyo])を選択して、[データ]タブの[地理]をクリックします。外部データにリンクされて、値の前にアイコンが表示されます。取り出すデータの種類は、[データの挿入]をクリックすると一覧表示されます。また、値の入力されているセルを選択して、Shift+Alt+F10を押して表示させることもできます。なお、使用できるフィールド名は、データを取り出す値によって異なります。

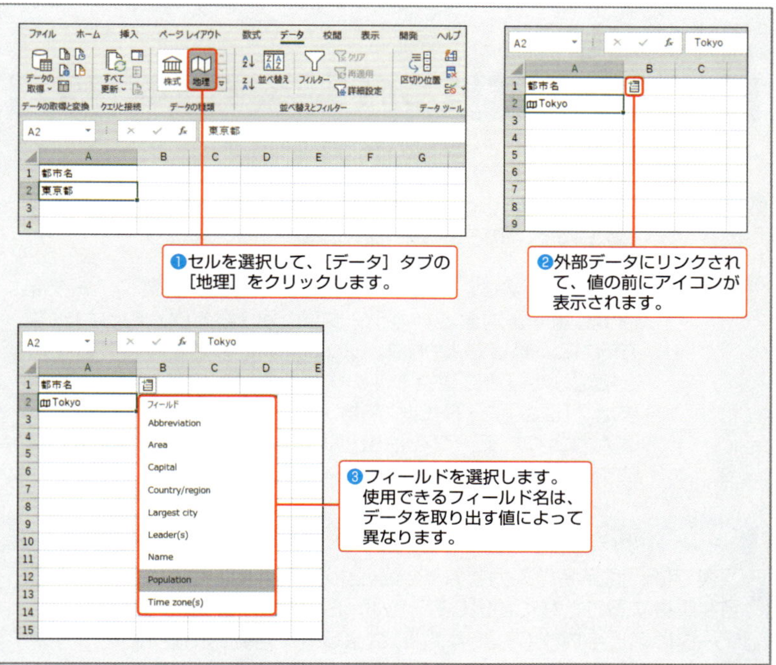

MEMO | データ選択ウィザード

セルに入力した企業名などで対象が複数ある場合は、[データ選択ウィザード] ウィンドウが表示されます。表示された一覧の中から該当するデータ (企業名など) の [選択] をクリックします。なお、表示された企業名などをクリックすると、詳細情報が表示されます。

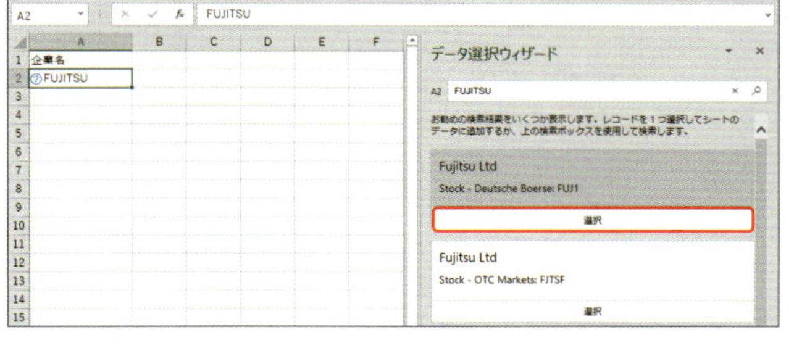

UNIQUE ユニーク

同じデータをまとめる／取り出す

書　式　UNIQUE(**範囲**, **基準の列**, **回数**)

計算例　UNIQUE(**範囲**)
[範囲] で指定した縦方向に入力されているデータから、重複しないすべてのデータを抽出する。

機　能　UNIQUE関数は、指定した範囲の中から重複しないデータを抽出します。対象となるデータは、列（縦方向）または行（横方向）に連続して入力したものです。このとき、[範囲] のみを指定した場合は重複しないすべてのデータを抽出します。また、[回数] に [TRUE] を指定した場合は範囲の中に1つだけ入力されたデータを抽出し、[FALSE] は範囲の重複しないすべての行または列のデータを抽出します。

使用例　指定した範囲の中から重複しないデータを取り出す

下表では、商品名が入力されているセル範囲 [C2：C11] から、商品名を重複することなく抽出して、セル [E2] 以降に表示します。
データはスピル機能（P.354参照）によって、自動的に表示されます。

07-17

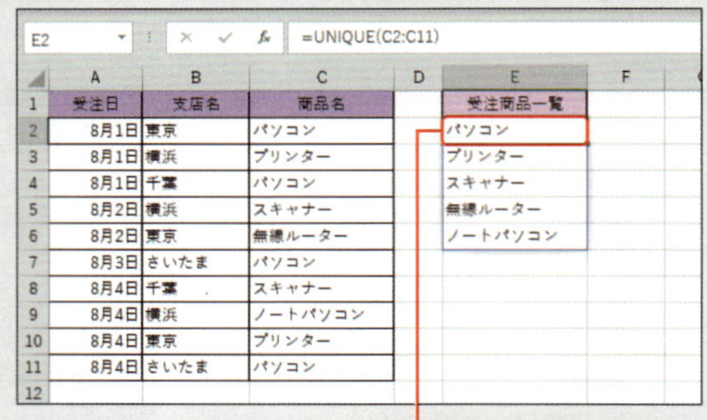
E2　=UNIQUE(C2:C11)

	A	B	C	D	E	F
1	受注日	支店名	商品名		受注商品一覧	
2	8月1日	東京	パソコン		パソコン	
3	8月1日	横浜	プリンター		プリンター	
4	8月1日	千葉	パソコン		スキャナー	
5	8月2日	横浜	スキャナー		無線ルーター	
6	8月2日	東京	無線ルーター		ノートパソコン	
7	8月3日	さいたま	パソコン			
8	8月4日	千葉	スキャナー			
9	8月4日	横浜	ノートパソコン			
10	8月4日	東京	プリンター			
11	8月4日	さいたま	パソコン			
12						

f(x) =UNIQUE(C2:C11)

CHOOSECOLS チューズ・コラムズ

配列から指定した列を取り出す

書　式　CHOOSECOLS(配列, 列番号1[, 列番号2] ,…)

計算例　CHOOSECOLS(A2:E5,1,2,3)
配列 [A2:E5] から3列目までのデータを取り出す。

機　能　CHOOSECOLS関数は、[配列] から [列番号] で指定した順にデータを取り出します。列番号は、配列の先頭列を1列目として位置を指定します。列番号に負の値を指定すると、配列の右端から取り出されます。数値が「0」または配列内の列数を超えた場合は、エラー値 [#VALUE] が返されます。

CHOOSEROWS チューズ・ロウズ

配列から指定した行を取り出す

書　式　CHOOSEROWS(配列, 行番号1[, 行番号2] ,…)

機　能　CHOOSEROWS関数は、[配列] から [行番号] で指定した順にデータを取り出します。行番号は、配列の先頭行を1行目として位置を指定します。行番号に負の値を指定すると、配列の下端から取り出されます。数値が「0」または配列内の行数を超えた場合は、エラー値 [#VALUE] が返されます。

使用例　指定した行のデータを取り出す

ここでは、表の1行目と2行目のデータを取り出しています。データはスピル機能(P.354参照)によって、自動的に表示されます。なお、表の書式は自動的に設定されないので、あとで設定する必要があります。

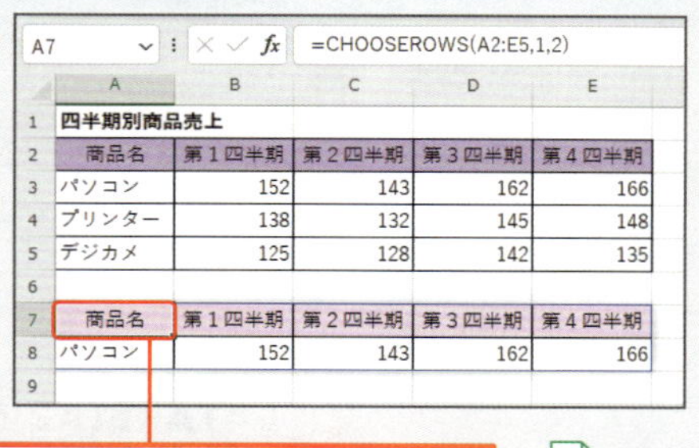
A7 =CHOOSEROWS(A2:E5,1,2)

	A	B	C	D	E
1	四半期別商品売上				
2	商品名	第1四半期	第2四半期	第3四半期	第4四半期
3	パソコン	152	143	162	166
4	プリンター	138	132	145	148
5	デジカメ	125	128	142	135
6					
7	商品名	第1四半期	第2四半期	第3四半期	第4四半期
8	パソコン	152	143	162	166
9					

f(x) =CHOOSEROWS(A2:E5,1,2)

07-18

TAKE テイク

配列から指定した行や列を取り出す

書　式　TAKE(配列, 行 [, 列])

計算例　TAKE(A2:E5,,3)
配列 [A2:E5] から3列までのデータを取り出す。

機　能　TAKE関数は、[配列] の先頭または末尾から、指定した数の連続する行または列のデータを取り出します。
[行] や [列] に正の値を指定すると、配列の上端・左端から取り出されます。負の値を指定すると、配列の下端・右端から取り出されます。省略または配列の行数（列数）以上の値を指定した場合は、すべての行（列）が取り出されます。引数 [行] は必須で、値を指定しなくても「,」（カンマ）は必ず入力します。
[行] または [列] のいずれかが「0」の場合は、エラー値 [#CALC!] が返されます。配列が大きすぎる場合はエラー値 [#NUM] が返されます。

使用例　指定した行と列のデータを取り出す

下表では、四半期別商品売上表から4行、3列までのデータを取り出しています。データはスピル機能（P.354参照）によって、自動的に表示されます。なお、表の書式は自動的に設定されないので、あとで設定する必要があります。

A7　=TAKE(A2:E5,,3)

	A	B	C	D	E	F
1	四半期別商品売上					
2	商品名	第１四半期	第２四半期	第３四半期	第４四半期	
3	パソコン	152	143	162	166	
4	プリンター	138	132	145	148	
5	デジカメ	125	128	142	135	
6						
7	商品名	第１四半期	第２四半期			
8	パソコン	152	143			
9	プリンター	138	132			
10	デジカメ	125	128			

07-19

=TAKE(A2:E5,,3)

関連　DROP P.243

DROP ドロップ

配列から指定した行や列を除外したデータを取り出す

書式 DROP(配列, 行 [, 列])

計算例 DROP(A1:E5,2,1)
配列 [A1:E5] から2行目までと1列目を除外したデータを取り出す。

機能 DROP関数は、配列の先頭または末尾から、指定した数の連続する行または列を除外して、残ったデータを取り出します。[行] や [列] に正の値を指定すると、配列の上端・左端から取り出されます。負の値を指定すると、配列の下端・右端から取り出されます。省略または「0」を指定した場合は、いずれの行(列)も除外されません。引数 [行] は必須で、値を指定しなくても「,」(カンマ)は必ず入力します。
[行] または [列] のいずれかが「0」の場合は、エラー値 [#CALC!] が返されます。配列が大きすぎる場合はエラー値 [#NUM] が返されます。

使用例 表から見出しと番号を除外してデータを取り出す

下表では、試験結果の表から2行目までの見出しと1列目の番号を除外してデータを取り出しています。データはスピル機能(P.354参照)によって、自動的に表示されます。なお、表の書式は自動的には設定されません。

B7　=DROP(A1:E5,2,1)

	A	B	C	D	E	F	G
1	試験結果						
2	番号	氏名	国語	数学	英語		
3	1	石井　智和	78	85	72		
4	2	犬貝　夏海	85	78	62		
5	3	永井　麻由美	68	80	100		
6							
7		石井　智和	78	85	72		
8		犬貝　夏海	85	78	62		
9		永井　麻由美	68	80	100		
10							

07-20

f(x) =DROP(A1:E5,2,1)

関連 TAKE ･････････････････････ P.242

SORT ソート

順序を指定してデータを並べ替える

書　式　SORT(範囲[,並べ替えインデックス][,並べ替え順序][,並べ替え基準])

計算例　SORT(売上表,5,-1,FALSE)

[売上表] で指定した範囲の [5] 列目を、行単位で降順に並べ替える。

機　能　SORT関数は、もとの表を直接並べ替えるのではなく、表はそのままにして、別のセルに並べ替えをした表を作成します。並べ替えは行方向だけでなく、列方向にも行うことができ、昇順／降順の指定もできます。なお、並べ替えを行う範囲はデータのみの範囲を指定し、見出し行を含めることができません。

[並べ替えインデックス] は並べ替えの基準となる行または列を示す値で、省略時は「1」となります。[並べ替え順序] は、昇順(1)もしくは降順(−1)を指定し、省略時は「1」となります。[並べ替え基準] は並べ替えの方向を指定し、行方向は [FALSE](省略時)、列方向は [TRUE] です。

使用例　売上表の価格を降順に並べ替える

下表では、売上表の [税込価格] の列のデータを、降順(売上金額の大きい順)で並べ替えを行います。売上金額が同じ場合は、もとの表で上のほうにある行が先に表示されます。データはスピル機能(P.354参照)によって自動的に表示されます。なお、SORT関数で作成された表は、もとの表の書式は反映されません。

G2　=SORT(A2:E12,5,-1,FALSE)

	A	B	C	D	E	F	G	H	I	J	K
1	月日	商品名	価格	数量	税込価格		月日	商品名	価格	数量	税込価格
2	7月1日	パソコン	79,800	1	87,780		7月4日	パソコン	79,800	3	263,340
3	7月1日	プリンター	24,800	3	81,840		7月2日	パソコン	79,800	2	175,560
4	7月1日	スキャナー	44,800	1	49,280		7月5日	パソコン	79,800	2	175,560
5	7月2日	スキャナー	44,800	2	98,560		7月6日	プリンター	24,800	5	136,400
6	7月2日	パソコン	79,800	2	175,560		7月3日	プリンター	24,800	4	109,120
7	7月3日	プリンター	24,800	4	109,120		7月2日	スキャナー	44,800	2	98,560
8	7月4日	プリンター	24,800	3	81,840		7月1日	パソコン	79,800	1	87,780
9	7月4日	パソコン	79,800	3	263,340		7月1日	プリンター	24,800	3	81,840
10	7月4日	スキャナー	44,800	1	49,280		7月4日	プリンター	24,800	3	81,840
11	7月5日	パソコン	79,800	2	175,560		7月1日	スキャナー	44,800	1	49,280
12	7月6日	プリンター	24,800	5	136,400		7月4日	スキャナー	44,800	1	49,280
13											

07-21

SORTBY ソート・バイ

複数の基準と順序を指定してデータを並べ替える

書　式　SORTBY(範囲,基準1[,順序1][,基準2][,順序3],…)

計算例　SORTBY(売上表,商品名,1,担当者,-1)

[売上表]で指定した範囲から[商品名]を昇順に並べ替えを行い、さらに[担当者]を降順に並べ替える。

機　能　SORTBY関数はもとの表を直接並べ替えるのではなく、表はそのままにして、別のセルに複数の条件で並べ替えた表を作成します。並べ替えは、昇順／降順の指定をすることができます。なお、並べ替えを行う範囲はデータのみの範囲を指定し、見出し行を含めることができません。
[基準]は並べ替えのもとにする範囲で、[順序]は並べ替えの順序を指定します。昇順(1)もしくは降順(-1)で、省略時は「1」です。

使用例　売上表の商品名と担当者で並べ替える

下表では、売上表で指定したセル範囲[A2：C12]をもとに、E列=G列に並べ替えの結果を表示しています。ここでは、最初に[商品名]で昇順に並べ替えを行い、その状態からさらに[担当者]で降順に並べ替えを行っています。データはスピル機能(P.354参照)によって自動的に表示されます。なお、SORTBY関数で作成された表は、もとの表の書式は反映されません。

E2　=SORTBY(A2:C12,A2:A12,1,B2:B12,-1)

	A	B	C	D	E	F	G	H
1	商品名	担当者	税込価格		商品名	担当者	税込価格	
2	パソコン	仲田 美咲	87,780		スキャナー	大澤 悠梨	49,280	
3	プリンター	小野寺 翔太	81,840		スキャナー	小野寺 翔太	49,280	
4	スキャナー	大澤 悠梨	49,280		スキャナー	榊原 祐樹	98,560	
5	スキャナー	榊原 祐樹	98,560		パソコン	仲田 美咲	87,780	
6	パソコン	仲田 美咲	175,560		パソコン	仲田 美咲	175,560	
7	プリンター	大澤 悠梨	109,120		パソコン	仲田 美咲	263,340	
8	プリンター	榊原 祐樹	81,840		パソコン	大澤 悠梨	175,560	
9	パソコン	仲田 美咲	263,340		プリンター	大澤 悠梨	109,120	
10	スキャナー	小野寺 翔太	49,280		プリンター	小野寺 翔太	81,840	
11	パソコン	大澤 悠梨	175,560		プリンター	榊原 祐樹	81,840	
12	プリンター	榊原 祐樹	136,400		プリンター	榊原 祐樹	136,400	
13								

07-22

IMAGE イメージ

URLを指定して画像をセル内に挿入する

書　式　IMAGE(ソース [, 代替テキスト] [, サイズ] [, 高さ] [, 幅])

計算例　IMAGE(B3)
セル [B3] に入力されているURLの画像を挿入する。

機　能　IMAGE関数は、URLを指定して画像を取得し、セルに挿入します。[ソース] には「https://」からはじまるURLを指定します。URLを入力したセルを参照するか、URLを半角の「"」(ダブルクォーテーション) で囲んで直接指定します。
サポートされている画像形式には、BMP、JPG、GIF、TIFF、PNG、ICO、WEBPなどがあります。
[代替テキスト] は、画像の説明を指定します。
[サイズ] は、画像の配置方法を指定します。省略可能で、省略した場合は「0」になります。

0	縦横比を維持してセルに配置
1	縦横比を無視してセルに配置
2	もとの画像サイズで配置
3	指定した [高さ] と [幅] で配置

[高さ] と [幅] はピクセル単位で指定します。一方のみを指定すると、もう一方は縦横比を維持して自動的に挿入されます。

解　説　画像のURLは、Webページ上の画像を右クリックして、表示されるメニューから [画像リンクをコピー] をクリックするとコピーできます。

使用例　Webページから取得した画像を挿入する

下の例では、セル [B3] に入力したURLの画像を取得し、縦横比を維持してセルに挿入しています。

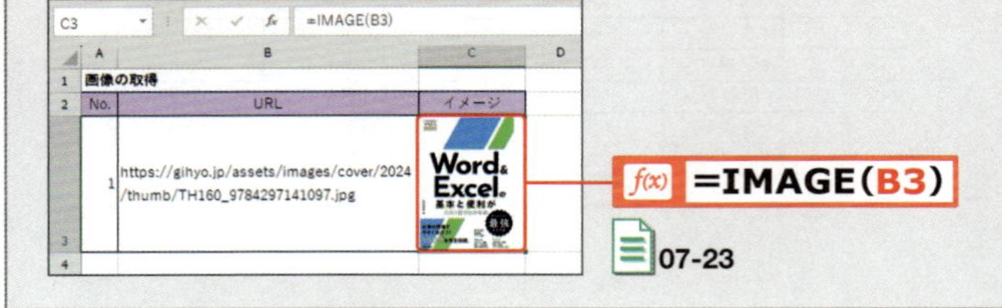

EXPAND エクスパンド

配列を指定した行と列に拡張する

書　式　EXPAND(配列, 行 [, 列] [, 埋め込む値])

計算例　EXPAND(A2:D5,4,6,0)
配列 [A2:D5] のデータを4行6列に拡張する。空いたセルには「0」を表示する。

機　能　EXPAND関数は、[配列] を指定した [行] や [列] のサイズに拡張します。[埋め込む値] には、拡張された空白のセルに表示する値を指定します。省略すると、エラー値 [#N/A] が返されます。[行] や [列] にもとの配列の行数や列数より小さい値を指定すると、エラー値 [#VALUE!] が返されます。

使用例　配列を2列分拡張する

下表では、配列 [A2:D5] の4行4列のデータを4行6列に拡張し、空いたセルには「0」を表示しています。データはスピル機能(P.354参照)によって、自動的に表示されます。
なお、表の書式は自動的には設定されないので、あとから設定する必要があります。

A7　=EXPAND(A2:D5,4,6,0)

	A	B	C	D	E	F
1	月別商品売上数					
2	商品名	4月	5月	6月		
3	パソコン	42	54	51		
4	プリンター	40	38	41		
5	デジカメ	38	41	39		
6						
7	商品名	4月	5月	6月	0	0
8	パソコン	42	54	51	0	0
9	プリンター	40	38	41	0	0
10	デジカメ	38	41	39	0	0
11						

07-24

f(x) =EXPAND(A2:D5,4,6,0)

TOCOL トゥ・カラム

配列を縦1列にして並べる

書　式　TOCOL(配列 [, 無視する値] [, 検索方向])

計算例　TOCOL(A1:D3,,TRUE)
配列[A1:D3]を列でスキャンして縦1列の配列にする。

機　能　TOCOL関数は、[配列]に指定したセル範囲を縦一列に変換して並べます。結果はスピル機能(P.353参照)によって、自動的に表示されます。
[無視する値]は、並べる対象としないデータを指定します。省略可能で、省略した場合は「0」になります。

0	すべての値を保持する
1	空白を無視する
2	エラーを無視する
3	空白とエラーを無視する

[検索方向]は、配列のデータを列でスキャン(縦→横)するか、行でスキャン(横→縦)するかを指定します。[FALSE]または省略は行で(既定)、[TRUE]は列でスキャンします。

TOROW トゥ・ロウ

配列を横1行にして並べる

書　式　TOROW(配列 [, 無視する値] [, 検索方向])

計算例　TOROW(A1:D3,,TRUE)
配列[A1:D3]を列でスキャンして横1行の配列にする。

機　能　TOROW関数は、[配列]に指定したセル範囲を横一列に変換して並べます。結果はスピル機能(P.353参照)によって、自動的に表示されます。
[無視する値]と[検索方向]については、上記のTOCOL関数を参照してください。

VSTACK ブイ・スタック

配列を縦方向に結合する

書　式　VSTACK(配列1[, 配列2] ,…)

計算例　VSTACK(A2:C5,E3:G5)
配列 [A2:C5] と配列 [E3:G5] を縦方向に結合する。

機　能　VSTACK関数は、引数の各 [配列] を行単位で縦方向（垂直方向）に順番に追加して、1つの大きな配列を作成します。結果はスピル機能として自動的に表示されます。指定した配列の列数が結果の配列より少ない場合、追加の列にはエラー値 [#N/A] が返されます。

検索／行列　配列変換　2016 2019 2021 365

HSTACK エイチ・スタック

配列を横方向に結合する

書　式　HSTACK(配列1[, 配列2] ,…)

計算例　HSTACK(A2:C5,F2:G5)
配列 [A2:C5] と配列 [F2:G5] を横方向に結合する。

機　能　HSTACK関数は、引数の各 [配列] を列単位で横方向（水平方向）に順番に追加して、1つの大きな配列を作成します。指定した配列の行数が結果の配列より少ない場合、追加の行にはエラー値 [#N/A] が返されます。

使用例　表を横に結合する

四半期別に集計した商品売上表を横に結合しています。結果はスピル機能(P.354参照)によって、自動的に表示されます。なお、表の書式は自動的に設定されないので、あとで設定する必要があります。

	A	B	C	D	E	F	G	H
1	四半期別商品売上							
2	商品名	第1四半期	第2四半期		商品名	第3四半期	第4四半期	
3	パソコン	152	143		パソコン	162	166	
4	プリンター	138	132		プリンター	145	148	
5	デジカメ	125	128		デジカメ	142	135	
6								
7	商品名	第1四半期	第2四半期	第3四半期	第4四半期			
8	パソコン	152	143	162	166			
9	プリンター	138	132	145	148			
10	デジカメ	125	128	142	135			

07-25

f(x) =HSTACK(A2:C5,F2:G5)

検索／行列 配列変換 2016 2019 2021 365

WRAPCOLS ラップ・カラムズ

配列を指定の行数で縦方向に折り返す

書式 WRAPCOLS(**セル範囲**, **折り返し数**, **埋め込む値**)

計算例 WRAPCOLS(C2:C7,3)
セル範囲[C2:C7]で指定した1列のデータを縦3列で折り返して表示する。

機能 WRAPCOLS関数は、[セル範囲]で指定した1列または1行のデータを縦方向に並べていき、指定した行数で折り返して表示します。結果を表示するセルに空きがある場合は、エラー値[#N/A]、または[埋め込む値]で指定した値が返されます。

検索／行列 配列変換 2016 2019 2021 365

WRAPROWS ラップ・ロウズ

配列を指定の列数で横方向に折り返す

書式 WRAPROWS(**セル範囲**, **折り返し数**, **埋め込む値**)

機能 WRAPROWS関数は、[セル範囲]で指定した1列または1行のデータを横方向に並べていき、指定した列数で折り返して表示します。結果を表示するセルに空きがある場合は、エラー値[#N/A]または[埋め込む値]で指定した値が返されます。

使用例 縦方向に記載した売上を横方向に分けて表示する

縦方向1行に記載した売上を各行3列で横方向に折り返して表示しています。結果はスピル機能(P.354参照)によって、自動的に表示されます。なお、表の書式は自動的に設定されないので、あとで設定する必要があります。

07-26

	A	B	C	D
1		商品名	売上数	
2	第1四半期	パソコン	152	
3	第1四半期	プリンター	138	
4	第1四半期	デジカメ	125	
5	第2四半期	パソコン	143	
6	第2四半期	プリンター	132	
7	第2四半期	デジカメ	128	
8				
9		パソコン	プリンター	デジカメ
10	第1四半期	152	138	125
11	第2四半期	143	132	128
12				

f(x) =WRAPROWS(C2:C7,3)

第8章 データベース

Excel でデータベース形式の表を作成した場合に使われるのが、データベース関数です。表のレコードから数値だけのセルや文字列の個数を求めたり、何らかのデータが入力されているセルの個数を求めたりすることができます。また、表の数値の最大値や最小値を求める、数値の合計や平均値、積を求める、レコードの標本分散や不偏分散などを求めることもできます。

DSUM ディー・サム

条件を満たすレコードの合計を求める

書　式　DSUM(データベース, フィールド, 条件)

計算例　DSUM(A2：F14,F2,A16：F17)
セル範囲 [A2:F14] のデータベースから、セル範囲 [A16:F17] で指定した条件を満たすレコードを検索して、セル [F2] で指定するフィールドの合計を返す。

機　能　DSUM関数は、[データベース] において、[条件] を満たすレコードを検索して、指定された [フィールド] 列を合計します。

使用例　条件に合うデータの売上合計を求める

下表は、商品の販売一覧です。セル範囲 [A1：D10] のデータベースから、条件に指定された [商品名] (パソコン) を満たすレコードを検索して、該当する [販売数] の合計を求めています。これによって、セル [D15] には「パソコンの販売数」が求められます。

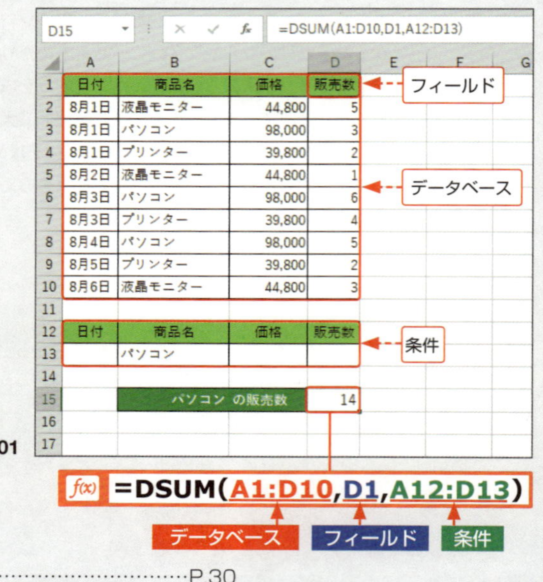

	A	B	C	D
1	日付	商品名	価格	販売数
2	8月1日	液晶モニター	44,800	5
3	8月1日	パソコン	98,000	3
4	8月1日	プリンター	39,800	2
5	8月2日	液晶モニター	44,800	1
6	8月3日	パソコン	98,000	6
7	8月3日	プリンター	39,800	4
8	8月4日	パソコン	98,000	5
9	8月5日	プリンター	39,800	2
10	8月6日	液晶モニター	44,800	3
11				
12	日付	商品名	価格	販売数
13		パソコン		
14				
15		パソコン の販売数		14
16				
17				

08-01

関連　SUM ……………………………P.30

DPRODUCT ディー・プロダクト

条件を満たすレコードの積を求める

書　式　DPRODUCT(データベース,フィールド,条件)

計算例　DPRODUCT(A2：C14,C2,A16：A19)

セル範囲[A2:C14]のデータベースから、セル範囲[A16:A19]の条件に一致するレコードを検索して、セル[C2]ではじまるフィールドの積を返す。

機　能　DPRODUCT関数は、[データベース]において、[条件]を満たすレコードを検索して、指定された[フィールド]列の積を求めます。

使用例　商品在庫表から商品名の在庫量を確認する

下表は、商品在庫表のデータベースから、[在庫]フィールドで、条件で指定した商品名のレコードを検索して、在庫量を確認します。指定した商品の在庫量をすべて掛け合わせて0にならなければ、いずれも在庫が0ではないことが確認できます。
ここでは、IF関数と組み合わせて、0になった場合には、"要確認"と表示されるように設定しています。

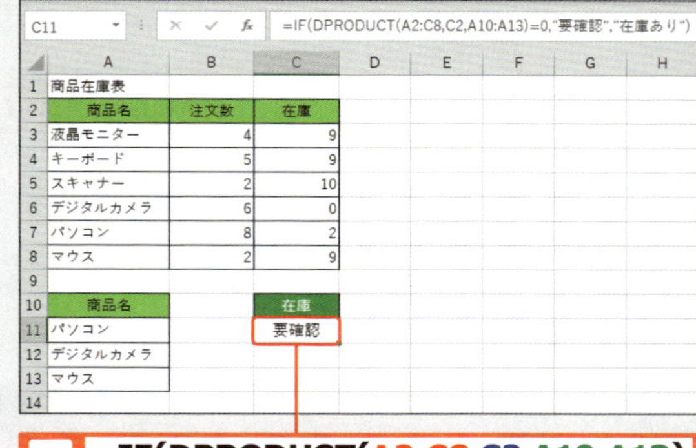
C11　=IF(DPRODUCT(A2:C8,C2,A10:A13)=0,"要確認","在庫あり")

	A	B	C
1	商品在庫表		
2	商品名	注文数	在庫
3	液晶モニター	4	9
4	キーボード	5	9
5	スキャナー	2	10
6	デジタルカメラ	6	0
7	パソコン	8	2
8	マウス	2	9
9			
10	商品名		在庫
11	パソコン		要確認
12	デジタルカメラ		
13	マウス		
14			

08-02

f(x) =IF(DPRODUCT(A2:C8,C2,A10:A13)=0,"要確認","在庫あり")

関連 PRODUCT ……………………P.34

DAVERAGE　ディー・アベレージ

条件を満たすレコードの平均値を求める

書　式　DAVERAGE(データベース, フィールド, 条件)

計算例　DAVERAGE(A1：H6,G1,A8：H9)
セル範囲[A1：H6]のデータベースから、セル範囲[A8：H9]で指定した条件を満たすレコードを検索して、セル[G1]で指定するフィールドの平均値を返す。

機　能　DAVERAGE関数は、[データベース]において、[条件]を満たすレコードを検索して、指定された[フィールド]列の平均値を求めます。

使用例　試験結果表からクラス別の総合点の平均を求める

右表は、各教科の点数から総合点や順位まで作成された試験結果のデータベースから、[総合点]フィールドで、条件の[クラス]が「A」のレコードを検索して、平均点を求めます。

08-03

	A	B	C	D	E	F	G	H
1	クラス	氏名	数学	物理	化学	総合点	順位	
2	A	坂下　祐樹	90	75	92	257	1	
3	A	矢野　駿介	100	82	72	254	2	
4	B	荻原　夏海	94	90	70	254	2	
5	B	金沢　侑史	82	94	66	242	4	
6	B	品田　健太郎	73	94	70	237	5	
7	A	永井　陽葵	75	60	58	193	6	
9	クラス	氏名	数学	物理	化学	総合点	順位	
10	A							
12			総合点の平均（Aクラス）				234.7	
13								
14								

$f(x)$ =DAVERAGE(A1:G7,F1,A9:G10)

関連　AVERAGE ……………………………P.70

DMIN　ディー・ミニマム

条件を満たすレコードの最小値を求める

書　式　DMIN(データベース, フィールド, 条件)

機　能　DMIN関数は、[データベース]において、[条件]を満たすレコードを検索して、指定された[フィールド]列の最小値を求めます。

関連　MIN ……………………………P.78

DMAX ディー・マックス

条件を満たすレコードの最大値を求める

書　式　DMAX(データベース, フィールド, 条件)

計算例　DMAX(A1：H6,G1,A8：H9)

セル範囲［A1：H6］のデータベースから、セル範囲［A8：H9］の条件に一致するレコードを検索して、セル［G1］ではじまるフィールドの最大値を返す。

機　能　DMAX関数は、［データベース］において、［条件］を満たすレコードを検索して、指定された［フィールド］列の最大値を求めます。

使用例　試験結果表からクラス別の総合最高点を求める

下表は、各教科の点数から総合点や順位まで作成された試験結果のデータベースから、［総合点］フィールドで、条件の［クラス］が「B」のレコードを検索して、最高点を求めます。

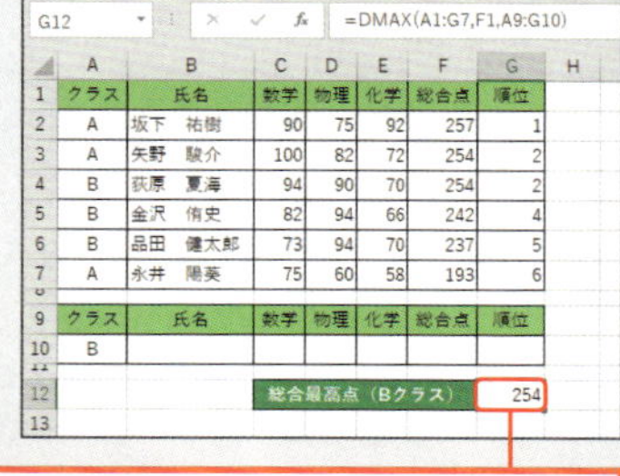
G12　=DMAX(A1:G7,F1,A9:G10)

	A	B	C	D	E	F	G	H
1	クラス	氏名	数学	物理	化学	総合点	順位	
2	A	坂下　祐樹	90	75	92	257	1	
3	A	矢野　駿介	100	82	72	254	2	
4	B	荻原　夏海	94	90	70	254	2	
5	B	金沢　侑史	82	94	66	242	4	
6	B	品田　健太郎	73	94	70	237	5	
7	A	永井　陽葵	75	60	58	193	6	
9	クラス	氏名	数学	物理	化学	総合点	順位	
10	B							
12			総合最高点（Bクラス）				254	
13								

08-04

=DMAX(A1:G7,F1,A9:G10)

関連　MAX ……………………………P.76
MAXA ……………………………P.76

MEMO ｜［関数ライブラリ］には表示されない

データベース関数は、［数式］タブの［関数ライブラリ］には表示されていません。［関数の挿入］fxをクリックして、［関数の挿入］ダイアログボックスの［すべて表示］を指定し、一覧から使用する関数を選択します。あるいは、セルに直接数式を入力します。直接入力する際にポップアップヒントが表示されるので、これを参考にして入力するとよいでしょう。

データベース　分散　2016 2019 2021 365

DVARP ディー・バリアンス・ピー

条件を満たすレコードの標本分散を求める

書　式　DVARP(データベース, フィールド, 条件)

計算例　DVARP(A1：G8,C1,A10：G11)

セル範囲[A1：G8]のデータベースから、セル範囲[A10：G11]の条件に一致するレコードを検索して、セル[C1]のフィールドの標本分散を返す。

機　能　DVARP関数は、[データベース]において、[条件]を満たすレコードを検索します。指定された[フィールド]列を母集団全体とみなして、その分散（標本分散）を求めます。

関連　VAR.P ……………………………P.92

データベース　分散　2016 2019 2021 365

DVAR ディー・バリアンス

条件を満たすレコードの不偏分散を求める

書　式　DVAR(データベース, フィールド, 条件)

計算例　DVAR(A1：G8,C1,A10：G11)

セル範囲[A1：G8]のデータベースから、セル範囲[A10：G11]の条件に一致するレコードを検索して、セル[C1]のフィールドの不偏分散を返す。

機　能　DVAR関数は、[データベース]において、[条件]を満たすレコードを検索します。指定された[フィールド]列を標本とみなして、母集団の分散の推定値（不偏分散）を求めます。

表では、DVAR関数で不偏分散、DVARP関数で標本分散を求めています。

D13　=DVAR(A1:G8,C1,A10:G11)

	A	B	C	D	E	F	G
1	番号	氏名	必修数学	選択物理	選択化学	総合点	順位
2	1	青山 克彦	50		50	100	5
3	2	加藤 京香	60		45	105	4
4	3	佐々木 浩	75	60		135	3
5	4	高橋 美穂	90	75		165	2
6	5	中村 武	100	100		200	1
7	6	橋本 麻里	40	50		90	6
8	7	松本 義昭	35		50	85	7
9							
10	番号	氏名	必修数学	選択物理	選択化学	総合点	順位
11				>=0			
12							
13	数学の不偏分散			689.58			
14	数学の標本分散			517.19			
15							

08-05

関連　VAR.S ……………………………P.92

DSTDEVP ディー・スタンダード・ディビエーション・ピー

条件を満たすレコードの標準偏差を求める

書　式　DSTDEVP(データベース, フィールド, 条件)

計算例　DSTDEVP(A1：G6,D1,A8：G9)

セル範囲［A1：G6］のデータベースから、セル範囲［A8：G9］の条件に一致するレコードを検索して、セル［D1］のフィールドの標準偏差を返す。

機　能　DSTDEVP関数は、［データベース］において、［条件］を満たすレコードを検索し、指定された［フィールド］列を母集団全体とみなして、その標準偏差を求めます。

使用例　試験結果表から条件を満たす数学の標準偏差

下表は、必修数学と選択科目の試験結果表です。セル範囲［A1:G15］のデータベースから、セル範囲［A17：G18］に指定された条件を満たす「必修数学」のフィールドを検索します。これを母集団全体とみなし、標準偏差を求めています。

D20　=DSTDEVP(A1:G15,C1,A17:G18)

	A	B	C	D	E	F	G
1	番号	氏名	必修数学	選択物理	選択化学	総合点	順位
2	1	青山 克彦	50		50	100	12
3	2	加藤 京香	60		45	105	11
4	3	佐々木 浩	75	60		135	5
5	4	高橋 美穂	90	75		165	3
6	5	中村 武	100	100		200	1
7	6	橋本 麻里	40	50		90	13
8	7	松本 義昭	35		50	85	14
9	8	大沢 敦子	65	54		119	8
10	9	熊谷 武弘	70	60		130	6
11	10	渡邊 優子	45		65	110	9
12	11	太田 正幸	55		70	125	7
13	12	野田 明希	85	90		175	2
14	13	依田 直人	90	75		165	3
15	14	原田 智恵	60		50	110	9
16							
17	番号	氏名	必修数学	選択物理	選択化学	総合点	順位
18				>=0			
19							
20	数学の標準偏差			17.66662			

08-06

f(x) =DSTDEVP(A1:G15,C1,A17:G18)

関連　STDEV.P……………………………P.93

DSTDEV ディー・スタンダード・ディビエーション

条件を満たすレコードの標準偏差推定値を求める

書　式　DSTDEV(データベース, フィールド, 条件)

計算例　DSTDEV(A1：G6,D1,A8：G9)

セル範囲 [A1:G6] にあるデータベースから、セル範囲 [A8:G9] の条件に一致するレコードを検索して、母集団の標準偏差の推定値を返す。

機　能　DSTDEV関数は、[データベース] において、[条件] を満たすレコードを検索して、指定された [フィールド] 列を標本とみなし、母集団の標準偏差の推定値を求めます。

使用例　試験結果表から条件を満たす数学の推定値を求める

下表は、必修数学と選択科目の試験結果表です。セル範囲 [A1：G15] のデータベースから、セル範囲 [A17：G18] に指定された条件を満たす「必修数学」のフィールドを検索します。これを標本とみなし、標準偏差の推定値を求めています。

D20　=DSTDEV(A1:G15,C1,A17:G18)

	A	B	C	D	E	F	G
1	番号	氏名	必修数学	選択物理	選択化学	総合点	順位
2	1	青山 克彦	50		50	100	5
3	2	加藤 京香	60		45	105	4
4	3	佐々木 浩	75	60		135	3
5	4	高橋 美穂	90	75		165	2
6	5	中村 武	100	100		200	1
7	6	橋本 麻里	40	50		90	6
8	7	松本 義昭	35		50	85	7
9	8	大沢 敦子	65	54		119	8
10	9	熊谷 武弘	70	60		130	6
11	10	渡邊 優子	45		65	110	9
12	11	太田 正幸	55		70	125	7
13	12	野田 明希	85	90		175	2
14	13	依田 直人	90	75		165	3
15	14	原田 智恵	60		50	110	9
16							
17	番号	氏名	必修数学	選択物理	選択化学	総合点	順位
18				>=0			
19							
20	数学の標準（推定値）			18.88641			
21							

08-07

=DSTDEV(A1:G15,C1,A17:G18)

関連　STDEV.S……………………………P.93

DCOUNT ディー・カウント

条件を満たすレコードの数値の個数を求める

書　式　DCOUNT(データベース, フィールド, 条件)

計算例　DCOUNT(A1：I8,F1,A10：I12)

セル範囲［A1：I8］のデータベースから、セル範囲［A10：I12］の条件に一致するレコードを検索して、セル［F1］ではじまるフィールドに入力されているセルの個数を返す。

機　能　DCOUNT関数は、［データベース］において、［条件］を満たすレコードを検索して、指定された［フィールド］列の数値が入力されているセルの個数を求めます。

使用例　複数の得点の条件を満たす物理受験者数を求める

下表は、複数の科目の試験結果表です。セル範囲［A1：I15］のデータベースから、セル範囲［A17：I19］に指定された複数の条件を満たすレコードを検索して、「物理」のフィールド列で、数値が入力されている受験者数を求めています。

E21　=DCOUNT(A1:I15,F1,A17:I19)

	A	B	C	D	E	F	G	H	I
1	番号	氏名	現国	英語	数学	物理	化学	総合点	順位
2	1	青山 克彦	50	80	50		70	180	14
3	2	加藤 京香	60	70	60		80	190	12
4	3	佐々木 浩	75	60	80		70	215	8
5	4	高橋 美穂	90	75	85	80		330	2
6	5	中村 武	95	90	95	85		365	1
7	6	橋本 麻里	40	50	65	60		215	8
8	7	松本 義昭	75	70	85	欠席		230	6
9	8	大沢 敦子	65	55	70		80	190	12
10	9	熊谷 武弘	70	60	85		80	215	8
11	10	渡邊 優子	45	55	65	55		220	7
12	11	太田 正幸	55	55	70	60		240	5
13	12	野田 明希	85	90	80		95	255	3
14	13	依田 直人	90	75	85		80	250	4
15	14	原田 智恵	60	70	65		70	195	11
16									
17	番号	氏名	現国	英語	数学	物理	化学	総合点	順位
18			>=60	>=60					
19				>=60	>=60				
20									
21	指定条件を満たす物理受験者数				2	名			
22									

08-08

f(x) =DCOUNT(A1:I15,F1,A17:I19)

関連　COUNT ……………………………… P.82

DCOUNTA ディー・カウント・エー

条件を満たすレコードの空白以外のセル数を求める

書　式　DCOUNTA(データベース, フィールド, 条件)

計算例　DCOUNTA(A1：I8,F1,A10：I12)

セル範囲［A1：I8］のデータベースから、セル範囲［A10：I12］の条件に一致するレコードを検索して、セル［F1］ではじまるフィールドに数値や文字列などの値が入力されているセルの個数を返す。

機　能　DCOUNTA関数は、［データベース］において［条件］を満たすレコードを検索して、指定された［フィールド］列の空白でないセルの個数を求めます。

使用例　複数の得点の条件を満たす物理受験者数を求める

下表は、複数の科目の試験結果表です。セル範囲［A1：J15］のデータベースから、セル範囲［A17：J19］に指定された複数の得点の条件を満たすレコードを検索して、「物理」のフィールド列で、欠席者を含んだ「物理」受験者数を求めています。

E21　=DCOUNTA(A1:J15,G1,A17:J19)

	A	B	C	D	E	F	G	H	I	J
1	番号	氏名	現国	英語	数学	経済	物理	化学	総合点	順位
2	1	青山 克彦	50	80	50	75		70	180	14
3	2	加藤 京香	60	70	60	65		80	190	12
4	3	佐々木 浩	75	60	80	50		70	215	9
5	4	高橋 美穂	90	75	85	65	80		395	2
6	5	中村 武	95	90	95	50	85		415	1
7	6	橋本 麻里	40	50	65	70	60		285	4
8	7	松本 義昭	75	70	85	80	欠席		230	8
9	8	大沢 敦子	65	55	70	45		80	190	12
10	9	熊谷 武弘	70	60	85	90		80	215	9
11	10	渡邊 優子	45	55	65	55	55		275	5
12	11	太田 正幸	55	55	70	65	60		305	3
13	12	野田 明希	85	90	80	90		95	255	6
14	13	依田 直人	90	75	85	85		80	250	7
15	14	原田 智恵	60	70	65	75		70	195	11
16										
17	番号	氏名	現国	英語	数学	経済	物理	化学	総合点	順位
18			>=60	>=60						
19					>=60	>=60				
20										
21	指定条件を満たす物理受験者数				5	名				
22										

08-09

f(x) =DCOUNTA(A1:J15,G1,A17:J19)

関連　COUNTA……………………………P.82

MEMO 引数［条件］における条件設定

データベース関数の引数［条件］では、「同じ行に記述するとAND条件（条件をすべてを満たす）」、「異なる行に記述するとOR条件（いずれかの条件を満たす）」という規則があり、これらを守れば何行でも条件を記述することができます。これは、すべてのデータベース関数で共通です。前のページの例（DCOUNTA関数）では、18行目と19行目にAND条件を設定し、18行目または19行目の2行で、それぞれの行のいずれかの条件を満たすというOR条件を設定しています。

AND 条件

同じ行に記述する

現国	英語
>=60	>=60

「現国が 60 点以上」
かつ「英語が 60 点以上」

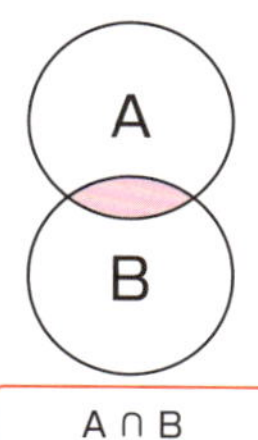

A ∩ B

OR 条件

違う行に記述する

現国	英語
>=60	
	>=60

「現国が 60 点以上」
または「英語が 60 点以上」

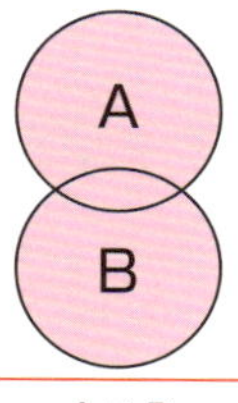

A ∪ B

AND 条件と OR 条件の組み合わせ

現国	英語	数学	経済
>=60	>=60		
		>=60	>=60

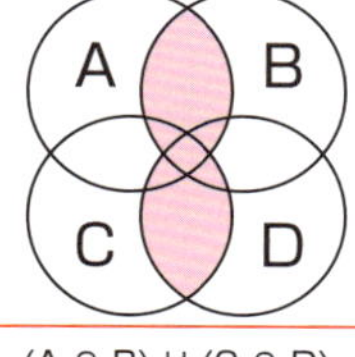

(A ∩ B) ∪ (C ∩ D)

「現国が 60 点以上」かつ「英語が 60 点以上」
または、
「数学が 60 点以上」かつ「経済が 60 点以上」

A	現国	60点以上
B	英語	60点以上
C	数学	60点以上
D	経済	60点以上

DGET ディー・ゲット

データベースから1つの値を抽出する

書　式　DGET(データベース, フィールド, 条件)

計算例　DGET(A1：H8,B1,A10：H11)
セル範囲[A1：H8]のデータベースから、セル範囲[A10：H11]の条件に一致するレコードを検索して、セル[B1]のフィールドの値を返す。

機　能　DGET関数は、[データベース]において、[条件]を満たすレコードを検索して、指定された[フィールド]列の値を1つだけ抽出します。

解　説　ランキングリストをExcelの関数で作成するには、LARGE関数やMATCH関数などが必要です。しかし、単に1つのランクに対応する受験者名などのデータを得るだけなら、RANK.EG関数で順位さえ求めておけば、DGET関数だけで十分です。

使用例　指定した条件に該当する氏名を求める

下表は、複数の科目の試験結果表です。セル範囲[A1:H8]のデータベースから、セル範囲[A10：H11]に指定された条件（[順位]が[6]）を検索して、[氏名]フィールドから該当する一人の氏名を抽出します。

B14　=DGET(A1:H8,B1,A10:H11)

	A	B	C	D	E	F	G	H
1	番号	氏名	フリガナ	必修数学	選択物理	選択化学	総合点	順位
2	1	青山 克彦	アオヤマ カツヒコ	50		50	100	5
3	2	加藤 京香	カトウ キョウカ	60		45	105	4
4	3	佐々木 浩	ササキ ヒロシ	75	60		135	3
5	4	高橋 美穂	タカハシ ミホ	90	75		165	2
6	5	中村 武	ナカムラ タケシ	100	100		200	1
7	6	橋本 麻里	ハシモト マリ	40	50		90	6
8	7	松本 義昭	マツモト ヨシアキ	35		50	85	7
9								
10	番号	氏名	フリガナ	必修数学	選択物理	選択化学	総合点	順位
11								6
12								
13		氏名						
14		橋本 麻里						
15								

08-10

f(x) =DGET(A1:H8,B1,A10:H11)

関連　RANK.EQ ……………………………P.88

第9章

文字列操作

Excel の文字列操作関数は、文字や文字列を操作するための関数です。複数のセルに入力されている文字列を結合して 1 つの文字列にしたり、文字列から条件を指定して文字や文字列を抽出したりすることができます。また、ひらがなをカタカナに変換する、半角文字を全角文字に変換するなどの文字変換、入力したときの読み方の情報をもとに、文字列のふりがなを取り出すこともできます。

CONCAT コンカット

複数のセルの文字列を結合する

書　式　CONCAT(文字列1[, 文字列2,…])

機　能　CONCAT関数は、複数の文字列を結合し、1つの文字列にします。ただし、結合する文字列の間に区切り記号やアンパサンド(&)などの記号を入れることはできません。
結合する文字列は最大252個で、結合後の文字数は32,767以下(Excelで1つのセルに入力できる半角の最大文字数)で、これを超えた場合、「#VALUE」エラーになります。

使用例　住所録を管理する

下表では、顧客の住所を管理しやすいように、都道府県、市区町村、地番に分けて名簿を作成しています。宛名を印刷する場合など、この3列をひと続きの住所に結合して利用します。

F2　=CONCAT(B2,C2,D2)

	A	B	C	D	E	F
1	氏名	都道府県	市区町村	住所2		住所
2	阿佐美 一樹	埼玉県	富士見市	上沢3-3-3		埼玉県富士見市上沢3-3-3
3	伊東 和哉	神奈川県	座間市	緑ヶ丘4-5-6		神奈川県座間市緑ヶ丘4-5-6
4	植松 遥	東京都	港区	青山5-67-8		東京都港区青山5-67-8
5	江成 日南子	大阪府	岸和田市	磯上町8-9-10		大阪府岸和田市磯上町8-9-10
6	大竹 柊吾	北海道	函館市	港本通2-1-9		北海道函館市港本通2-1-9
7	金澤 咲来	福岡県	博多区	中央本町100-5		福岡県博多区中央本町100-5
8						
9						
10						
11						

09-01

f(x) =CONCAT(B2,C2,D2)

関連 TEXTJOIN………………………… P.265
参照 CONCATENATE……………………… P.340

MEMO｜数式の値への変換

CONCATなど関数を使って作成された住所は、コピーして利用できません。利用するには、数式を値に変換する必要があります。変換するには、セル範囲を選択して[コピー]をクリックし、貼り付けたいセルを選択して[貼り付け]の下部分をクリックし、[値]を選択します。

文字列操作　文字列結合　2016 2019 2021 365

TEXTJOIN テキストジョイン

区切り記号で複数のセルの文字列を結合する

書　式　TEXTJOIN(区切り記号, 空の文字列を無視, 文字列1[, 文字列2], …)

機　能　TEXTJOIN関数は、複数の文字列を結合する際に、文字列と文字列の間に区切り記号などを入れて1つの文字列にします。[空の文字列を無視]では、無視する場合は[TRUE]、結合の対象とする場合は[FALSE]を指定します。結合した文字列が32,767文字（Excelで1つのセルに入力できる半角の最大文字数）を超えた場合、「#VALUE」エラーになります。

使用例　文字列の間に空白を入れて結合する

下表では、都道府県と市区町村の各間に全角のスペース（全角空白）を入れて結合しています。空白のセルがある場合は、無視します。

E2　=TEXTJOIN("　",TRUE,A2,B2,C2,D2)

	A	B	C	D	E
1	都道府県	市	区	町村	住所
2	北海道	岩見沢市		南町4条	北海道　岩見沢市　南町4条
3	福島県	いわき市			福島県　いわき市
4	東京都		千代田区	一番町	東京都　千代田区　一番町
5	神奈川県	横浜市	西区	みなとみらい	神奈川県　横浜市　西区　みなとみらい
6	静岡県	静岡市	葵区	安倍口団地	静岡県　静岡市　葵区　安倍口団地
7	大阪府	東大阪市		長田中	大阪府　東大阪市　長田中
8	鹿児島県	薩摩川内市		向田町	鹿児島県　薩摩川内市　向田町
9					

09-02

文字列操作　文字列長　2016 2019 2021 365

LEN レングス

文字列の文字数を求める

書　式　LEN(文字列)
文字列の文字数を返す。

機　能　LEN関数は、全角と半角の区別なく1文字を[1]として文字列の文字数を返します。使用例は、P.266のLENB関数を参照してください。

関連　LENB………………………………P.266

LENB レングス・ビー

文字列のバイト数を求める

書式 LENB(文字列)
文字列のバイト数を返す。

機能 LEFTB関数は、文字列の先頭(左端)から数えて、指定されたバイト数の文字を返します。全角文字は、文字数としては[1]、バイト数としては[2]と数えます。
引数に文字列を直接指定する場合は、半角のダブルクォーテーション「"」で囲む必要があります。

使用例 セルの文字数とバイト数を数える

下表は、A列に入力された文字列に対し、LEN関数とLENB関数を用いて文字数とバイト数を表示しています。

B3 =LEN(A3)

	A	B	C	D	E
1	文字列	文字数	バイト数		
2		LEN関数	LENB関数		
3	123	3	3		
4	株式会社	4	8		
5	メグテクノロジー	8	16		
6	ﾒｸﾞﾃｸﾉﾛｼﾞｰ	10	10		
7	株式会社メグテクノロジー	12	24		
8	株式会社 メグテクノロジー	13	25		
9	株式会社　メグテクノロジー	13	26		
10	株式会社 メグテクノロジー	13	25		
11					

09-03

f(x) =LEN(A3)

f(x) =LENB(A3)

関連 LEN ………………………………… P.265

MEMO | LEN関数とLENB関数

LEN関数とLENB関数は、次ページ以降で紹介するLEFT関数/LEFTB関数、RIGHT関数/RIGHTB関数、MID関数/MIDB関数などの引数[文字数]に使用します。また、引数[開始位置]などの指定の際にも必要となります。

LEFT レフト

文字列の左端から指定数の文字を取り出す

書　式　LEFT(**文字列** **[, 文字数]**)

文字列の左端から指定文字数の文字を返す。

機　能　LEFT関数は、文字列の先頭（左端）から数えて、指定された数の文字を返します。全角と半角の区別なく、1文字を[1]として文字単位で数えます。

使用例　部課名から部名に相当する左3文字を抽出する

下表は、A列に入力された文字列に対し、B列にLEFT関数を用いて、左から3文字分を抜き出した例です。部署名の中に3文字ではないものがある場合には、「部」などの文字をFIND関数やSEARCH関数などで検索してから、その位置までを抜き出す操作が必要です。

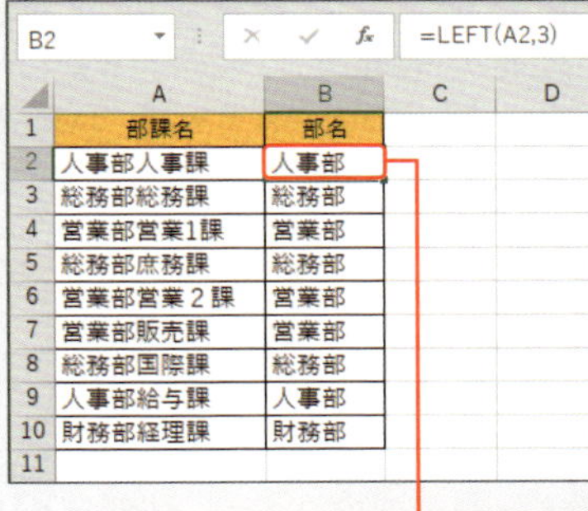

B2　=LEFT(A2,3)

	A	B	C	D
1	部課名	部名		
2	人事部人事課	人事部		
3	総務部総務課	総務部		
4	営業部営業1課	営業部		
5	総務部庶務課	総務部		
6	営業部営業２課	営業部		
7	営業部販売課	営業部		
8	総務部国際課	総務部		
9	人事部給与課	人事部		
10	財務部経理課	財務部		
11				

09-04

f(x) **=LEFT(A2,3)**

LEFTB レフト・ビー

文字列の左端から指定バイト数の文字を取り出す

書　式　LEFTB(**文字列** **[, バイト数]**)

文字列の左端から指定バイト数の文字を返す。

機　能　LEFTB関数は、文字列の先頭（左端）から数えて、指定されたバイト数の文字を返します。全角文字は、文字数としては[1]、バイト数としては[2]と数えます。

RIGHT ライト

文字列の右端から指定数の文字を取り出す

書　式　RIGHT(**文字列** **[, 文字数]**)
文字列の右端から指定文字数の文字を返す。

機　能　RIGTH関数は、文字列の末尾（右端）から数えて、指定された数の文字を返します。全角と半角の区別なく、1文字を[1]として文字単位で数えます。

使用例　**「都道府県」の文字の位置以降の文字列を抽出する**

下表では、RIGHT関数を用いて「住所」の文字列の「都道府県」の文字の次の文字位置から末尾までの文字列を「住所2」に抽出します。文字列の長さは、LEN関数を用いて求めた全長から“先頭から「都道府県」の文字の位置まで”の文字数を差し引いたものです。ちなみに、「住所1」では、“先頭から「都道府県」の文字の位置まで”の文字を、LEFT関数を用いて求めています。

09-05

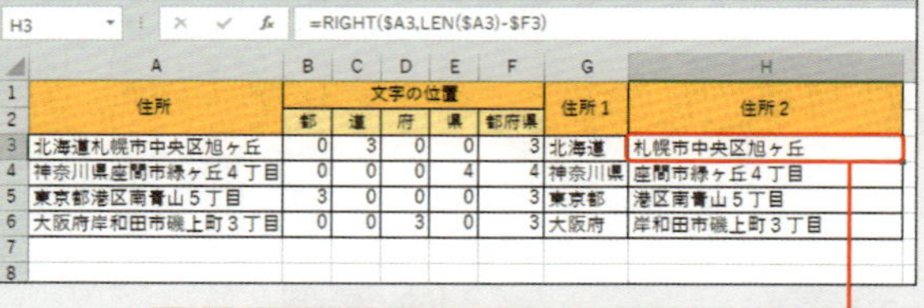
H3　=RIGHT($A3,LEN($A3)-$F3)

	A	B	C	D	E	F	G	H
1	住所	文字の位置					住所1	住所2
2		都	道	府	県	都府県		
3	北海道札幌市中央区旭ヶ丘	0	3	0	0	3	北海道	札幌市中央区旭ヶ丘
4	神奈川県座間市緑ヶ丘4丁目	0	0	0	4	4	神奈川県	座間市緑ヶ丘4丁目
5	東京都港区南青山5丁目	3	0	0	0	3	東京都	港区南青山5丁目
6	大阪府岸和田市磯上町3丁目	0	0	3	0	3	大阪府	岸和田市磯上町3丁目
7								
8								

f(x) **=RIGHT($A3,LEN($A3)-$F3)**

関連　**LEN** ………………………………… P.265

RIGHTB ライト・ビー

文字列の右端から指定バイト数の文字を取り出す

書　式　RIGHTB(**文字列** **[, バイト数]**)
文字列の右端から指定バイト数の文字を返す。

機　能　RIGHTB関数は、文字列の末尾（右端）から数えて、指定されたバイト数の文字を返します。全角文字は、文字数としては[1]、バイト数としては[2]と数えます。

MID ミッド

文字列の指定位置から指定数の文字を取り出す

書式　MID(文字列, 開始位置, 文字数)
文字列の指定の位置から指定文字数の文字を返す。

機能　MID関数は、文字列の開始位置から指定された数の文字を返します。全角と半角の区別なく、1文字を[1]として文字単位で数えます。

使用例　表示形式ではなく関数を用いて曜日を表示する

下表では、日付に応じた曜日を表示するために、MID関数、WEEKDAY関数、DATE関数を用いています。まず、[年][月][日]を表す数値をDATE関数に入力して日付を算出し、その日付をWEEKDAY関数に代入して曜日の番号を算出し、その番号から曜日の文字列をMID関数で抽出します。

B5　=MID("日月火水木金土",WEEKDAY(DATE($A$1,$A$2,A5)),1)

	A	B	C	D	E	F
1	2024	年				
2	10	月				
3						
4	日付		出社時刻	退社時刻	休憩	勤務時間
5	1	火				
6	2	水				
7	3	木				
8	4	金				
9	5	土				

09-06

f(x) =MID("日月火水木金土",WEEKDAY(DATE($A$1,$A$2,A5)),1)

MIDB ミッド・ビー

文字列の指定位置から指定バイト数の文字を取り出す

書式　MIDB(文字列, 開始位置, バイト数)
文字列の指定の位置から指定バイト数の文字を返す。

機能　MIDB関数は、文字列の開始位置から指定バイト数の文字を返します。全角文字は、文字数としては[1]、バイト数としては[2]と数えます。

文字列操作 文字列抽出 2016 2019 2021 365

TEXTAFTER テキスト・アフター

指定した文字の後ろにある文字列を取り出す

書式 TEXTAFTER(**文字列**, **区切り文字** [, **何番目**] [, **検索方法**] [, **末尾の扱い**] [, **既定値**])

計算例 TEXTAFTER(A1,".",1)
セル[A1]の文字列から区切り文字「.」が1番目に出てきた位置の後ろにある文字列を取り出す。

機能 TEXTAFTER関数は、[文字列]から指定した[区切り文字]の後ろにある文字列を取り出します。区切り文字が複数ある場合は[何番目]の区切りかを指定します。省略すると「1」とみなされます。
[検索方法]は、大文字と小文字を区別する場合は「0」を指定するか省略を、区別しない場合は「1」を指定します。[末尾の扱い]は、文字列の末尾を区切り文字として扱わない場合は「0」を指定するか省略を、扱う場合は「1」を指定します。[既定値]は、区切り文字が見つからない場合に返す値を指定します。省略するとエラー値[#N/A]が返されます。

関連 **TEXTBEFORE** ………………… P.270

文字列操作 文字列抽出 2016 2019 2021 365

TEXTBEFORE テキスト・ビフォー

指定した文字の前にある文字列を取り出す

書式 TEXTBEFORE(**文字列**, **区切り文字** [, **何番目**] [, **検索方法**] [, **末尾の扱い**] [, **既定値**])

計算例 TEXTBEFORE(A1,".",1)
セル[A1]の文字列から区切り文字「.」が1番目に出てきた位置の前にある文字列を取り出す。

機能 TEXTBEFORE関数は、[文字列]から指定した[区切り文字]の前にある文字列を取り出します。各引数の指定については、上段(TEXTAFTER関数)を参照してください。

関連 **TEXTAFTER** ………………… P.270

FIND ファインド

検索する文字列の位置を求める

書　式　FIND(**検索文字列**, **対象** [, **開始位置**])
文字列を検索して、最初に現れる位置の文字番号を返す。

機　能　FIND関数は、［検索文字列］で指定された文字列を［対象］の中で検索して、［検索文字列］が最初に現れる位置の文字番号を求めます。
なお、全角と半角、英字の大文字と小文字を区別することができますが、ワイルドカード（P.86参照）は使用できません。

使用例　文字列から「都道府県」の文字の位置を求める

下表では、A列の「住所」にある文字列内の、「都道府県」の文字の位置を求めるためにFIND関数を用いています。この数式では、あとで文字の位置をMAX関数で集計するときのために、［検索文字列］が見つからない場合にはエラー表示ではなく、［0］を返すようにISERROR関数を使用しています。
求めた文字の位置を使って、住所の先頭から「都道府県」の文字の位置までの文字列を取り出したり（住所1）、住所の「都道府県」の文字の次の文字の位置から末尾までの文字列を取り出したり（住所2）することができます。

B3　=IF(ISERROR(FIND(B$2,$A3)),0,FIND(B$2,$A3))

	A	B	C	D	E	F	G	H
1	住所	文字の位置					住所1	住所2
2		都	道	府	県	都府県		
3	北海道札幌市中央区旭ヶ丘	0	3	0	0	3	北海道	札幌市中央区旭ヶ丘
4	神奈川県座間市緑ケ丘４丁目	0	0	0	4	4	神奈川県	座間市緑ケ丘４丁目
5	東京都港区南青山５丁目	3	0	0	0	3	東京都	港区南青山５丁目
6	大阪府岸和田市磯上町３丁目	0	0	3	0	3	大阪府	岸和田市磯上町３丁目
7								
8								

f(x) **=IF(ISERROR(FIND(B$2,$A3)),0,FIND(B$2,$A3))**

関連
ISERROR ………………… P.210
LEFT ………………… P.267
RIGHT ………………… P.268

文字列操作　検索／置換　2016 2019 2021 365

FINDB ファインド・ビー

検索する文字列のバイト位置を求める

書　式　FINDB(**検索文字列**, **対象** [, **開始位置**])
文字列を検索し、最初に現れる位置のバイト番号を返す。

機　能　FINDB関数は、[検索文字列]で「指定された文字列を[対象]の中で検索して、[検索文字列]が最初に現れる位置のバイト番号を求めます。なお、全角と半角、英字の大文字と小文字を区別できますが、ワイルドカードは使用できません。

文字列操作　検索／置換　2016 2019 2021 365

SEARCH サーチ

検索する文字列の位置を求める

書　式　SEARCH(**検索文字列**, **対象** [, **開始位置**])
文字列を検索して、最初に現れる位置の文字番号を返す。

機　能　SEARCH関数は、[検索文字列]で指定された文字列を[対象]の中で検索して、[検索文字列]が最初に現れる位置の文字番号を求めます。[検索文字列]では、英字の大文字と小文字区別できませんが、「*(任意の文字列)」、「?(任意の1文字)」のワイルドカードを使用できます。

使用例　住所録から「横浜」の位置を調べる

下表では、住所の中に「横浜」が含まれているかどうかを調べ、含まれる場合は位置の番号を、含まれていない場合はエラー値を表示します。

C2　=SEARCH("横浜",B2)

	A	B	C
1	氏　名	住　所	検索位置
2	待井 香	神奈川県横浜市磯子区境1-2-3	5
3	木村 優里菜	神奈川県横浜市金沢区中央本町9-8-7	5
4	坂下 和希	神奈川県伊勢原市笠井5-6-43	#VALUE!
5	吉田 亜咲美	神奈川県横浜市保土ヶ谷区緑が丘10-41-74	5
6	尾崎 柊太	神奈川県大和市藍川町6-5-4	#VALUE!
7	泰木 佳朗	神奈川県三浦市白山町100-2	#VALUE!
8			

09-08

関連 **FIND** ································ P.271

SEARCHB サーチ・ビー

検索する文字列のバイト位置を求める

書　式　SEARCHB(検索文字列, 対象 [, 開始位置])
文字列を検索し、最初に現れる位置のバイト番号を返す。

機　能　SEARCHB関数は、[検索文字列] で指定された文字列を [対象] の中で検索して、[検索文字列] が最初に現れる位置のバイト番号を求めます。[検索文字列] では、英字の大文字と小文字区別できませんが、「*(任意の文字列)」、「?(任意の1文字)」のワイルドカードを使用できます。

関連　FINDB ………………………… P.272

REPLACE リプレース

指定した文字数の文字列を置換する

書　式　REPLACE(文字列, 開始位置, 文字数, 置換文字列)
[文字列] 中の [開始位置] 以降の [文字数] を [置換文字列] に置換する。

機　能　REPLACE関数は、全角と半角を区別せずに、1文字を1として、文字列中の指定された開始位置から、文字数分の文字列や数値を置換文字列で置き換えます。

使用例　コード番号の一部を「X」で表示する

下表では、顧客のコード番号の一部を非表示にするために、3桁目以降から6文字までを「X」に置換しています。置換する文字は「"」で囲みます。

C2　=REPLACE(B2,3,6,"XXXXXX")

	A	B	C	D
1	顧客名	コード番号	コード番号非表示	
2	神田 櫻子	K-2000123456	K-XXXXXX3456	
3	高西 成允	T-2022546789	T-XXXXXX6789	
4	笹岡 誠仁	S-2018258741	S-XXXXXX8741	
5	山口 彩香	Y-2005369123	Y-XXXXXX9123	
6				

09-09

f(x) =REPLACE(B2,3,6,"X")

文字列操作　検索／置換　2016 2019 2021 365

REPLACEB リプレース・ビー

指定したバイト数の文字列を置換する

書　式　REPLACEB(文字列, 開始位置, バイト数, 置換文字列)

[文字列] 中の [開始位置] 以降の [バイト数] を [置換文字列] に置換する。

機　能　REPLACEB関数は、文字列中の指定された開始位置から、バイト数分の文字列や数値を置換文字列に置き換えます。

関連 PEPLACE ………………………… P.273

文字列操作　検索／置換　2016 2019 2021 365

SUBSTITUTE サブスティチュート

指定した文字列を置換する

書　式　SUBSTITUTE(文字列, 検索文字列, 置換文字列 [, 置換対象])

機　能　SUBSTITUTE関数は、文字列中の検索文字列の一部または全部の文字列を置換文字列で置き換えます。
[検索文字列] と同じすべての文字列を置き換えるか、[置換対象] 番目の検索文字列と同じ文字列を置き換えるかで指定します。

使用例　長い所属名を略称に置き換える

下表では、長い部署名を社内統一で略称を使用するための一覧を作成しています。「地区統括本部」を「TT」と置き換えています。

B2　=SUBSTITUTE(A2,"地区統括本部","TT")

	A	B	C	D
1	本部名	略称		
2	東大阪地区統括本部	東大阪TT		
3	松本南地区統括本部	松本南TT		
4	郡山地区統括本部	郡山TT		
5	鹿児島地区統括本部	鹿児島TT		
6				

09-10

f(x) =SUBSTITUTE(A2,"地区統括本部","TT")

FIXED フィックスト

数値を四捨五入しカンマを使った文字列に変換する

書　式　FIXED(数値 [, 桁数] [, 桁区切り])

計算例　FIXED(123456.789,1)
数値[123456.789]を小数点以下第2位で四捨五入し、桁区切り記号を使った文字列[123,456.8]に変換する。

機　能　FIXED関数は数値を四捨五入して、桁区切り記号「,」を使って書式設定した文字列に変換します。
[桁区切り]は、論理値で指定します。記号を入れない場合は[TRUE]、入れる場合は[FALSE](または省略)とします。
通常は表示形式を設定しても、表示が変わるだけで文字列には変換されませんが、FIXED関数を使用すると、数値は書式設定された文字列に変換されます。

使用例　数値を文字列に変換して文章に使う

下表では、円の面積の数値[47916.35655]を小数点以下第3位で四捨五入し、桁区切り記号を使った文字列[47,916.36]に変換して、文章に埋め込んでいます。

C2　="面積は、約"&FIXED(B2,2,FALSE)&"㎡です。"

	A	B	C	D	E
1	円の半径（m）	円の面積（㎡）	補足		
2	123.5	47916.35655	面積は、約47,916.36㎡です。		
3					
4					
5					
6					
7					
8					

09-11

f(x) ="面積は、約"&FIXED(B2,2,FALSE)&"㎡です。"

DOLLAR ダラー

YEN エン

BAHTTEXT バーツ・テキスト

数値を四捨五入し通貨記号を付けた文字列に変換する

書式 DOLLAR(**数値** [, **桁数**])
数値を四捨五入し、ドル記号を付けた文字列に変換する。

書式 YEN(**数値** [, **桁数**])
数値を四捨五入し、円記号を付けた文字列に変換する。

書式 BAHTTEXT(**数値**)
数値を四捨五入し、バーツ書式の文字列に変換する。

機能 DOLLAR関数は、[数値] を四捨五入して、ドル記号「$」を付けた文字列に変換します。YEN関数は、[数値] を四捨五入して、円記号「¥」を付けた文字列に変換します。[桁数] には、小数点以下の桁数を指定します。
BAHTTEXT関数は、[数値] を四捨五入して、タイで使われるバーツ書式を設定した文字列に変換します。
通常は表示形式を設定しても、表示が変わるだけで文字列には変換されませんが、DOLLAR関数を使用すると、数値は書式設定された文字列に変換されます。

使用例 数値の通貨記号付文字列への変換

下表では、数値 [1000] に対するドル、円、バーツ表示を表しています。文字列に変換されるため、各セルとも左詰めで表示されます。

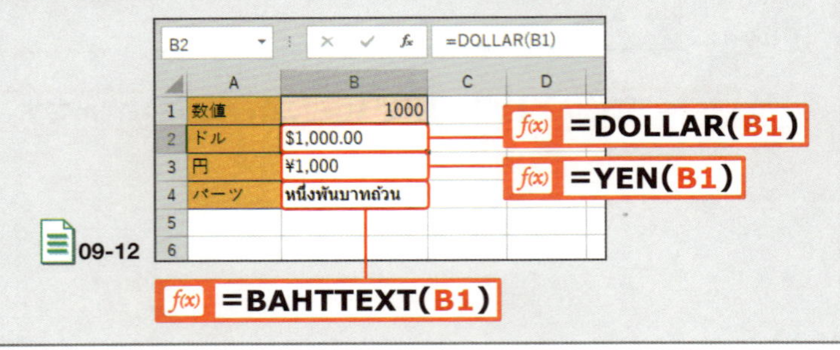

	A	B	C	D
1	数値	1000		
2	ドル	$1,000.00		
3	円	¥1,000		
4	バーツ	หนึ่งพันบาทถ้วน		
5				
6				

文字列操作　数値／文字列　2016 2019 2021 365

NUMBERSTRING ナンバー・ストリング

数値を漢数字に変換する

書　式　NUMBERSTRING(数値,書式)

計算例　NUMBERSTRING(12000,1)
数値［12000］を漢数字［一万二千］に変換する。

機　能　NUMBERSTRING関数は、指定した数値を漢数字に変換する関数です。通常は数値を入力したセルに表示形式を設定しても、表示が変わるだけで文字列には変換されませんが、NUMBERSTRING関数を使用すると、数値は書式設定された文字列に変換されます。つまり、文字列の扱いになるので計算には利用できません。

解　説　NUMBERSTRING関数は、［関数ライブラリ］や［関数の挿入］ダイアログボックスには表示されないので、関数の書式に従ってセルに直接入力します。［書式］には以下の1～3を入力します。入力によって表示が変化します。

書　式	変換文字
1	「一、二、三、…」、位取りの「十、百、千、万、…」
2	「壱、弐、参、…」、位取りの「拾、百、阡、萬、…」
3	「〇、一、二、三、…」

文字列操作　数値／文字列　2016 2019 2021 365

T ティー

文字列を抽出する

書　式　T(値)

計算例　T("あいう")
文字列［あいう］を返す。

機　能　T関数は［値］が文字列を参照する場合のみ、その文字列を返ます。値が文字列以外のデータを参照している場合は、空白文字列［""］を返します。
T関数は主に、セル参照によって文字列だけを抽出する場合に使われる関数です。

TEXT テキスト

数値を書式設定した文字列に変換する

書　式　TEXT(数値, 表示形式)

計算例　TEXT(1200,"¥#,##0")
数値［1200］を、指定した表示形式の文字列［¥1,200］に変換する。

機　能　TEXT関数は、［数値］をさまざまな表示形式（P.279参照）を設定した文字列に変換します。
表示形式は、数値の書式を「"yyy/m/d"」（日付）や「"#,##0"」（桁区切り）など、ダブルクォーテーション「"」で囲んだテキスト文字列として指定します。表示形式については、次ページを参照してください。

解　説　通常は数値を含むセルに表示形式を設定しても、表示が変わるだけで文字列には変換されませんが、TEXT関数を使用すると、［数値］は書式設定された文字列に変換されます。

使用例　数値によって表示形式を変更する

TEXT関数の［表示形式］に条件値を指定しておくと、条件によって異なる表示形式を［数値］に設定することができます。
［表示形式］に、「[>=100000]約#,###,千;#,###」と指定すると、［数値］が［100000］以上の場合は「約○千」と表示し、［100000］未満の場合は桁区切りして表示します。
また、日付をもとに曜日を表示させることもできます。［表示形式］に［aaaa］を指定すると、日付に対応する曜日を「○曜日」という形式で表示します。

C2　=TEXT(A2,B2)

	A	B	C
1	[数値]	[表示形式]	TEXTの戻り値
2	123456	[>=100000]約#,###,千;#,###	約123千
3	10000	[>=100000]約#,###,千;#,###	10,000
4	20241010	#年00月00日	2024年10月10日
5	2024/10/10	aaaa	木曜日
6			
7			

09-13

●おもな表示形式の書式記号

分　類	書式記号	内　容
数値	0	数字を表示。桁数に満たない場合は「0」を表示
	?	数字を表示。桁数に満たない場合はスペースを表示
	#	数字を表示
	.（ピリオド）	小数点を表示
	%	パーセントを表示
	/	分数を表示
通貨	,（カンマ）	桁区切りを表示
	¥	金額を表示
	$	ドルを表示
日付	yyyy	西暦 4 桁を表示
	yy	西暦下 2 桁を表示
	e	和暦の年を表示
	ggg	和暦の元号を表示
	mmm	月の英語表示（Jan ～ Dec）
	mm	月の 2 桁表示（01 ～ 12）
	m	月の表示（1 ～ 12）
	ddd	曜日の英語表示（Sun ～ Sat)
	aaaa	曜日を表示（日曜日～土曜日）
	aaa	曜日の短縮表示（日～土）
	dd	日の 2 桁位表示（01 ～ 31）
	d	日の表示（1 ～ 31）
時刻	hh	時間の 2 桁表示（00 ～ 23）
	h	時間の表示（0 ～ 23）
	mm	分の 2 桁位表示（00 ～ 59）
	m	分の表示（0 ～ 59）
	ss	秒の 2 桁位表示（00 ～ 59）
	s	秒の表示（0 ～ 59）
	[h]	時間の経過時間の表示（24 時を過ぎた［26］）
	[m]	分の経過時間の表示（60 分を超えた［100］）
文字	!	「！」の後ろの半角文字を 1 文字表示
	_	「_」（アンダーバー）の後ろに指定した文字と同じ文字幅のスペースを空ける

※書式記号はすべて半角で入力します。

ASC アスキー

文字列を半角に変換する

書　式　ASC(**文字列**)

計算例　ASC(" **エクセル** ")
全角の文字列［エクセル］を半角「ｴｸｾﾙ」に変換する。

機　能　ASC関数は、指定した文字列内の全角の英数カナ文字を半角文字に変換します。文字列を引数に直接指定する場合は、計算例のように「"」で囲みます。文字列に記号がある場合は、対応する半角や全角の記号があればその記号だけが処理されます。

関連　**JIS** ································ P.280

JIS ジス

文字列を全角に変換する

書　式　JIS(**文字列**)

計算例　JIS(" **ﾜｰﾄﾞ** ")
半角の文字列［ﾜｰﾄﾞ］を全角「ワード」に変換する。

機　能　JIS関数は、指定した文字列内の半角の英数カナ文字を全角文字に変換します。

使用例　文字列の全角／半角の変換例

下表では、A列に入力された文字列を、ASC関数（B列）とJIS関数（C列）を用いて半角と全角に変換しています。

	A	B	C
1	文字列	全角→半角	半角→全角
2		ASC	JIS
3	123	123	１２３
4	株式会社	株式会社	株式会社
5	メグテクノロジー	ﾒｸﾞﾃｸﾉﾛｼﾞｰ	メグテクノロジー
6	ﾒｸﾞﾃｸﾉﾛｼﾞｰ	ﾒｸﾞﾃｸﾉﾛｼﾞｰ	メグテクノロジー
7	株式会社メグテクノロジー	株式会社ﾒｸﾞﾃｸﾉﾛｼﾞｰ	株式会社メグテクノロジー
8	株式会社 メグテクノロジー	株式会社 ﾒｸﾞﾃｸﾉﾛｼﾞｰ	株式会社　メグテクノロジー
9	株式会社　メグテクノロジー	株式会社 ﾒｸﾞﾃｸﾉﾛｼﾞｰ	株式会社　メグテクノロジー
10	株式会社 メグテクノロジー	株式会社ﾒｸﾞﾃｸﾉﾛｼﾞｰ	株式会社メグテクノロジー
11			

09-14

関連　**ASC** ································ P.280

VALUE バリュー

文字列を数値に変換する

書　式　VALUE(**文字列**)

計算例　VALUE("2020")
文字列として指定した[2020]を数値の[2020]に変換する。

機　能　VALUE関数は、文字列を数値に変換します。
変換した結果がエラーになる場合は、N関数を試してみてください(P.213参照)。

VALUETOTEXT バリュー・トゥ・テキスト

値を文字列に変換する

書　式　VALUETOTEXT(**値** [, **書式**])

計算例　VALUETOTEXT(A2:A6)
セル[A2]～[A6]の値を文字列に変換する。

機　能　VALUETOTEXT関数は、指定した任意の値を文字列に変換します。日付と時刻はシリアル値が文字列に変換されます。[書式]には、変換する文字列の書式を「0」か「1」で指定します。省略した場合は「0」とみなされます。「0」は[値]の種類にかかわらず、単純に文字列として返されます。「1」は文字列が「"」で囲まれます。日付や時刻はシリアル値が文字列に変換されます。

B2　=VALUETO

	A	B	C	D
1	データ	書式なし	書式「1」	
2	abc	abc	"abc"	
3	あいう	あいう	"あいう"	
4	12,345	12345	12345	
5	6月1日	45444	45444	
6	TRUE	TRUE	TRUE	
7				

f(x) =VALUETOTEXT(A2:A6)

f(x) =VALUETOTEXT(A2:A6,1)

09-15

関連　VALUE ………………………… P.281
ARRAYTOTEXT ……………… P.282

ARRAYTOTEXT アレイ・トゥ・テキスト

配列を文字列に変換する

書　式　ARRAYTOTEXT(配列 [, 書式])

計算例　ARRAYTOTEXT(A2:E4)
配列 [A2:E4] を文字列に変換する。

機　能　ARRAYTOTEXT関数は、指定した配列を文字列に変換します。数式や書式などは無視して、表示されている値を文字列として返します。日付と時刻はシリアル値が文字列に変換されます。
[書式] には、変換する文字列の書式を「0」か「1」で指定します。省略した場合は「0」とみなされます。「0」は、値が「,」で区切られた1行の文字列に変換されます。「1」は、配列定数の文字列に変換されます。行の区切りには「,」、列の区切りには「;」が使用されます。文字列は「"」で、配列定数全体は「{」「}」で囲まれます。

使用例　配列を文字列に変換する

下の例では、配列 [A2:E4] を文字列に変換しています。配列のデータをまとめて指定すると、スピル機能（P.354参照）によって自動的に結果が表示されます。

=ARRAYTOTEXT(A2:E4)

	A	B	C	D	E	F	G	H	I
1	番号	氏名	性別	誕生日	年齢				
2	1	浅田　真琴	女	4月4日	28				
3	2	伊東　翔太	男	7月21日	32				
4	3	植松　麻沙美	女	10月21日	45				
5									
6	配列を文字列に変換（[書式] を省略）								
7	1, 浅田　真琴, 女, 45020, 28, 2, 伊東　翔太, 男, 45128, 32, 3, 植松　麻沙美, 女, 45586, 45								
8									
9	配列を文字列に変換（[書式] に「1」を指定）								
10	{1,"浅田　真琴","女",45020,28;2,"伊東　翔太","男",45128,32;3,"植松　麻沙美","女",45586,45}								
11									
12									

=ARRAYTOTEXT(A2:E4,1)

09-16

関連　VALUETOTEXT ………………… P.281

TEXTSPLIT テキスト・スプリット

文字列に区切り文字を付けて行／列に分割表示する

書　式　TEXTSPLIT(文字列, 列区切り [, 行区切り] [, 空のセルを無視] [, 検索方法] [, 埋め込む値])

計算例　TEXTSPLIT(A2,",")
セル[A2]の文字列を「,」で区切って列方向に分割する。

機　能　TEXTSPLIT関数は、指定した区切り文字で文字列を列方向や行方向に分割します。
[列区切り]は、列方向に分割するときに使用する文字を指定します。[行区切り]は、行方向に分割するときに使用する文字を指定します。省略可能です。
[空のセルを無視]は、空のセルを無視するかどうかを指定します。「TRUE」は空のセルを無視します(詰めて表示する)。「FALSE」を指定するか省略すると、空のセルは空欄で表示されます(既定値)。[検索方法]は、「0」を指定するか省略すると大文字と小文字を区別します。「1」を指定すると区別しません。[埋め込む値]は、結果の列数や行数が異なる場合に空白のセルに表示する値を指定します。省略すると、エラー値[#N/A]が返されます。

使用例　文字列を「,」で区切って列方向に分割表示する

下表は、列の区切り文字に「,」を指定して、文字列を列方向に分割表示しています。分割した文字列はスピル機能(P.354参照)によって自動的に表示されます。

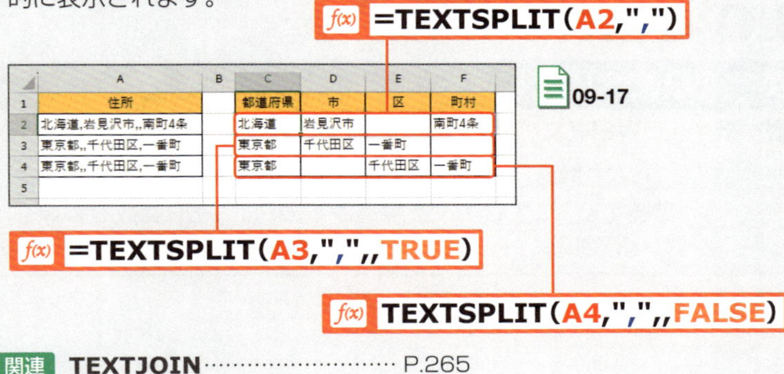

	A	B	C	D	E	F
1	住所		都道府県	市	区	町村
2	北海道,岩見沢市,,南町4条		北海道	岩見沢市		南町4条
3	東京都,,千代田区,一番町		東京都	千代田区	一番町	
4	東京都,,千代田区,一番町		東京都		千代田区	一番町
5						

関連　TEXTJOIN……………………… P.265

文字列操作　数値／文字列　2016 2019 2021 365

PHONETIC フォネティック

設定されているふりがなを取り出す

書　式　PHONETIC(参照)

計算例　PHONETIC(A1)
セル［A1］に入力されている文字列のふりがなを取り出す。

機　能　PHONETIC関数は、［参照］に指定したセルの入力時の情報をふりがなとして返します。
したがって、ほかのアプリで入力したデータをExcelに読み込んだ場合は、入力時の情報がないため、ふりがなを取り出すことはできません。

文字列操作　大文字／小文字　2016 2019 2021 365

UPPER アッパー

英字を大文字に変換する

書　式　UPPER(文字列)

機　能　UPPER関数は、文字列に含まれる「英字をすべて大文字に変換する」関数です。使用例は、PROPER関数(P.285)を参照してください。

文字列操作　大文字／小文字　2016 2019 2021 365

LOWER ロウアー

英字を小文字に変換する

書　式　LOWER(文字列)

機　能　LOWER関数は、文字列に含まれる「英字をすべて小文字に変換する」関数です。使用例は下のPROPER関数を参照してください。

PROPER プロパー

英単語の先頭文字を大文字に、以降を小文字に変換する

書　式　PROPER(**文字列**)

機　能　PROPER関数は、文字列中の英単語の先頭文字を大文字に、2文字目以降の英字を小文字に変換する関数です。
元の文字列を変換したい場合は、PROPER関数を適用して変換した文字列を値として貼り付けます。

使用例　大文字／小文字に変換する

下表では、A列［氏名］の文字列を大文字／小文字に変換します。
B列は、UPPER関数を利用して英字を大文字に変換します。C列は、PROPER関数を利用して先頭文字を大文字に変換します。
変換したそれぞれの文字列は、文字列で表示されていますが、関数を使用して得られた値のため、セル内には数式が入力されています。変換した文字列をそのままコピーして利用することはできません。利用するには、セルをコピーして、ほかのセルに貼り付ける際に［貼り付け］の下をクリックして［値］を選択します。
下表では、大文字に変換したB列をコピーして、D列に［値］として貼り付けています。さらに、E列ではLOWER関数を利用してD列の文字列を小文字に変換しています。

f(x) =PROPER(A2)　　f(x) =LOWER(D2)

C2　=PROPER(A2)

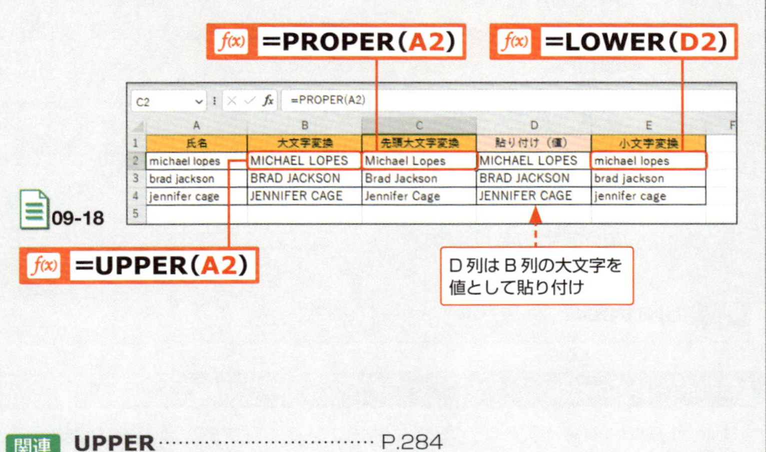

	A	B	C	D	E
1	氏名	大文字変換	先頭大文字変換	貼り付け（値）	小文字変換
2	michael lopes	MICHAEL LOPES	Michael Lopes	MICHAEL LOPES	michael lopes
3	brad jackson	BRAD JACKSON	Brad Jackson	BRAD JACKSON	brad jackson
4	jennifer cage	JENNIFER CAGE	Jennifer Cage	JENNIFER CAGE	jennifer cage
5					

09-18

f(x) =UPPER(A2)

D列はB列の大文字を値として貼り付け

関連　UPPER …… P.284
LOWER …… P.284

文字列操作　文字コード　2016 2019 2021 365

CHAR キャラクター

文字コードを文字に変換する

書　式　CHAR(**数値**)

計算例　CHAR(9250)
数値 [9250] に対応する文字列「あ」を返す。

機　能　CHAR関数は [数値] をASCIIあるいはJISコード番号とみなし、それに対応する文字を返します。
たとえば、文字コード [9280] [12340] [65] を [数値] に指定して、それぞれの文字コードに対応する文字列を返します。　09-19

B2　=CHAR(A2)

	A	B
1	コード	文字列
2	9280	だ
3	12340	梓
4	65	A
5		

文字列操作　文字コード　2016 2019 2021 365

UNICHAR ユニコード・キャラクター

Unicode番号を文字に変換する

書　式　UNICHAR(**数値**)

計算例　UNICHAR(66)
[数値] で指定するUnicode番号 [66] で表される文字 [B] を返す。

機　能　UNICHAR関数は、[数値] で指定したUnicode番号の文字を返します。Unicode番号によっては、表示できない文字もあります。

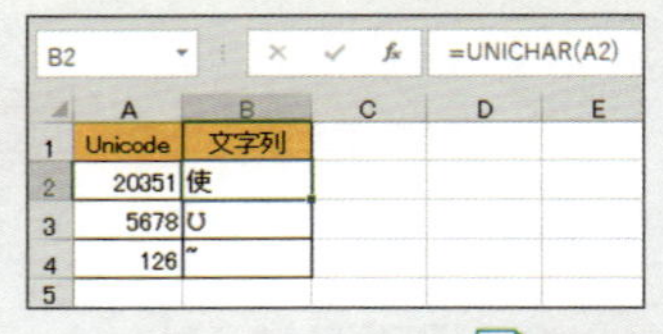
B2　=UNICHAR(A2)

	A	B
1	Unicode	文字列
2	20351	使
3	5678	Ʊ
4	126	~
5		

09-20

関連　**UNICODE** ………………………… P.287

MEMO | Unicode

Unicode（ユニコード）とは、ユニコードコンソーシアムにより策定された、世界標準の文字コードです。

CODE コード

文字を文字コードに変換する

書　式　CODE(文字列)

計算例　CODE("A")
文字列 [A] に対応するコード番号 [65] を返す。

機　能　CODE関数はCHAR関数とは逆に、文字列の先頭文字に対応するASCIIあるいはJISコード番号を返します。
たとえば、文字列 [あ] [技] [G] を [文字列] に指定して、それぞれの文字列に対応する文字コードを返します。

B2　=CODE(A2)

	A	B
1	文字列	コード
2	あ	9250
3	技	13627
4	G	71
5		

09-21

関連　CHAR ………………………………… P.286

UNICODE ユニコード

文字のUnicode番号を調べる

書　式　UNICODE(文字列)

計算例　UNICODE(" さくら ")
[さくら] の最初の文字の [さ] のUnicode番号 [12373] を返す。

機　能　UNICODE関数は、文字のUnicode番号を調べます。文字列の場合は、先頭の1文字目のUnicode番号を調べます。

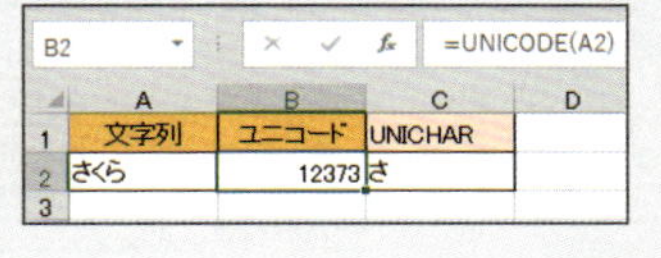

文字列操作　国際化　2016 2019 2021 365

NUMBERVALUE ナンバー・バリュー

地域表示形式で表された文字列を数値に変換する

書　式　NUMBERVALUE(文字列,[小数点記号],[桁区切り記号])

計算例　NUMBERVALUE("1.234,56",",",".")

[文字列]の[1.234,56]の小数点記号を、日本で使用されている[1,234.56]の表示形式の数値に変換する。

機　能　国や地域によって、桁区切り記号や小数点の記号が異なります。NUMBERVALUE関数は、[文字列]の数字の桁区切り記号などを変換します。この計算例では、ドイツなどで用いる[1.234,56]を[1,234.56]にするために、小数点記号を[,]、桁区切り記号を[.]に指定し変換しています。

文字列操作　比較　2016 2019 2021 365

EXACT イグザクト

2つの文字列が等しいかを比較する

書　式　EXACT(文字列1, 文字列2)

計算例　EXACT("Excel","excel")

指定した2つの文字列[Excel]と[excel]は異なるので、[FALSE]を返す。

機　能　EXACT関数は、2つの文字列を比較してまったく同じである場合は[TRUE]を、そうでない場合は[FALSE]を返します。英字の大文字と小文字や全角と半角は区別されますが、書式設定の違いは無視します。この関数は、ワークシートに入力した文字列の照合などに使用することができます。

C2　=EXACT(A2,B2)

	A	B	C
1	氏名	再入力	確認
2	青木　雅哉	青木 雅也	FALSE
3	michael lopes	michael lopes	TRUE
4	brad jackson	Brad Jackson	FALSE
5	加藤　静香	加藤　静香	TRUE
6	山元　壮太	山本 壮太	FALSE
7			

09-23

文字列操作　文字削除　2016 2019 2021 365

CLEAN クリーン

文字列から印刷できない文字を削除する

書　式　CLEAN(**文字列**)

計算例　CLEAN(**"加瀬・忠志"**)

文字列［加瀬・忠志］から印刷できない文字「·」が削除され、［加瀬 忠志］と表示される。

機　能　Excelでは、印刷できない文字列が「·」で表示されます。この文字列は、記号の「・」（中黒）ではなく、ほかのアプリで作成したデータを読み込んだときやMacで作成されたExcelのファイルを開いた場合などに表示されます。このような印刷できない文字列を削除する場合は、CLEAN関数を使用します。

文字列操作　文字削除　2016 2019 2021 365

TRIM トリム

不要なスペースを削除する

書　式　TRIM(**文字列**)

計算例　TRIM(**"青木   雅哉"**)

文字列［青木   雅哉］（半角スペースが3つ入力されている）から余分なスペースが削除され、［青木 雅哉］と表示される。

機　能　TRIM関数は、文字列に複数のスペースが連続して含まれている場合に、単語間のスペースを1つずつ残して、それ以外の不要なスペースを削除します。たとえば、ほかのアプリで作成されたテキスト形式のファイルを読み込んだときなど、不要なスペースを削除する場合に使用します。

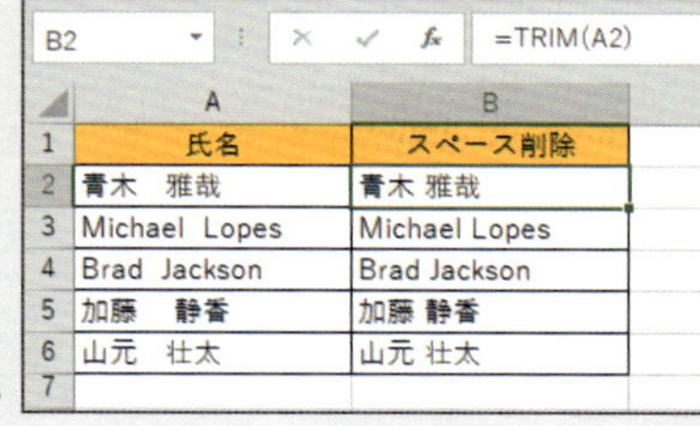

B2　=TRIM(A2)

	A	B
1	氏名	スペース削除
2	青木　雅哉	青木 雅哉
3	Michael Lopes	Michael Lopes
4	Brad Jackson	Brad Jackson
5	加藤　　静香	加藤 静香
6	山元　壮太	山元 壮太
7		

09-24

REPT リピート

文字列を繰り返して表示する

書　式　REPT(文字列,繰り返し回数)

計算例　REPT("咲いた",2)
文字列［咲いた］が［2回］繰り返され、［咲いた咲いた］と表示される。

機　能　REPT関数は、文字列を指定された回数だけ繰り返して表示します。この関数を使用して、セル幅いっぱいに文字列を表示したり、ワークシートに簡易グラフを作成したりすることができます。
［繰り返し回数］に［0］を指定すると、空白の文字列が挿入されます。また、小数点がある場合は、小数点以下は切り捨てられます。なお、REPT関数で作成される文字列の長さは、全角／半角の区別なく、32,767文字までです。

解　説　売上高や入場者数などの数値を比較するには、グラフを作成してデータを視覚化するのが効果的です。グラフを作成するのが面倒な場合には、REPT関数を利用します。売上高や入場者数などの数値分だけ同じ文字を表示する簡易グラフが作成できるので便利です。ただし、小数点以下は無視されます。

使用例　簡易グラフの作成

下表では、入場者数の比較を簡易グラフで示しています。セル［B7］が「10.4」、セル［B8］が「10.8」ですが、小数点以下が無視されるため、両者とも「■」は10個繰り返されています。

C3　=REPT("■",B3)

	A	B	C
1	映画別入場者数比較表		
2	映画タイトル	入場者数	入場者数の比較
3	宇宙の戦い	20.3	■■■■■■■■■■■■■■■■■■■■
4	森と空の子	18.4	■■■■■■■■■■■■■■■■■■
5	風の詩を聴きながら	14.4	■■■■■■■■■■■■■■
6	スパイ作戦Part3	13.1	■■■■■■■■■■■■■
7	クジラと少年の旅	10.4	■■■■■■■■■■
8	魔法界の冒険	10.8	■■■■■■■■■■
9	白雪姫物語	9.8	■■■■■■■■■
10	僕らの人生ゲーム	8.7	■■■■■■■■
11		(万人)	

09-25

第10章 エンジニアリング

Excelのエンジニアリング関数には、10進数を16進数に変換するなどの基数変換、2つの数値の比較、単位の変換という技術計算などでよく使われるものから、複素数の変換や実数部、虚数部を求めるといった複素数に関するさまざまな計算をするための関数が多数用意されています。また、誤差関数の積分値の計算やベッセル関数の計算など、複雑な計算も関数を使用して求めることができます。

エンジニアリング　ビット演算　2016 2019 2021 365

BITAND ビット・アンド

論理積を求める（ビット演算）

書　式　BITAND(**数値 1**, **数値 2**)

計算例　BITAND(9,14)
[数値1]と[数値2]を2進数表記にした際に、両方のビットが「1」となるビットの合計「8」を返す。

機　能　BITAND関数は、[数値1]と[数値2]で指定した数値を2進数表記にした際、それぞれの数値のビットが「1」の場合に、ビット位置ごとに合計して返します。
計算例は、下段のBITOR関数を参照してください。

エンジニアリング　ビット演算　2016 2019 2021 365

BITOR ビット・オア

論理和を求める（ビット演算）

書　式　BITOR(**数値 1**, **数値 2**)

計算例　BITOR(9,14)
[数値1]と[数値2]を2進数表記にした際に、いずれかビットが「1」となるビットの合計「15」を返す。

機　能　BITOR関数は、[数値1]と[数値2]で指定した数値を2進数表記にした際、両方もしくはいずれか一方の数値のビットが「1」の場合に、そのビット位置の値を合計して返します。

使用例　2つの数値のビットを計算する

下表では、計算例の数値から、論理積（BITAND関数）、論理和（BITOR関数）、排他的論理和（BITXOR関数）を求めています。

B5　=BITOR(B2,B3)

	A	B	C	D
1		10進数	2進数	
2	[数値1]	9	1001	
3	[数値2]	14	1110	
4	論理積	8	1000	
5	論理和	15	1111	
6	排他的論理和	7	111	
7				

10-01

BITXOR ビット・エクスクルーシブ・オア

排他的論理和を求める（ビット演算）

書　式　BITXOR(数値 1, 数値 2)

計算例　BITXOR(9,14)
［数値1］と［数値2］を2進数表記にした際に、いずれか一方のビットが「1」となるビットの合計「7」を返す。

機　能　BITXOR関数は、［数値1］と［数値2］で指定した数値を2進数表記にした際、いずれか一方の数値のビットが「1」の場合に「1」、それ以外の場合は「0」となって返します。
計算例は、BITOR関数（P.292）を参照してください。

BITLSHIFT ビット・レフト・シフト

ビットを左シフトする

書　式　BITLSHIFT(数値, シフト数)

計算例　BITLSHIFT(6,1)
［数値］の［6］を2進数表記にした［110］を、［シフト数］で指定した［1ビット］分、左にシフトすると［1100］になる。これを10進数表記にした［12］を返す。

機　能　BITLSHIFT関数は、［数値］で指定した2進数の値の各ビットを、［シフト数］で指定した桁数（ビット）分、左にシフトさせます。このとき、シフトして空いた桁には自動的に0が入り、その値を10進数表記で返します。
［シフト数］がマイナスの場合は、右へシフトすることになります。

関連　**BITRSHIFT** ························ P.294

MEMO｜2進数

2進数など、n進数で表記されたものを10進数表記に変換するには、DECIMAL関数（P.49参照）を、10進数表記をn進数表記に変換するにはBASE関数（P.49参照）を使用できます。

エンジニアリング　ビット演算　2016 2019 2021 365

BITRSHIFT　ビット・ライト・シフト

ビットを右シフトする

書　式　BITRSHIFT(**数値**, **シフト数**)

計算例　BITRSHIFT(6,1)

[数値] の [6] を2進数表記した [110] を、[シフト数] で指定した [1ビット] 分、右にシフトすると [11] になる。これを10進数表記にした [3] を返す。

機　能　BITRSHIFT関数は、[数値] で指定した2進数の値の各ビットを、[シフト数] で指定した桁数（ビット)分、右にシフトさせます。このとき、1桁目（右端）の値は削除され、その値を10進数表記で返します。

たとえば「110」を右に1桁右にシフトすると「11」になり、「55」が返ります。

なお、[シフト数] がマイナスの場合は、左へシフトすることになります。

関連　**BITLSHIFT** ························ P.293

エンジニアリング　基数変換　2016 2019 2021 365

DEC2BIN　デシマル・トゥ・バイナリ

10進数を2進数に変換する

書　式　DEC2BIN(**数値** [, **桁数**])

計算例　DEC2BIN(100)

10進数の [100] を2進数の [1100100] に変換する。

機　能　DEC2BIN関数は10進数を2進数に変換します。[−512] より小さい数や [511] より大きい数は指定できません。

[桁数] に2進表記で桁数を指定し、先頭に [0] を補完することができます。[桁数] を省略すると、必要最低限の桁数で表示します。

[数値] に負の数を指定すると、桁数の指定は無視されて10桁の2進数が返されます。最上位ビットは符号を表し、残りの9ビットが数値の大きさを表します。なお、負の数は2の補数を使って表現します。

DEC2HEX デシマル・トゥ・ヘキサデシマル

10進数を16進数に変換する

書　式 DEC2HEX(**数値** [, **桁数**])

計算例 DEC2HEX(100,4)
10進数の[100]を16進数の[0064]に変換する。

機　能 DEC2HEX関数は10進数を16進数に変換します。
この関数では[−549,755,813,888]より小さい数や、[549,755,813,887]より大きい数は指定できません。
[桁数]で16進表記での桁数を指定し、先頭に[0]を補完することができます。[桁数]を省略すると、必要最低限の桁数で表示します。
[数値]に負の数を指定すると、桁数の指定は無視されて10桁の16進数(40ビット)が返されます。
最上位ビットは符号を表し、残りの39ビットが数値の大きさを表します。

DEC2OCT デシマル・トゥ・オクタル

10進数を8進数に変換する

書　式 DEC2OCT(**数値** [, **桁数**])

計算例 DEC2OCT(100,4)
10進数の[100]を8進数の[0144]に変換する。

機　能 DEC2OCT関数は10進数を8進数に変換します。
[−536,870,912]より小さい数や、[536,870,911]より大きい数を指定することはできません。
[桁数]で8進表記での桁数を指定し、先頭に[0]を補完することができます。[桁数]を省略すると、必要最低限の桁数で表示します。
[数値]に負の数を指定すると、桁数の指定は無視されて10桁の8進数(30ビット)が返されます。
最上位ビットは符号を表し、残りの29ビットが数値の大きさを表します。なお、負の数は2の補数を使って表現します。

エンジニアリング　基数変換　2016 2019 2021 365

BIN2DEC バイナリ・トゥ・デシマル

2進数を10進数に変換する

書　式　BIN2DEC(**数値**)

計算例　BIN2DEC(1010)
2進数の[1010]を10進数の[10]に変換する。

機　能　BIN2DEC関数は2進数を10進数に変換します。2進数に指定できる文字数は10文字(10ビット)までです。
[数値]の最上位のビットは符号を、残りの9ビットは数値の大きさを表します。なお、負の数は2の補数を使って表現します。

使用例　2進数を10進数に変換する

表では、2進数の数値が入力されているセルを参照して10進数に変換しています。

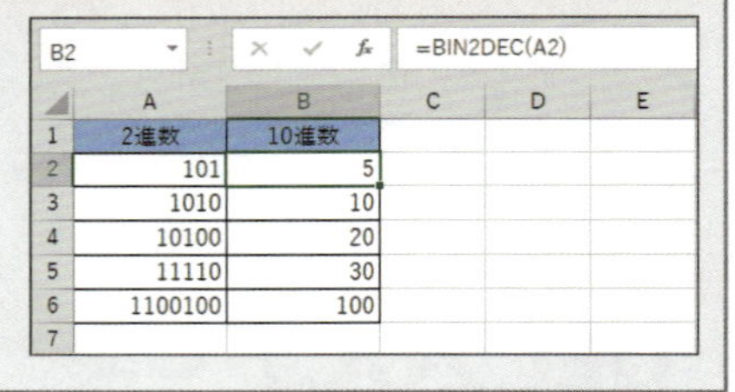
B2　=BIN2DEC(A2)

	A	B	C	D	E
1	2進数	10進数			
2	101	5			
3	1010	10			
4	10100	20			
5	11110	30			
6	1100100	100			
7					

MEMO | 10進数表記と2進数表記

物の数を数えたりお金の計算をしたりする際に使われるのは、0から9までの数字です。0から1ずつ加えていき9に1を加えると桁上がりをし、「10」になります。このように0から9までの10個の数字の組み合わせの表記方法を「10進数」といいます。これに対し「2進数」は0と1の2つの数字の表記方法で、1に1を加えると桁上がりをし、「10」になります。ただし、「10」は「じゅう」と読むのではなく、「いちぜろ」もしくは「いちまる」と読みます。「0」と「1」の2つの数字の組み合わせで表すので、「2進数」といいます。
2進数は、世の中にあるほとんどのコンピューターで利用されているものです。一般的なコンピューターでは、「0」(信号がない)と「1」(信号がある)の組み合わせてさまざまな処理を行っています。このときに欠くことができないのが2進数の考え方です。
たとえば、10進数表記の「54」を2進数表記にすると「110110」と桁数が多くなります。しかし、コンピューターの演算装置は「5」や「4」を理解できないので、処理が行えません。2進数表記を10進数表記に変換するには「BIN2DEC関数」を、その逆は「DEC2BIN関数」(P.294参照)を使用します。

エンジニアリング　基数変換　2016 2019 2021 365

BIN2HEX　バイナリ・トゥ・ヘキサデシマル

2進数を16進数に変換する

書　式　BIN2HEX(**数値** **[, 桁数]**)

計算例　BIN2HEX(1100100)
2進数の[1100100]を16進数の[64]に変換する。

機　能　BIN2HEX関数は2進数を16進数に変換します。2進数に指定できる文字数は10文字(10ビット)までです。なお、負の数は2の補数を使って表現します。
[桁数]で16進表記での桁数を指定し、先頭に[0]を補完することができます。[桁数]を省略すると、必要最低限の桁数で表示します。
[数値]に負の数を指定すると、桁数の指定は無視されて10桁の16進数(40ビット)が返されます。
最上位ビットは符号を表し、残りの39ビットが数値の大きさを表します。

エンジニアリング　基数変換　2016 2019 2021 365

BIN2OCT　バイナリ・トゥ・オクタル

2進数を8進数に変換する

書　式　BIN2OCT(**数値** **[, 桁数]**)

計算例　BIN2OCT(1100100)
2進数の[1100100]を8進数の[144]に変換する。

機　能　BIN2OCT関数は2進数を8進数に変換します。2進数に指定できる文字数は10文字(10ビット)までです。なお、負の数は2の補数を使って表現します。
[数値]の最上位のビットは符号を、残りの9ビットは数値の大きさを表します。
[桁数]は、変換結果の桁数を1～10の整数で指定します。8進表記での桁数を指定し、先頭に[0]を補完することができます。[桁数]を省略すると、必要最低限の桁数で表示します。

エンジニアリング　基数変換　2016 2019 2021 365

HEX2DEC ヘキサデシマル・トゥ・デシマル

16進数を10進数に変換する

書　式　HEX2DEC(**数値**)

計算例　HEX2DEC("64")
16進数の[64]を10進数の[100]に変換する。

機　能　HEX2DEC関数は16進数を10進数に変換します。16進数に指定できる文字数は、10文字(40ビット)までです。なお、負の数は2の補数を使って表現します。
[数値]の最上位のビットは符号を、残りの39ビットが数値の大きさを表します。

解　説　16進数を[数値]に指定する場合には、半角のダブルクォーテーション「"」で囲んで文字列として指定する必要があります。

エンジニアリング　基数変換　2016 2019 2021 365

HEX2BIN ヘキサデシマル・トゥ・バイナリ

16進数を2進数に変換する

書　式　HEX2BIN(**数値** [, **桁数**])

計算例　HEX2BIN("64")
16進数の[64]を2進数の[1100100]に変換する。

機　能　HEX2BIN関数は16進数を2進数に変換します。16進数に指定できる文字数は、10文字(40ビット)までです。[FFFFFFFE00]より小さい負の数や[1FF]より大きい正の数を指定できません。[数値]の最上位のビットは符号を、残りの39ビットが数値の大きさを表します。
[桁数]は1以上10以下の整数で指定します。結果の桁が少ない場合は、先頭に[0]が補われます。

解　説　16進数を[数値]に指定する場合には、半角のダブルクォーテーション「"」で囲んで文字列として指定する必要があります。

エンジニアリング 基数変換 2016 2019 2021 365

HEX2OCT ヘキサデシマル・トゥ・オクタル

16進数を8進数に変換する

書　式　HEX2OCT(**数値** **[, 桁数]**)

計算例　HEX2OCT("64")
16進数の[64]を8進数の[144]に変換する。

機　能　HEX2OCT関数は16進数を8進数に変換します。16進数に指定できる文字数は、10文字(40ビット)までです。[FFE0000000]より小さい負の数や[1FFFFFFF]より大きい正の数は指定できません。
[数値]の最上位のビット(右から40番目のビット)は符号を、残りの39ビットが数値の大きさを表します。[数値]に負の数を指定すると、桁数の指定は無視されて10桁の8進数(30ビット)が返されます。

解　説　16進数を[数値]に指定する場合には、半角のダブルクォーテーション「"」で囲んで文字列として指定する必要があります。

エンジニアリング 基数変換 2016 2019 2021 365

OCT2BIN オクタル・トゥ・バイナリ

8進数を2進数に変換する

書　式　OCT2BIN(**数値** **[, 桁数]**)

計算例　OCT2BIN(144)
8進数の[144]を2進数の[1100100]に変換する。

機　能　OCT2BIN関数は8進数を2進数に変換します。
8進数に指定できる文字数は10文字(30ビット)までです。
OCT2BIN関数では、[7777777000]より小さい負の数や[777]より大きい正の数を指定できません。
数値の最上位のビットは符号を表し、残りの29ビットは数値の大きさを表します。
[数値]に負の数を指定すると、桁数の指定は無視されて10桁の2進数(10ビット)が返されます。

OCT2DEC オクタル・トゥ・デシマル

8進数を10進数に変換する

書　式　OCT2DEC(数値)

計算例　OCT2DEC(162)
8進数の[162]を10進数の[114]に変換する。

機　能　OCT2DEC関数は8進数を10進数に変換します。8進数に指定できる文字数は10文字（30ビット）までです。数値の最上位のビットは符号を表し、残りの29ビットは数値の大きさを表します。なお、負の数は2の補数を使って表現します。

OCT2HEX オクタル・トゥ・ヘキサデシマル

8進数を16進数に変換する

書　式　OCT2HEX(数値 [, 桁数])

計算例　OCT2HEX(162)
8進数の[162]を16進数の[72]に変換する。

機　能　OCT2HEX関数は8進数を16進数に変換します。8進数に指定できる文字数は10文字（30ビット）までです。
数値の最上位のビットは符号を表し、残りの29ビットは数値の大きさを表します。
[桁数]で16進表記での桁数を指定し、先頭に[0]を補完することができます。[桁数]を省略すると、必要最低限の桁数で表示します。
[数値]に負の数を指定すると、桁数の指定は無視されて10桁の16進数（40ビット）が返されます。最上位ビットは符号を表し、残りの39ビットが数値の大きさを表します。

B3　=OCT2DEC(A3)

	A	B	C
1	8進数	OCT2DEC関数	OCT2HEX関数
2		10進数	16進数
3	50	40	28
4	126	86	56
5	162	114	72
6			

10-03

DELTA デルタ

2つの数値が等しいかどうか調べる

書式 DELTA(数値1, 数値2)

計算例 DELTA(A1,B1)
セル[A1]とセル[B1]が等しいかどうか調べる。

機能 DELTA関数は、「クロネッカーのデルタ関数」とも呼ばれ、2つの[数値]が等しいかどうかを調べます。
[数値1]=[数値2]のとき[1]を返し、それ以外の場合は[0]を返します。
この関数は、複数の値をふるい分けするときに使用します。たとえば、複数のDELTA関数の戻り値を合計することによって、等しい[数値]の組の数を計算することができます。ただし、整数以外の場合には、発生誤差に注意する必要があります。

GESTEP ジー・イー・ステップ

数値がしきい値より小さくないか調べる

書式 GESTEP(数値 [, しきい値])

計算例 GESTEP(A1,1.0)
セル[A1]が[しきい値=1.0]より小さいかどうかを調べる。

機能 GESTEP関数は、[数値]が[しきい値]より小さいかどうかを調べます。しきい値(閾値)とは、動作や表示内容が変わる境目の値のことです。[数値]≧[しきい値]のとき[1]を返し、それ以外の場合は[0]を返します。
この関数は、複数の値をふるい分けするときに使用します。たとえば、複数のGESTEP関数の戻り値を合計することによって、しきい値を超えたデータの数を計算することができます。ただし、整数以外の場合には、発生誤差に注意する必要があります。

CONVERT コンバート

数値の単位を変換する

書　式　CONVERT(**数値**, **変換前単位**, **変換後単位**)

計算例　CONVERT(1,"yd","cm")
1ヤードをcmに換算すると91.44cmとなる。

機　能　CONVERT関数は、さまざまな[数値]の単位を変換します。たとえば、メートル単位で表示されている距離を、マイル単位に変換することができます。
[変換前単位]と[変換後単位]には、次のような文字列を半角のダブルクォーテーション「"」で囲んで指定することができます。文字列の大文字と小文字は区別されます。

単位の種類	単位の名称	単位
重量	グラム	g
	スラグ	sg
	ポンド（常衡）	lbm
	U（原子質量単位）	u
	オンス（常衡）	ozm
	トン	ton
距離	メートル	m
	法定マイル	mi
	海里	Nmi
	インチ	in
	フィート	ft
	ヤード	yd
	オングストローム	ang
	パイカ（1/72インチ）	Pica
	光年	ly
時間	年	yr
	日	day
		d
	時	hr
	分	mn
		m

単位の種類	単位の名称	単位
時間	秒	sec
		s
圧力	パスカル	Pa
		P
	気圧	atm
		at
	ミリメートルHg	mmHg
物理的な力	ニュートン	N
	ダイン	dyn
		dy
	ポンドフォース	lbf
エネルギー	ジュール	J
	エルグ	e
	カロリー（物理化学的熱量）	c
	カロリー（生理学的代謝熱量）	cal
	電子ボルト	eV
	馬力時	HPh
	ワット時	Wh
	フィートポンド	flb
	BTU（英国熱量単位）	BTU

単位の種類	単位の名称	単位
出力	馬力	HP
		h
	ワット	W
		w
磁力	テスラ	T
	ガウス	ga
温度	摂氏	C
		cel
	華氏	F
		fah
	絶対温度	K
		kel

単位の種類	単位の名称	単位
容積	ティースプーン	tsp
	テーブルスプーン	tbs
	オンス	oz
	カップ	cup
	パイント	pt
	クォート（米）	qt
	クォート（英）	uk_qt
	ガロン	gal
	リットル	l
		L
		lt
	立法メートル	m 3
		m^3

次に示す10のべき乗に対応する略語は、[変換前単位] あるいは [変換後単位] に前置することができます。

接頭語	10のべき乗	略語	接頭語	10のべき乗	略語
exa	1E+18	E	deci	1E−01	d
peta	1E+15	P	centi	1E−02	c
tera	1E+12	T	milli	1E−03	m
giga	1E+09	G	micro	1E−06	u
mega	1E+06	M	nano	1E−09	n
kilo	1E+03	k	pico	1E−12	p
hecto	1E+02	h	femto	1E−15	f
dekao	1E+01	e	atto	1E−18	a

使用例　単位変換の例

下表では、さまざまな単位を変換して、数値を求めています。

C2　=CONVERT(A2,B2,D2)

	A	B	C	D	E
1	数値	変換前単位	変換結果	変換後単位	
2	2	ozm	56.69904625	g	
3	80	yd	73.152	m	
4	2.5	hr	9000	sec	
5	10	C	50	F	
6	30	HP	22370.99615	W	
7	100	pt	47.3176473	L	
8					

10-04

MEMO｜複素数

複素数は、「$i^2=-1$」という性質を持つ「虚数単位」を用いて、実数部[x]および虚数部[y]で構成され、["x+yi"]または["x+yj"]という形式の「文字列」で表示されます。引数に複素数を直接指定する場合は、複素数の前後を半角のダブルクォーテーション「"」で囲みます。
COMPLEX関数は、実数部[x]および虚数部[y]を["x+yi"]の形式の[複素数]に変換します。
逆にIMREAL関数は、[複素数]の実数部を、IMAGINARY関数は虚数部を返します。
IMCONJUGATE関数は、文字列["x+yi"]の形式で指定された[複素数]の複素共役["x−yi"]を返します。
Excelの複素関数の戻り値は、係数や絶対値などは数値ですが、そうでない場合は、戻り値はすべて文字列になります。

関数名と書式	関数の機能
COMPLEX (実数,虚数[,虚数単位])	実数部[x]と虚数部[y]から複素数[x+yi]を作成する
IMREAL(複素数)	複素数[x+yi]から実数部[x]を取り出す
IMAGINARY(複素数)	複素数[x+yi]から虚数部[y]を取り出す
IMCONJUGATE(複素数)	複素数[x+yi]から共役複素数[x−yi]を作成する
IMABS(複素数)	複素数[x+yi]から絶対値[r]を求める
IMARGUMENT(複素数)	複素数[x+yi]から偏角[θ]を求める
IMSUM(複素数1[,複素数2]…)	複素数[a+bi]と複素数[c+di]の和を求める
IMSUB(複素数1,複素数2)	複素数[a+bi]と複素数[c+di]の差を求める
IMPRODUCT (複素数1[,複素数2]…)	複素数[a+bi]と複素数[c+di]の積を求める
IMDIV(複素数1,複素数2)	複素数[a+bi]と複素数[c+di]の商を求める
IMPOWER(複素数,数値)	複素数[a+bi]のべき乗を求める
IMSQRT(複素数)	複素数[a+bi]の平方根を求める
IMSIN(複素数)	複素数[a+bi]の正弦を求める
IMCOS(複素数)	複素数[a+bi]の余弦を求める
IMTAN(複素数)	複素数[a+bi]の正接を求める
IMSEC(複素数)	複素数[a+bi]の正割を求める
IMCSC(複素数)	複素数[a+bi]の余割を求める
IMCOT(複素数)	複素数[a+bi]の余接を求める
IMSINH(複素数)	複素数[a+bi]の双曲線正弦を求める
IMCOSH(複素数)	複素数[a+bi]の双曲線余弦を求める
IMSECH(複素数)	複素数[a+bi]の双曲線正割を求める
IMCSCH(複素数)	複素数[a+bi]の双曲線余割を求める
IMEXP(複素数)	複素数[a+bi]の指数関数を求める
IMLN(複素数)	複素数[a+bi]の自然対数を求める
IMLOG10(複素数)	複素数[a+bi]の常用対数を求める
IMLOG2(複素数)	複素数[a+bi]の2を底とする対数を求める

エンジニアリング　複素数　2016 2019 2021 365

COMPLEX コンプレックス

実数／虚数を指定して複素数を作成する

書　式　COMPLEX(実数, 虚数 [, 虚数単位])

計算例　COMPLEX(2,3,"i")

実数 [2]、虚数 [3]、虚数単位記号 [i] から複素数 [2+3i] を作成する。

機　能　COMPLEX関数は、実数係数 [x] および虚数係数 [y] を ["x+yi"] の形式の [複素数] に変換します。

エンジニアリング　複素数　2016 2019 2021 365

IMREAL イマジナリー・リアル

複素数の実数部を取り出す

書　式　IMREAL(複素数)

計算例　IMREAL("2+3i")

複素数 [2+3i] の実数係数 [2] を返す。

機　能　IMREAL関数は、複素数 [x+yi] から実数部 [x] を取り出します。

エンジニアリング　複素数　2016 2019 2021 365

IMAGINARY イマジナリー

複素数の虚数部を取り出す

書　式　IMAGINARY(複素数)

計算例　IMAGINARY("2+3i")

複素数 [2+3i] の虚数係数 [3] を返す。

機　能　IMAGINARY関数は、複素数 [x+yi] から虚数部 [y] を取り出します。

IMCONJUGATE イマジナリー・コンジュゲイト

複素数の複素共役を求める

書　式　IMCONJUGATE(**複素数**)

計算例　IMCONJUGATE("2+3i")
複素数 [2+3i] の複素共役 [2−3i] を返す。

機　能　IMCONJUGATE関数は、文字列 ["x+yi"] の形式で指定された [複素数] の複素共役 ["x−yi"] を求めます。

エンジニアリング 複素数 2016 2019 2021 365

IMABS イマジナリー・アブソリュート

複素数の絶対値を求める

書　式　IMABS(**複素数**)

計算例　IMABS("3+4i")
複素数 [3+4i] の絶対値 [5] を返す。

機　能　IMABS関数は、複素数 [x+yi] から以下の式で定義される絶対値 [r] を求めます。

$$r = \sqrt{x^2 + y^2}$$

エンジニアリング 複素数 2016 2019 2021 365

IMARGUMENT イマジナリー・アーギュメント

複素数の偏角を求める

書　式　IMARGUMENT(**複素数**)

計算例　IMARGUMENT("1+1i")
複素数 [1+1i] の偏角 [π/4] を返す。

機　能　IMARGUMENT関数は、複素数 [x+yi] を極形式で表した場合の偏角(戻り値の単位はラジアン)を求めます。

エンジニアリング 複素数 2016 2019 2021 365

IMSUM イマジナリー・サム

複素数の和を求める

書　式　IMSUM(複素数1[, 複素数2,…])

計算例　IMSUM("1+2i","2+3i")
複素数 [1+2i] と [2+3i] の和 [3+5i] を返す。

機　能　IMSUM関数は、1～255個の [複素数] の和を求めます。複素数 [a+bi] と複素数 [c+di] から [(a+c)+(b+d)i] を作成します。

エンジニアリング 複素数 2016 2019 2021 365

IMSUB イマジナリー・サブトラクション

2つの複素数の差を求める

書　式　IMSUB(複素数1, 複素数2)

計算例　IMSUB("1+2i","2+3i")
複素数 [1+2i] と [2+3i] の差 [−1−i] を返す。

機　能　IMSUB関数は、2つの [複素数] の差を求めます。複素数 [a+bi] と複素数 [c+di] から [(a−c)+(b−d)i] を作成します。

エンジニアリング 複素数 2016 2019 2021 365

IMPRODUCT イマジナリー・プロダクト

複素数の積を求める

書　式　IMPRODUCT(複素数1[, 複素数2,…])

計算例　IMPRODUCT("1+2i","1-2i")
複素数 [1+2i] と [1−2i] の積 [5] を返す。

機　能　IMPRODUCT関数は、1～255個の [複素数] の積を求めます。複素数 [a+bi] と [c+di] から [(ac−bd)+(ad+bc)i] を作成します。

エンジニアリング　複素数　2016 2019 2021 365

IMDIV イマジナリー・ディバイデット・クオウシエント

2つの複素数の商を求める

書式 IMDIV(複素数1[,複素数2,…])

計算例 IMDIV(5,"1+2i")
[5]を[1+2i]で割った商[1−2i]を返す。

機能 IMDIV関数は、2つの[複素数]の商を返します。複素数[a+bi]と複素数[c+di]から[(ac+bd)/(c^2+d^2)+i(bc−ad)/(c^2+d^2)]を作成します。

エンジニアリング　複素数　2016 2019 2021 365

IMPOWER イマジナリー・パワー

複素数のべき乗を求める

書式 IMPOWER(複素数,数値)

計算例 IMPOWER("i",2)
実数部[0]、虚数部[1]の複素数[i]の2乗[−1+1.22E−16i](虚数部は0とみなせる)を返す。

機能 IMPOWER関数は、[複素数]のべき乗を返します。[数値]には整数、分数、あるいは負の数を指定することができます。複素数のべき乗は、絶対値[r]をn乗し、角度θをn倍させた値になります。
計算例は、虚数部のy=rsinθ=1、すなわち、r=1,θは90度の場合です。本来は2乗すると、2×90=180度(πラジアン)となるため、実数部[rncosnθ]だけが残り、[−1]が解となります。Excelの有効桁数による「π」の誤差から、虚数部にも値が表示されてしまいますが、「0」とみなせる値です。

$$(x+yi)^n=(re^{i\theta})^n=r^n\cos n\theta+ir^n\sin n\theta$$

$$r=\sqrt{x^2+y^2}\qquad y=r\sin\theta$$
$$x=r\cos\theta\qquad \theta=\tan^{-1}\left(\frac{y}{x}\right)$$

エンジニアリング　複素数　2016 2019 2021 365

IMSQRT イマジナリー・スクエア

複素数の平方根を求める

書　式　IMSQRT(**複素数**)

計算例　IMSQRT("i")

実数 [0]、虚数 [1] の複素数 [i] の平方根 [0.707+0.707i] を返す。

機　能　IMSQRT関数は、[複素数] の平方根を返します。複素数の平方根の式は次のとおりです。計算例は、虚数部のy=rsin θ=1、すなわち、r=1, θは90度の場合です。したがって、「i」の平方根はθが45度の場合の余弦（コサイン）と正弦（サイン）で表されます。[0.707] とは、θを45度にした場合の余弦と正弦の値です。

$$\sqrt{x+yi}=\sqrt{r}\cos\frac{\theta}{2}+i\sqrt{r}\sin\frac{\theta}{2}$$

$$r=\sqrt{x^2+y^2} \qquad y=r\sin\theta$$

$$x=r\cos\theta \qquad \theta=\tan^{-1}(\frac{y}{x})$$

関連　**IMSIN** ································ P.309
IMCOS ································ P.310

エンジニアリング　複素数　2016 2019 2021 365

IMSIN イマジナリー・サイン

複素数の正弦（サイン）を求める

書　式　IMSIN(**複素数**)

計算例　IMSIN(PI()&"i")

実数 [0]、虚数 [π] の複素数 [πi] の正弦は [π] ラジアンにおけるSINH関数となり、[11.55i] を返す。

機　能　IMSIN関数は、[複素数] の正弦（サイン）を返します。

$$\sin(x+yi)=\sin(x)\cosh(y)-\cos(x)\sinh(y)i$$

IMCOS イマジナリー・コサイン

複素数の余弦（コサイン）を求める

書　式　IMCOS(**複素数**)

計算例　IMCOS(PI()&"i")
実数部 [0]、虚数部 [π] の複素数 [πi] の正弦は [π] ラジアンにおけるCOSH関数となり、[11.59] を返す。

機　能　IMCOS関数は、[複素数] の余弦（コサイン）を求めます。
複素数の正弦の式は、次のとおりです。

$$\cos(x+yi)=\cos(x)\cosh(y)-\sin(x)\sinh(y)i$$

関連　COSH ……………………………………P.60

IMTAN イマジナリー・タンジェント

複素数の正接（タンジェント）を求める

書　式　IMTAN(**複素数**)

計算例　IMTAN("1+2i")
複素数 [1+2i] の正接 [0.0338128260798967+1.01479361614663i] を返す。

機　能　IMTAN関数は、[複素数] の正接（タンジェント）を求めます。

MEMO　三角関数の引数に複素数を使う

SIN関数やACOS関数など三角関数の引数に使用できるのは実数のみで、複素数を使用するとエラー値 [#VALUE!] が返されます。
三角関数の引数に複素数を使用する場合は、エンジニアリング関数のIMSIN関数（P.309）、IMCOS関数（P.310）など、複素数を用いることができる関数を利用します。

エンジニアリング　複素数　2016 2019 2021 365

IMSEC イマジナリー・セカント

複素数の正割（セカント）を求める

書　式　IMSEC(**複素数**)

計算例　IMSEC("1+2i")
複素数[1+2i]の正割[0.151176298265577+0.226973675393722i]を返す。

機　能　IMSEC関数は、[複素数]の正割（セカント）を求めます。

エンジニアリング　複素数　2016 2019 2021 365

IMCSC イマジナリー・コセンカント

複素数の余割（コセカント）を求める

書　式　IMCSC(**複素数**)

計算例　IMCSC("1+2i")
複素数[1+2i]の余割[0.228375065599687-0.141363021612408i]を返す。

機　能　IMCSC関数は、[複素数]の余割（コセカント）を求めます。

エンジニアリング　複素数　2016 2019 2021 365

IMCOT イマジナリー・コタンジェント

複素数の余接（コタンジェント）を求める

書　式　IMCOT(**複素数**)

計算例　IMCOT("1+2i")
複素数[1+2i]の複素数の余接[0.0327977555337526-0.984329226458191i]を返す。

機　能　IMCOT関数は、[複素数]の余接（コタンジェント）を求めます。

IMSINH ハイパーボリック・イマジナリー・サイン

複素数の双曲線正弦を求める

書　式　IMSINH(複素数)

計算例　IMSINH("1+2i")
複素数 [1+2i] の複素数の双曲線正弦 [−0.489056259041294+1.40311925062204i] を返す。

機　能　IMSINH関数は、[複素数] の双曲線正弦（ハイパーボリック・サイン）を求めます。

IMCOSH ハイパーボリック・イマジナリー・コサイン

複素数の双曲線余弦を求める

書　式　IMCOSH(複素数)

計算例　IMCOSH("1+2i")
複素数 [1+2i] の複素数の双曲線余弦 [−0.64214812471552+1.06860742138278i] を返す。

機　能　IMCOSH関数は、[複素数] の双曲線余弦（ハイパーボリック・コサイン）を求めます。

IMSECH ハイパーボリック・イマジナリー・セカント

複素数の双曲線正割を求める

書　式　IMSECH(複素数)

計算例　IMSECH("1+2i")
複素数 [1+2i] の複素数の双曲線正割 [−0.413149344266940−0.687527438655479i] を返す。

機　能　MSECH関数は、[複素数] の双曲線正割（ハイパーボリック・セカント）を求めます。

エンジニアリング　複素数　2016 2019 2021 365

IMCSCH ハイパーボリック・イマジナリー・コセカント

複素数の双曲線余割を求める

書　式　IMCSCH(複素数)

計算例　IMCSCH("1+2i")

複素数[1+2i]の複素数の双曲線余割[-0.221500930850509-0.63549379925 39i]を返す。

機　能　IMCSCH関数は、[複素数]の双曲線余割(ハイパーボリック・コセカント)を返します。

エンジニアリング　複素数　2016 2019 2021 365

IMEXP イマジナリー・エクスポーネンシャル

複素数の指数関数を求める

書　式　IMEXP(複素数)

計算例　IMEXP(PI()&"i")

実数部[0]、虚数部[π]の複素数[πi]の自然対数を底とするべき乗[-1+3.23E-15i](虚数部は0とみなせる)を返す。

機　能　IMEXP関数は、自然対数を底とする[複素数]のべき乗を求めます。式は次のとおりです。虚数部を[π]としているため、実数部[cosy]だけが残り、[-1]が解となります。Excelの「π」の有効桁数により誤差が発生して「0」になるべきところ、虚数部にも値が表示されてしまいますが、「0」とみなせる値です。

$$\mathrm{IMEXP} = e^{(x+yi)} = e^x e^{yi} = e^x(\cos y + i\sin y)$$

下表は、各複素数の指数を求めています。

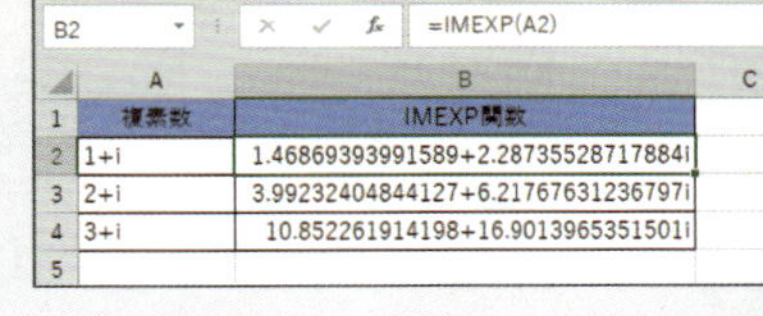
B2　=IMEXP(A2)

	A	B
1	複素数	IMEXP関数
2	1+i	1.46869393991589+2.28735528717884i
3	2+i	3.99232404844127+6.21767631236797i
4	3+i	10.852261914198+16.9013965351501i
5		

10-05

エンジニアリング　複素数　2016 2019 2021 365

IMLN　イマジナリー・ログ・ナチュラル

複素数の自然対数を求める

書　式　IMLN(複素数)

機　能　IMLN関数は、[複素数] の自然対数を求めます。
複素数の式は、次のとおりです。

$$\ln(x+yi)=\ln\sqrt{x^2+y^2}+i\arctan\left\{\frac{y}{x}\right\}$$

エンジニアリング　複素数　2016 2019 2021 365

IMLOG10　イマジナリー・ログ・テン

複素数の常用対数を求める

書　式　IMLOG10(複素数)

機　能　IMLOG10関数は、[複素数]の10を底とする対数(常用対数)を求めます。
複素数の式は、次のとおりです。

$$\log_{10}(x+yi)=(\log_{10}e)\ln(x+yi)$$

エンジニアリング　複素数　2016 2019 2021 365

IMLOG2　イマジナリー・ログ・トゥ

複素数の2を底とする対数を求める

書　式　IMLOG2(複素数)

機　能　IMLOG2関数は、[複素数] の2を底とする対数を求めます。
複素数の式は、次のとおりです。

$$\log_2(x+yi)=(\log_2 e)\ln(x+yi)$$

ERF エラー・ファンクション

ERF.PRECISE エラー・ファンクション・プリサイス

誤差関数の積分値を求める

書　式 ERF(下限 [, 上限])

計算例 ERF(1.0,1.5)
[1.0]～[1.5]の範囲で、誤差関数の積分値を返す。

書　式 ERF.PRECISE(上限)

計算例 ERF.PRECISE(1.5)
[0]～[1.5]の範囲で、誤差関数の積分値を返す。

機　能 ERF関数は、[下限]～[上限]の範囲で、誤差関数の積分値を求めます。[上限]を省略すると、[0]～[下限]の範囲での積分値を返します。これは、ERF.PRECISE関数と同じ意味になります。

ERFC エラー・ファンクション・シー

ERFC.PRECISE エラー・ファンクション・シー・プリサイス

相補誤差関数の積分値を求める

書　式 ERFC(下限)

計算例 ERFC(1.0)
[1]～[∞]の範囲で、相補誤差関数の積分値を返す。

書　式 ERFC.PRECISE(下限)

計算例 ERFC.PRECISE(1.0)
[1]～[∞]の範囲で、相補誤差関数の積分値を返す。

機　能 ERFC関数とERFC.PRECISE関数は、[下限]～[∞](無限大)の範囲で、相補誤差関数の積分値を求めます(P.316のMEMO参照)。

MEMO | 誤差積分と ERF 関数／ERFC 関数

●標準正規分布と誤差積分

ERF（ERF.PRECISE）関数は、標準正規分布の確率密度関数を、区間［−∞］～［∞］の代わりに区間［0］～［∞］で積分して、その値が［1］になるように正規化し直したものです。熱統計力学におけるマックスウェル・ボルツマン分布の積分関数に相当し、その被積分関数の形状から「誤差積分」と呼ばれます。

$$\mathrm{NORMSDIST}(z) = \int_{-\infty}^{z} \frac{1}{\sqrt{2\pi}} e^{-\left(\frac{x^2}{2}\right)} dx$$

$$\Rightarrow \begin{bmatrix} \dfrac{x}{\sqrt{2}} \to t \\ \displaystyle\int_{-\infty}^{\infty} f(x)dx = 1 \to \int_{0}^{\infty} f(x)dx = 1 \end{bmatrix} \Rightarrow \mathrm{ERF}(x) = \frac{2}{\sqrt{\pi}} \int_{0}^{x} e^{-t^2} dt$$

●ERF関数とERFC関数

ERF（ERF.PRECISE）関数は［下限］から［上限］までの誤差関数の積分値を返します。［下限］と［上限］の両方を指定すると定積分に相当し、［下限］だけを指定すると［下限］までの原始関数に相当します。

ERFC（ERFC.PRECISE）関数は引数［x］に指定した数値から［∞］の範囲での誤差関数の積分値を返すので、［下限］だけを指定したERF関数と相補関係（加え合わせると1になる）になります。よって、「相補誤差関数」と呼ばれます。

それぞれの振る舞いを下図に示します。

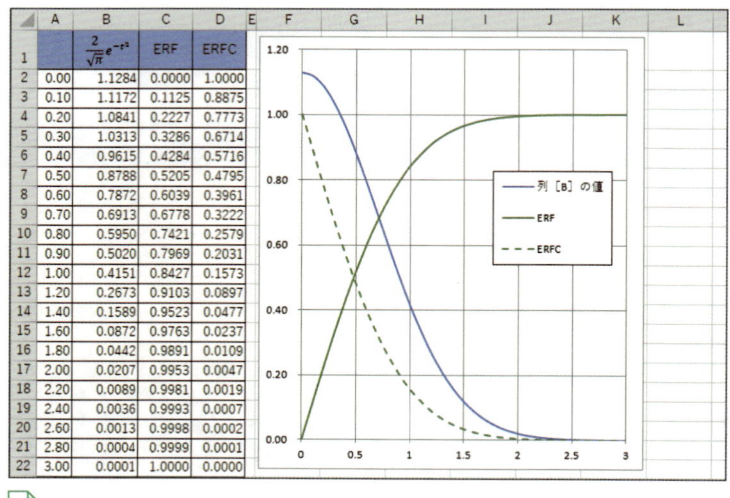

	A	B	C	D
1		$\frac{2}{\sqrt{\pi}}e^{-t^2}$	ERF	ERFC
2	0.00	1.1284	0.0000	1.0000
3	0.10	1.1172	0.1125	0.8875
4	0.20	1.0841	0.2227	0.7773
5	0.30	1.0313	0.3286	0.6714
6	0.40	0.9615	0.4284	0.5716
7	0.50	0.8788	0.5205	0.4795
8	0.60	0.7872	0.6039	0.3961
9	0.70	0.6913	0.6778	0.3222
10	0.80	0.5950	0.7421	0.2579
11	0.90	0.5020	0.7969	0.2031
12	1.00	0.4151	0.8427	0.1573
13	1.20	0.2673	0.9103	0.0897
14	1.40	0.1589	0.9523	0.0477
15	1.60	0.0872	0.9763	0.0237
16	1.80	0.0442	0.9891	0.0109
17	2.00	0.0207	0.9953	0.0047
18	2.20	0.0089	0.9981	0.0019
19	2.40	0.0036	0.9993	0.0007
20	2.60	0.0013	0.9998	0.0002
21	2.80	0.0004	0.9999	0.0001
22	3.00	0.0001	1.0000	0.0000

10-06

エンジニアリング ベッセル関数 2016 2019 2021 365

BESSELJ ベッセル・ジェイ

ベッセル関数Jn(x)を計算する

書式 BESSELJ(x,n)

ベッセル関数Jn (x) を返す。

機能 BESSELJ関数は、第1種ベッセル関数 (第1種円柱関数) [Jn (x)] を計算します。
変数を [x] とする [n] 次の第1種ベッセル関数Jn (x) は、次の数式で表されます。ここで、Γ (n+k+1) はガンマ関数を表します。

$$J_n(x)=\sum_{s=0}^{\infty}\frac{(-1)^s}{s!(n+s)!}\left(\frac{x}{2}\right)^{n+2s}$$

エンジニアリング ベッセル関数 2016 2019 2021 365

BESSELY ベッセル・ワイ

ベッセル関数Yn(x)を計算する

書式 BESSELY(x,n)

ベッセル関数Yn (x) を返す。

機能 BESSELY関数は、第2種ベッセル関数(第2種円柱関数) [Yn (x)] を計算します。この関数は、「ウェーバー関数」あるいは「ノイマン関数」とも呼ばれます。
変数を [x] とする [n] 次の第2種ベッセル関数Yn (x) は、次の数式で表されます。

$$Y_n(x)=\lim_{\nu\to n}\frac{\cos\ (\nu\pi)J_\nu(x)-J_{-\nu}(x)}{\sin\ (\nu\pi)}$$
$$=\frac{1}{\pi}\left[\frac{\partial J_\nu(x)}{\partial\nu}-(-1)^n\frac{\partial J_{-\nu}(x)}{\partial\nu}\right]_{\nu\to n}$$

MEMO ｜ベッセル関数とベッセル方程式

「ベッセル関数」は「ベッセル方程式」と呼ばれる、自然界のさまざまな現象が従う二次微分方程式の一般解を構成します。
この方程式は、シュレージンガーの波動方程式から熱伝導、膜振動まで非常に広い範囲をカバーします。
ベッセル方程式には下に示すように2つの種類があり、それぞれに2つずつの一般解が用意されているので、都合4種類の関数が必要です。

n次のベッセル方程式

$$\frac{d^2y}{dx^2}+\frac{1}{x}\frac{dy}{dx}+\left(1-\frac{n^2}{x^2}\right)y=0$$

$$\Rightarrow y=\left[\begin{array}{ll} aJ_n(x)+bJ_{-n}(x) & \text{[n : 非整数]} \\ aJ_n(x)+bY_n(x) & \text{[n : 整数]} \end{array}\right.$$

$$J_n(x)=\sum_{s=0}^{\infty}\frac{(-1)^s}{s!(n+s)!}\left(\frac{x}{2}\right)^{n+2s}$$ [第 1 種ベッセル関数]

$$Y_n(x)=\lim_{\nu\to n}\frac{\cos(\nu\pi)J_\nu(x)-J_{-\nu}(x)}{\sin(\nu\pi)}$$ [第 2 種ベッセル関数]

n次の変形ベッセル方程式

$$\frac{d^2y}{dx^2}+\frac{1}{x}\frac{dy}{dx}-\left(1+\frac{n^2}{x^2}\right)y=0$$

$$\Rightarrow y=\left[\begin{array}{ll} aI_n(x)+bI_{-n}(x) & \text{[n : 非整数]} \\ aK_n(x)+bK_n(x) & \text{[n : 整数]} \end{array}\right.$$

$$I_n(x)=(i)^{-n}J_n(ix)=\sum_{s=0}^{\infty}\frac{1}{s!(n+s)!}\left(\frac{x}{2}\right)^{n+2s}$$

[第 1 種変形ベッセル関数]

$$K_n(x)=\left(\frac{\pi}{2}\right)(i)^{\nu+1}\left\{J_\nu(ix)+iY_\nu(ix)\right\}$$

$$=\lim_{\nu\to n}\left(\frac{\pi}{2}\right)\frac{I_\nu(x)-I_{-\nu}(x)}{\sin(\nu\pi)}$$ [第 2 種変形ベッセル関数]

BESSELI ベッセル・アイ

変形ベッセル関数In(x)を計算する

書　式　BESSELI(x,n)
変形ベッセル関数In (x) を返す。

機　能　BESSELI関数は、第1種変形ベッセル関数 [In (x)] を計算します。
この関数は、純虚数を引数としたときのベッセル関数Jnに相当します。
変数を [x] とする [n] 次の第1種変形ベッセル関数In (x) は、次の数式で表されます。

$$I_n(x) = (i)^{-n} J_n(ix)$$

エンジニアリング　ベッセル関数　2016 2019 2021 365

BESSELK ベッセル・ケイ

変形ベッセル関数Kn(x)を計算する

書　式　BESSELK(x,n)
変形ベッセル関数Kn (x) を返す。

機　能　BESSELK関数は、第2種変形ベッセル関数 [Kn (x)] を計算します。
この関数は、純虚数を引数としたときのベッセル関数JnとYnの和に相当します。
変数を [x] とする [n] 次の第2種変形ベッセル関数Kn (x) は、次の数式で表されます。

$$K_n(x) = \frac{\pi}{2} i^{n+1} (J_n(ix) + iY_n(ix))$$

MEMO｜4つのベッセル関数のそれぞれの振る舞い

●ベッセル関数の用途と振る舞い

第1種ベッセル関数Jn(x)の値は全領域で有限値を取りながら振動し、第2種ベッセル関数Yn(x)は[x=0]で発散しますが振動しながら[x=∞]で値が収束します。Jn(x)やYn(x)は、極座標や円柱座標で現れ、「有限領域における振動」などの問題に有効です。

10-07

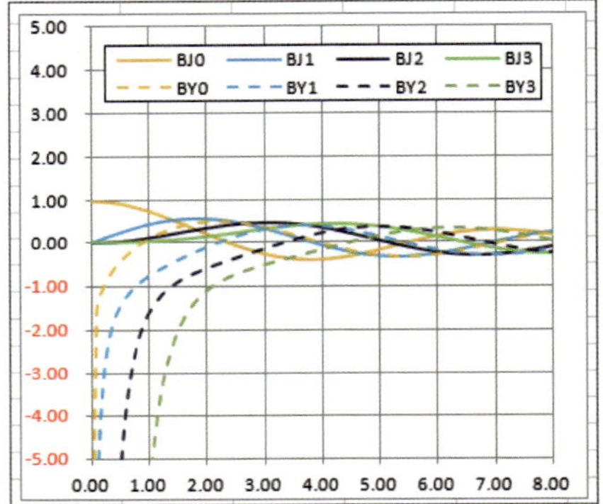

●変形ベッセル関数の用途と振る舞い

第1種変型ベッセル関数In(x)は[x=0]で有限値を取りますが[x=∞]では発散し、第2種変型ベッセル関数Kn(x)はその逆です。In(x)やKn(x)は、極座標や円柱座標で現れ、境界値から外側に向かった「拡散」の問題に有効です。

10-08

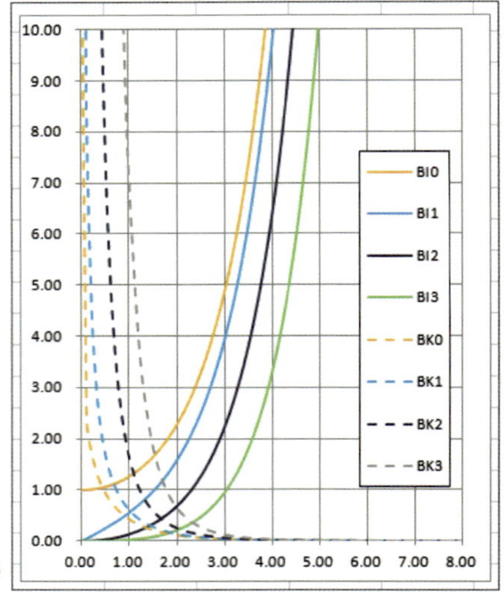

第11章
キューブ／Web

キューブ（CUBE）とは、自分の使用しているパソコンにネットワークで接続された外部のデータベースを指します。このデータベースから必要な情報を取り出したり、データベースの数値を使用して計算したりするための関数をキューブ関数といいます。
Web関数は、XML形式の文書から必要なデータを取り出したり、Webサービスからデータを取り出したりするのに使用します。

キューブ　セット　2016 2019 2021 365

CUBESET キューブ・セット

キューブからセットを取り出す

書　式　CUBESET(接続名, セット式 [, キャプション] [, 並べ替え順序] [, 並べ替えキー])

計算例　CUBESET(" 集客数分析 ","[Product].[All Products].Children"," 店舗名 ")
SQLサーバーに［集客数分析］という接続名で接続して、取り出した［[Product].[All Products].Children］というセットから［店舗名］というキャプションを返す。

機　能　CUBESET関数は、SQLサーバーのキューブにあるメンバーあるいは組のセットを取り出します。
このとき、取り出すセットは、［セット式］に指定されたメンバーや組が存在するかどうかを確認します。［接続名］と［セット式］以外の引数は省略できます。

キューブ　セット　2016 2019 2021 365

CUBESETCOUNT キューブ・セット・カウント

キューブセットにある項目数を求める

書　式　CUBESETCOUNT(セット)

計算例　CUBESETCOUNT(CUBESET(" 集客数分析 ","[Product].[All Products].Children"," 店舗名 ")
CUBESET関数で指定したセットに含まれる項目数を返す。

機　能　CUBESETCOUNT関数は、［セット］で指定したキューブセットに含まれる項目数をカウントします。

MEMO ｜キューブ関数と SQL サーバー

「キューブ」とは外部のデータベースを示す言葉で、キューブ関数で使用するキューブを作成する場合は、マイクロソフト社が提供するSQLサーバー（Microsoft SQL Server Analysis Services）が必要です。このため、一般ユーザーが利用する機会はまれで、中から大規模のデータベースを扱う場合など用途は限られます。

キューブ　セット　2016 2019 2021 365

CUBEVALUE キューブ・バリュー

キューブから指定したセットの集計値を求める

書　式　CUBEVALUE(セット, メンバー式 1[, メンバー式 2,…])

計算例　CUBEVALUE(" 集客数分析","[Product].[All Products].Children")

SQLサーバーに[集客数分析]という接続名で接続して、[[Product].[All Products].Children]メンバーで指定したキューブの合計値を返す。

機　能　CUBEVALUE関数は、Microsoft SQL Server Analysis Servicesのキューブに[セット]で指定されたメンバーや組のセットをもとに、[メンバー式]で指定したキューブの合計値を求めます。

キューブ　メンバー　2016 2019 2021 365

CUBEMEMBER キューブ・メンバー

キューブからメンバーまたは組を取り出す

書　式　CUBEMEMBER(接続名, メンバー式 [, キャプション])

計算例　CUBEMEMBER("集客数分析","[Product].[All Products].Children","店舗名",)

SQLサーバーに[集客数分析]という接続名で接続して、取り出した[[Product].[All Products].Children]というセットを検索します。メンバーや組が存在する場合は、「店舗名」というキャプションを返す。

機　能　CUBEMEMBER関数は、Microsoft SQL Server Analysis Servicesのキューブにメンバーや組が存在するかどうかを返します。

このとき、[メンバー式]で指定したメンバーや組が存在する場合は、[キャプション]で指定した文字列が表示されます。

キューブ　メンバー　2016 2019 2021 365

CUBEMEMBERPROPERTY キューブ・メンバー・プロパティ

キューブからメンバーのプロパティの値を求める

書　式　CUBEMEMBERPROPERTY(接続名,メンバー式,プロパティ)

計算例　CUBEMEMBERPROPERTY("集客数分析","[Product].[All Products].Children","新宿店")
SQLサーバーに[集客数分析]という接続名で接続して、指定してたメンバーを検索し、[プロパティ]で指定した「新宿店」が存在するときは、そのプロパティを返す。

機　能　CUBEMEMBERPROPERTY関数は、メンバーがキューブ内に存在しているかどうかを確認します。[メンバー式]で指定したメンバーが存在するときは、そのメンバーのプロパティの値を求めます。

キューブ　メンバー　2016 2019 2021 365

CUBERANKEDMEMBER キューブ・ランクド・メンバー

キューブで指定したランクのメンバーを求める

書　式　CUBERANKEDMEMBER(接続名,セット式,ランク[,キャプション])

計算例　CUBERANKEDMEMBER("集客数分析",CUBESET("Visitor","Summer","[2016].[June]","[2016].[July]","[2016].[August]"),1,"トップ月")
SQLサーバーに[集客数分析]という接続名で接続して、CUBESET関数で取り出したセットから[ランク]で指定した1番目のメンバーを返し、「トップ月」と表示する。

機　能　CUBERANKEDMEMBER関数は、[セット式]から[ランク]で指定した位置(順位)のメンバーを求めます。[キャプション]を省略した場合は、見つかったメンバーのキャプションが表示されます。

関連　CUBESET ………………………… P.322

キューブ　メンバー　2016 2019 2021 365

CUBEKPIMEMBER　キューブ・ケーピーアイ・メンバー

主要業績評価指標（KPI）のプロパティを求める

書　式　CUBEPIMEMBER(接続名,KPI名,KPIのプロパティ [,キャプション])

計算例　CUBEPIMEMBER("販売分析","MySalesKPI",3,"状態")
SQLサーバーに[集客数分析]という接続名で接続し、指定したKPI[MySalesKPI]から[3]状況を取り出し、「状態」というキャプションを返す。

機　能　CUBEPIMEMBER関数は、キューブの主要業績評価指標(KPI：Key Performance Indicator)から[プロパティ]で指定した指標を求めます。

Web　URLエンコード　2016 2019 2021 365

ENCODEURL　エンコード・ユーアールエル

文字列をURL形式にエンコードする

書　式　ENCODEURL(文字列)

機　能　ENCODEURL関数は、[文字列]で指定した文字列をURLエンコード(URLとして利用できるコード)に変換します。日本語やスペースがURLとして表記できるように変換され、Webページの URL表示などに使用できます。

解　説　ENCODEURL関数は、Excel for Macでは使用できません。

MEMO｜Web関数

Web関数は、Web APIと呼ばれるインターネット上のデータから目的の情報やデータを取得するためのものです。Web APIとは、コンピュータープログラムの提供する機能を外部の別のプログラムから呼び出して利用するための手順のことで、これによって、外部のWebサイトの機能や情報を取り込んだり、Web上で公開されている機能や情報を利用したりすることが可能になります。

Web　データ取得　2016 2019 2021 365

FILTERXML フィルター・エックスエムエル

XML文書から必要な情報を取り出す

書　式　FILTERXML(XML, パス)

計算例　FILTERXML(A2,"//link")
セル[A2]にあるXML形式のデータから、取り出したい情報がある「//link」というパスを指定する。

機　能　FILTERXML関数は、[XML]で指定したXML形式のデータからパスにあるデータを取り出します。指定されたパスが複数存在する場合は、複数のデータが配列として返されます。

解　説　FILTERXML関数は、Excel for Macでは使用できません。

Web　データ取得　2016 2019 2021 365

WEBSERVICE ウェブ・サービス

Webサービスからデータを取得する

書　式　WEBSERVICE(URL)

計算例　WEBSERVICE("http://weather.livedoor.com/forecast/rss/3.xml")
[URL]で指定したWebサービスからデータを取得する。

機　能　WEBSERVICE関数は、[URL]で指定したWebサービスからデータを取得します。取得できるデータはXML形式またはJSON形式のデータです。取得したデータがXML形式の場合は、FILTERXML関数を利用して、さらに必要な情報を取り出すことができます。
引数がデータを取得できない、無効な文字列、32767文字(セルの許容範囲)を超えている、URLが2048文字を超えているなどの場合は、エラー値[#VALUE!]が表示されます。

解　説　WEBSERVICE関数は、Excel for Macでは使用できません。

関連 **FILTERXML** ························ P.326

第12章 互換性関数

Excelは新しいバージョンが出るたびに、関数の追加や改良が行われています。新しい関数が追加された場合は原則として新しい関数を使いますが、古いバージョンでは最新の関数を使用できません。このため、異なるバージョン間で使用する場合は、互換性関数を使用します。
この章では、互換性関数の解説と、対応する現行の関数を参照先として示しています。

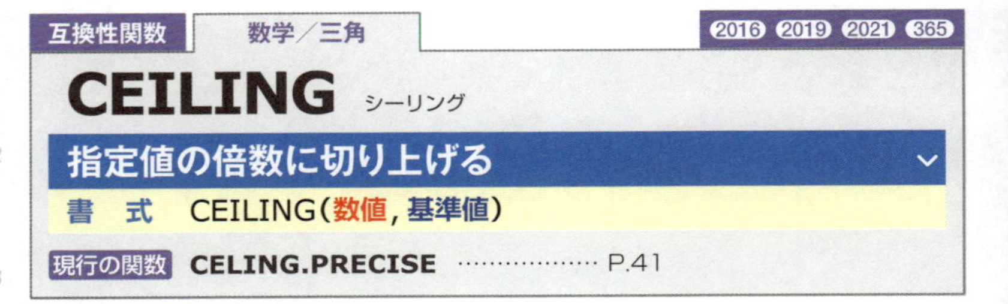

互換性関数　数学／三角　2016 2019 2021 365

CEILING シーリング

指定値の倍数に切り上げる

書　式　CEILING(**数値**, **基準値**)

現行の関数　**CELING.PRECISE** ………………… P.41

互換性関数　数学／三角　2016 2019 2021 365

FLOOR フロア

指定値の倍数に切り捨てる

書　式　FLOOR(**数値**, **基準値**)

現行の関数　**FLOOR.PRECISE** ………………… P.42

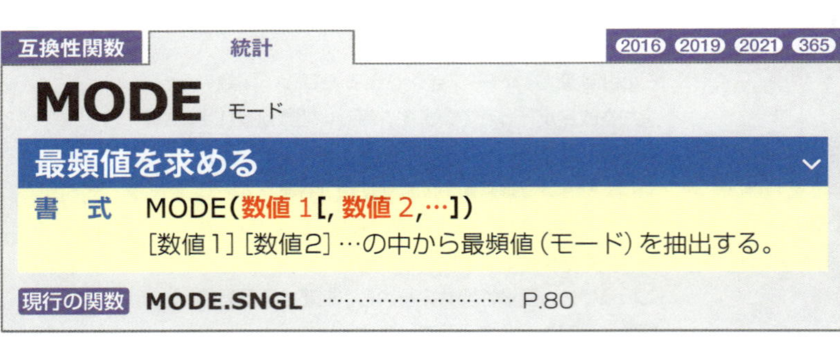

互換性関数　統計　2016 2019 2021 365

MODE モード

最頻値を求める

書　式　MODE(**数値 1**[, **数値 2**,…])

[数値1] [数値2] …の中から最頻値（モード）を抽出する。

現行の関数　**MODE.SNGL** ………………………… P.80

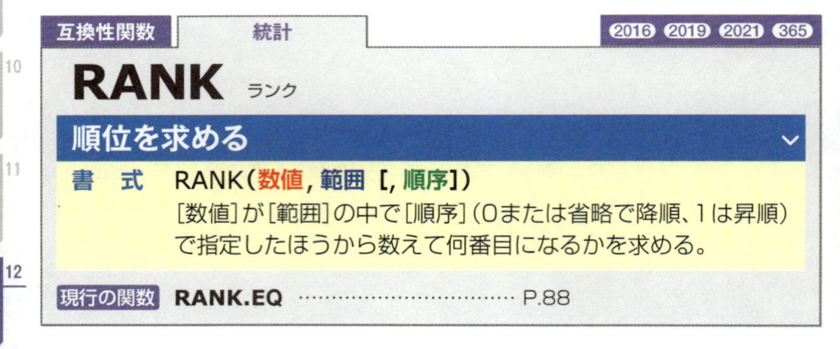

互換性関数　統計　2016 2019 2021 365

RANK ランク

順位を求める

書　式　RANK(**数値**, **範囲** [, **順序**])

[数値]が[範囲]の中で[順序]（0または省略で降順、1は昇順）で指定したほうから数えて何番目になるかを求める。

現行の関数　**RANK.EQ** ………………………………… P.88

互換性関数 統計 2016 2019 2021 365

QUARTILE クアタイル

四分位数を求める

書　式　QUARTILE(**配列**, **戻り値**)

[配列] に含まれるデータから [戻り値]([0] 最小値、[1] 25%、[2] 50%、[3] 75%、[4] 最大値) に対応する四分位数を抽出する。

現行の関数　**QUARTILE.INC** ……………………… P.90

互換性関数 統計 2016 2019 2021 365

PERCENTILE パーセンタイル

百分位数を求める

書　式　PERCENTILE(**配列**, **率**)

[配列] に含まれるデータを小さいほうから数えて、[率] の位置に相当する値を求める。

現行の関数　**PERCENTILE.INC** ………………… P.91

互換性関数 統計 2016 2019 2021 365

PERCENTRANK パーセントランク

百分率での順位を求める

書　式　PERCENTRANK(**配列**,x[, **有効桁数**])

[x] が [配列] 内のどの位置に相当するかを百分率 (0～1) で求める。

現行の関数　**PERCENTRANK.INC** …………… P.91

互換性関数 統計 2016 2019 2021 365

VAR バリアンス

不偏分散を求める

書　式　VAR(数値1[,数値2,…])

引数を母集団（全体）の標本（いくつかのサンプル）とみなして、母集団の分散の推定値（不偏分散）を求める。

現行の関数 **VAR.S** ………………………… P.92

互換性関数 統計 2016 2019 2021 365

VARP バリアンス・ピー

分散を求める

書　式　VARP(数値1[,数値2,…])

引数を母集団とみなして、その分散を求める。

現行の関数 **VAR.P** ………………………… P.92

互換性関数 統計 2016 2019 2021 365

STDEV スタンダード・ディビエーション

不偏標準偏差を求める

書　式　STDEV(数値1[,数値2,…])

引数を母集団の標本とみなして、母集団の不偏標準偏差を求める。

現行の関数 **STDEV.S** ………………………… P.93

互換性関数 統計 2016 2019 2021 365

STDEVP スタンダード・ディビエーション・ピー

標準偏差を求める

書　式　STDEVP(数値1[,数値2,…])

引数を母集団とみなして、その標準偏差を求める。

現行の関数 **STDEV.P** ………………………… P.93

互換性関数　統計　2016 2019 2021 365

BINOMDIST バイノミアル・ディストリビューション

二項分布の確率を求める

書　式　BINOMDIST(**成功数**, **試行回数**, **成功率**, **関数形式**)

[成功率] で示す確率で事象が発生する場合に、[試行回数] のうち [成功数] だけの事象が発生する確率を求める。

現行の関数　**BINOM.DIST** ……………………… P.98

互換性関数　統計　2016 2019 2021 365

CRITBINOM クリテリア・バイノミアル

二項分布確率が目標値以上になる最小回数を求める

書　式　CRITBINOM(**試行回数**, **成功率**, **基準値α**)

二項分布の成功確率が基準値以上になるための最小の回数を求める。

現行の関数　**BINOM.INV** ……………………… P.99

互換性関数　統計　2016 2019 2021 365

NEGBINOMDIST ネガティブ・バイノミアル・ディストリビューション

負の二項分布の確率を求める

書　式　NEGBINOMDIST(**失敗数**, **成功数**, **成功率**)

試行の [成功率] が一定のとき、[成功数] で指定した回数の試行が成功するまでに [失敗数] の回数の試行が失敗する確率を求める。

現行の関数　**NEGBINOM.DIST** …………… P.100

互換性関数　統計　2016 2019 2021 365

HYPGEOMDIST　ハイパー・ジオメトリック・ディストリビューション

超幾何分布の確率を求める

書　式　HYPGEOMDIST(標本の成功数, 標本の大きさ, 母集団の成功数, 母集団の大きさ)

一定数の標本が成功する確率を求める。

現行の関数　**HYPGEOM.DIST** ……………… P.101

互換性関数　統計　2016 2019 2021 365

POISSON　ポアソン

ポアソン分布の確率を求める

書　式　POISSON(イベント数, 平均, 関数形式)

現行の関数　**POISSON.DIST** ……………… P.102

互換性関数　統計　2016 2019 2021 365

NORMDIST　ノーマル・ディストリビューション

正規分布の確率を求める

書　式　NORMDIST(x, 平均, 標準偏差, 関数形式)

一定数の標本が成功する確率を求める。

現行の関数　**NORM.DIST** ……………… P.104

互換性関数　統計　2016 2019 2021 365

NORMSDIST　ノーマル・スタンダード・ディストリビューション

標準正規分布の確率を求める

書　式　NORMSDIST(値)

標準正規分布の累積分布関数の値を求める。

現行の関数　**NORM.S.DIST** ……………… P.105

互換性関数　統計　2016 2019 2021 365

NORMINV ノーマル・インバース

正規分布の累積分布関数の逆関数値を求める

書　式　NORMINV(確率, 平均, 標準偏差)

[平均] と [標準偏差] に対する正規累積分布関数の [確率] から逆関数値（もとの値）を求める。

現行の関数　**NORM.INV** ………………………… P.106

互換性関数　統計　2016 2019 2021 365

NORMSINV ノーマル・スタンダード・インバース

標準正規分布の累積分布関数の逆関数値を求める

書　式　NORMSINV(確率)

[平均] が0、[標準偏差] が1の標準正規分布で、累積分布関数の [確率] から逆関数値（もとの値）を求める。

現行の関数　**NORM.S.INV** ……………………… P.106

互換性関数　統計　2016 2019 2021 365

LOGNORMDIST ログ・ノーマル・ディストリビューション

対数正規分布の確率を求める

書　式　LOGNORMDIST(x, 平均, 標準偏差)

[平均] [標準偏差] で決まる対数正規分布において、変数 [x] に対する累積確率を求める。

現行の関数　**LOGNORM.DIST** ………………… P.108

互換性関数 統計 2016 2019 2021 365

LOGINV ログ・インバース

対数正規分布の累積分布関数の逆関数値を求める

書式 LOGINV(x, 平均, 標準偏差)

[平均]と[標準偏差]で決まる対数正規分布において、変数[x]に対する累積確率の逆関数値(もとの値)を求める。

現行の関数 **LOGNORM.INV** …………………… P.108

互換性関数 統計 2016 2019 2021 365

EXPONDIST エクスポーネンシャル・ディストリビューション

指数分布の確率分布を求める

書式 EXPONDIST(x, λ, 関数形式)

単位時間に起こる平均回数を[λ]としたとき、指数分布の累積分布関数の変数[x]に対する確率値を求める。

現行の関数 **EXPON.DIST** …………………… P.109

互換性関数 統計 2016 2019 2021 365

BETADIST ベータ・ディストリビューション

ベータ分布の確率を求める

書式 BETADIST(x, α, β [,A] [,B])

パラメータ(α, β)で決まるベータ分布において、変数[x]の累積確率を求める。

現行の関数 **BETA.DIST** …………………… P.110

互換性関数　統計　2016 2019 2021 365

BETAINV ベータ・インバース

ベータ分布の累積分布関数の逆関数値を求める

書　式　BETAINV(確率, α, β [,A] [,B])
ベータ分布の累積分布関数の逆関数値（もとの値）を求める。

現行の関数　**BETA.INV** ……………………… P.110

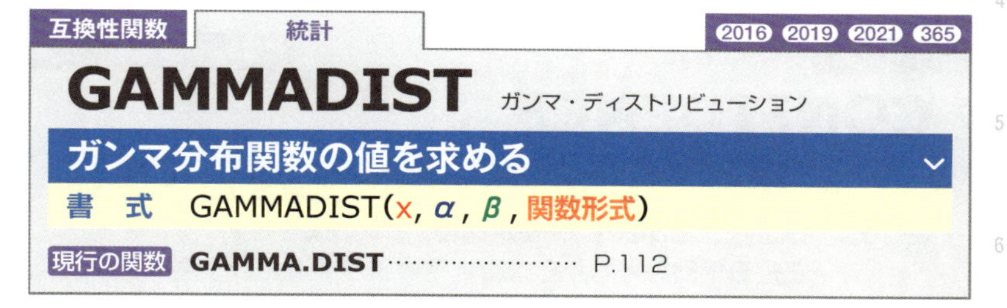

互換性関数　統計　2016 2019 2021 365

GAMMADIST ガンマ・ディストリビューション

ガンマ分布関数の値を求める

書　式　GAMMADIST(x, α, β, 関数形式)

現行の関数　**GAMMA.DIST** ……………………… P.112

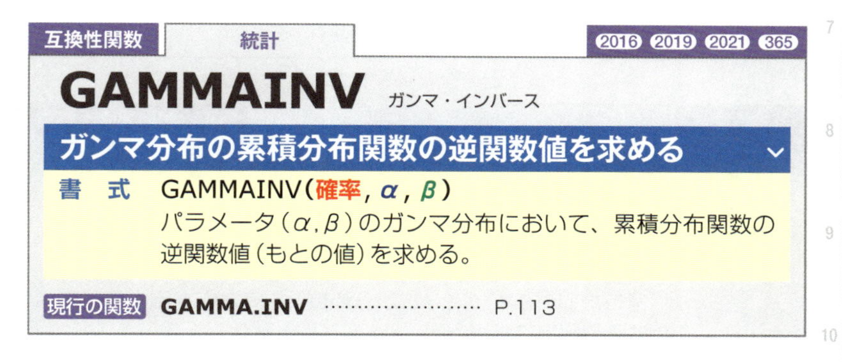

互換性関数　統計　2016 2019 2021 365

GAMMAINV ガンマ・インバース

ガンマ分布の累積分布関数の逆関数値を求める

書　式　GAMMAINV(確率, α, β)
パラメータ（α, β）のガンマ分布において、累積分布関数の逆関数値（もとの値）を求める。

現行の関数　**GAMMA.INV** ……………………… P.113

互換性関数　統計　2016 2019 2021 365

WEIBULL ワイブル

ワイブル分布の値を求める

書式 WEIBULL(x, α, β, 関数形式)

ワイブル分布（機械や物体が壊れる、劣化する現象になる確率）の値を求める。

現行の関数 **WEIBULL.DIST** …………………… P.113

互換性関数　統計　2016 2019 2021 365

CONFIDENCE コンフィデンス

正規分布の標本から母平均の片側信頼区間の幅を求める

書式 CONFIDENCE(α, 標準偏差, 標本の大きさ)

正規母集団の標本から求めた平均値が間違える危険率をαとした場合において、信頼区間の幅を求める。

現行の関数 **CONFIDENCE.NORM** ……… P.114

互換性関数　統計　2016 2019 2021 365

TDIST ティー・ディストリビューション

t分布の確率を求める

書式 TDIST(x, 自由度, 尾部)

指定した［自由度］のt分布から変数［x］に対応する上側、または両側確率を求める。

現行の関数 **T.DIST.RT** ………………………… P.116
T.DIST.2T ………………………… P.116

互換性関数 統計 2016 2019 2021 365

TINV ティー・インバース

t分布の両側逆関数値を求める

書　式　TINV(**両側確率**, **自由度**)

t分布の両側確率から逆関数値を求める。

現行の関数 **T.INV.2T** ……………………… P.117

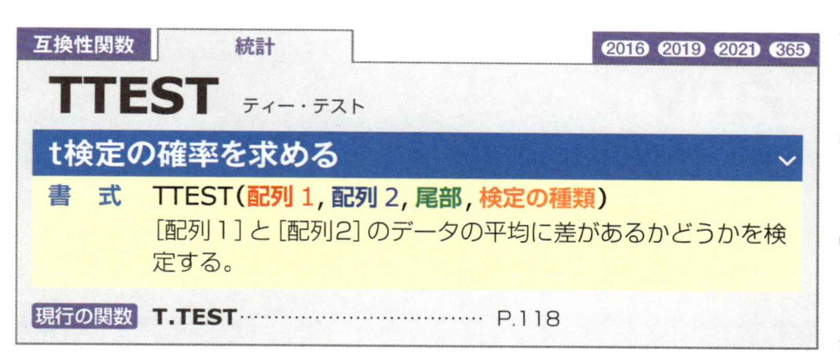

互換性関数 統計 2016 2019 2021 365

TTEST ティー・テスト

t検定の確率を求める

書　式　TTEST(**配列 1**, **配列 2**, **尾部**, **検定の種類**)

[配列1] と [配列2] のデータの平均に差があるかどうかを検定する。

現行の関数 **T.TEST**……………………………… P.118

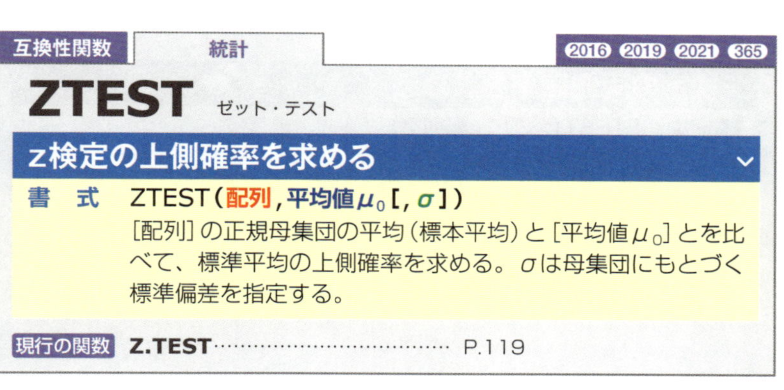

互換性関数 統計 2016 2019 2021 365

ZTEST ゼット・テスト

z検定の上側確率を求める

書　式　ZTEST(**配列**, **平均値μ_0** [, **σ**])

[配列] の正規母集団の平均（標本平均）と [平均値μ_0] とを比べて、標準平均の上側確率を求める。σは母集団にもとづく標準偏差を指定する。

現行の関数 **Z.TEST**……………………………… P.119

互換性関数　統計　2016 2019 2021 365

FDIST　エフ・ディストリビューション

F分布の上側確率を求める

書　式　FDIST(x, 自由度1, 自由度2)
F分布に従う変数 [x] に対して上側確率を求める。

現行の関数　**F.DIST.RT** ………………………… P.120

互換性関数　統計　2016 2019 2021 365

FINV　エフ・インバース

F分布の上側確率から確率変数を求める

書　式　FINV(確率, 自由度1, 自由度2)

現行の関数　**F.INV.RT** ………………………… P.121

互換性関数　統計　2016 2019 2021 365

FTEST　エフ・テスト

F検定の両側確率を求める

書　式　FTEST(配列1, 配列2)
[配列1] と [配列2] からF検定の等分散検定用の両側確率を求める。

現行の関数　**F.TEST** ………………………… P.121

互換性関数　統計　2016 2019 2021 365

CHIDIST カイ・ディストリビューション

カイ二乗分布の上側確率を求める

書式 CHIDIST(x, 自由度)

X^2検定で利用するカイ二乗分布の上側確率を求める。

現行の関数 **CHISQ.DIST.RT** ………………… P.122

互換性関数　統計　2016 2019 2021 365

CHIINV カイ・インバース

カイ二乗分布の上側確率から確率変数を求める

書式 CHIINV(上側確率, 自由度)

現行の関数 **CHISQ.INV.RT** ………………… P.122

互換性関数　統計　2016 2019 2021 365

CHITEST カイ・テスト

カイ二乗検定の上側確率を求める

書式 CHITEST(実測値範囲, 期待値範囲)

[実測値範囲]と[期待値範囲]をもとに、有意水準と比較できる上側確率を求める。

現行の関数 **CHISQ.TEST** ………………… P.124

互換性関数 統計 2016 2019 2021 365

COVAR コバリアンス

母共分散を求める

書　式 COVAR(配列1, 配列2)
2組の対応するデータの偏差の積の平均値を求める。

現行の関数 **COVARIANCE.P** ………………… P.126

互換性関数 統計 2016 2019 2021 365

FORECAST フォーキャスト

1変数の回帰直線の予測値を求める

書　式 FORECAST(x, 既知のy, 既知のx)
[既知のy] と [既知のx] から得られる回帰直線上で、変数 [x] の値に対する従属変数の値を予測する。

現行の関数 **FORECAST.LINEAR** ………… P.131

互換性関数 文字列結合 2016 2019 2021 365

CONCATENATE コンカティネート

複数の文字列を結合する

書　式 CONCATENATE(文字列1[, 文字列2,…])

現行の関数 **CONCAT** ……………………………… P.264

付　録

Excel の関数を利用するための基本的な知識を紹介します。
算術演算子や比較演算子などの演算子の種類やセル参照、数値や日付／時刻などの表示形式とそれらの書式記号について、また、配列数式と配列定数、スピル機能の使い方について解説しています。本書内では、これらについての解説を省いていますので、随時参考にしてください。
さらに、アドイン／自動化（ユーザー定義）関数も紹介しています。

付録 » 1

演算子の種類とセル参照

◎演算子の種類

演算子とは、演算（加算や減算など）が割り当てられた半角の記号（「+」や「−」）のことです。演算子には「算術演算子」「比較演算子」「文字列演算子」「参照演算子」があり、優先順位が高いほうから計算が行われます。同じ優先順位の演算子がある場合は、数式の左から順に計算されます。計算順序を変更するには、先に計算したい部分を半角の「( )」（カッコ）で囲みます。

算術演算子

算術演算子は、加減乗除やべき乗など、数式の中や関数の中の算術式を記述するための演算子です。数値を組み合わせて演算を行い、計算結果として数値を返します。減算を行う「-」は、負の符号としても使用されます。

比較演算子

比較演算子は、2 つの値や式を比較して、等しいか等しくないか、大きいか小さいかなど、真偽の結果から、論理値として TRUE(1) または FALSE(0) を返します。比較演算子は、引数に論理式を指定する論理関数などで使用されます。

文字列演算子

文字列演算子は「&」だけです。「&」は複数の文字列を結合して、1 つの文字列に変換します。比較演算子のうち「=」だけは、文字列にも使用できます。

参照演算子

参照演算子は、計算に使用するセル範囲を定義するための演算子で、「：」（コロン）、「,」（カンマ）、半角スペースがあります。「( )」（カッコ）は使えません。

	演算子	記　号	読み／意味
1	算術演算子	%	パーセンテージ
		^	べき乗
		*、/	乗算、除算
		+、−	加算、減算、負号
2	比較演算子	=、<、>、<=、>=、<>	大きさの比較
3	文字列演算子	&	文字列の結合
4	参照演算子	:	コロン
		,	カンマ
			半角スペース

算術演算子	処　理	優先順位
+	加算（足し算）	5
−	減算（引き算）	5
−	負号	1
*	乗算（掛け算）	4
/	除算（割り算）	4
^	べき乗	3
%	パーセンテージ	2

※記号はすべて半角で入力します。

◎セル参照

あらかじめワークシートに入力されている値を数式の中で利用する場合は、セル参照を使います。単に 1 つのセルを参照する場合には参照演算子は不要ですが、セル範囲を組み合わせる場合には、参照演算子を使用します。

「:」（コロン）を使用する

「:」（コロン）は、連続したセル範囲を指定する参照演算子で、「セル範囲の左上のセル：右下のセル」の形で記述します。

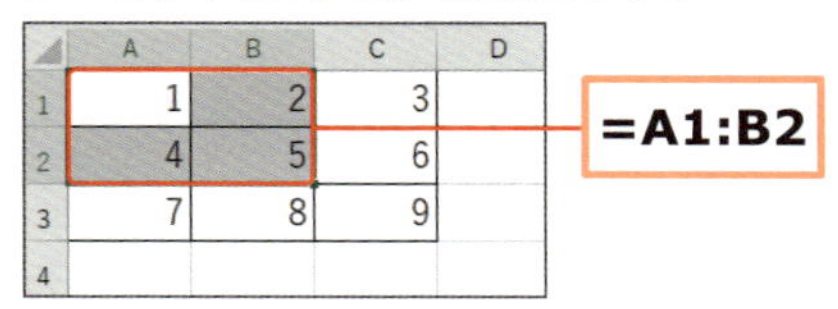

「,」（カンマ）を使用する

「,」（カンマ）は、隣接していないセルを同時に指定する参照演算子で、「セル番地 , セル番地 ,…」の形で記述します。

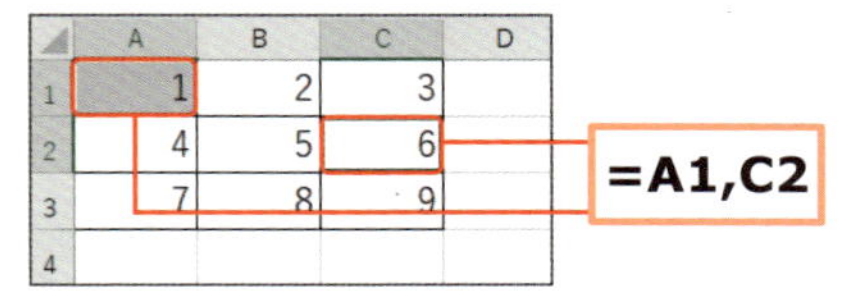

半角スペースを使用する

半角スペースは、2 つのセル範囲の交差範囲を指定する参照演算子で、セル範囲の名前やラベルと組み合わせて使用されます。

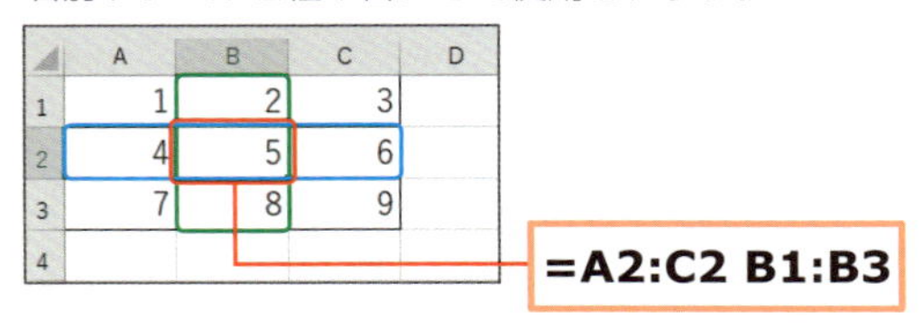

比較演算子

比較演算子は、左辺と右辺の数値を比較するための演算子で、「=」「>」「<」「>=」「<=」「<>」の6種類があり、主に条件式の記述に使用されます。

f(x) =IF(E3>=70,"合格","不合格")

G3 =IF(E3>=70,"合格","不合格")

	A	B	C	D	E	F	G
1	No	氏名	試験結果				合否
2			国語	数学	英語	3科目合計	
3	1	矢野　駿介	83	90	75	248	合格
4	2	荻原　夏海	85	91	73	249	合格
5	3	永井　陽葵	68	80	60	208	不合格
6	4	坂下　祐樹	96	58	63	217	不合格
7	5	金沢　侑史	74	60	81	215	合格
8	6	品田　健太郎	73	94	70	237	合格
9							

文字列演算子

文字列演算子「&」は、文字列を連結して1つの文字列にする演算子です。この演算子を使用すると、数式の結果は文字列になります。

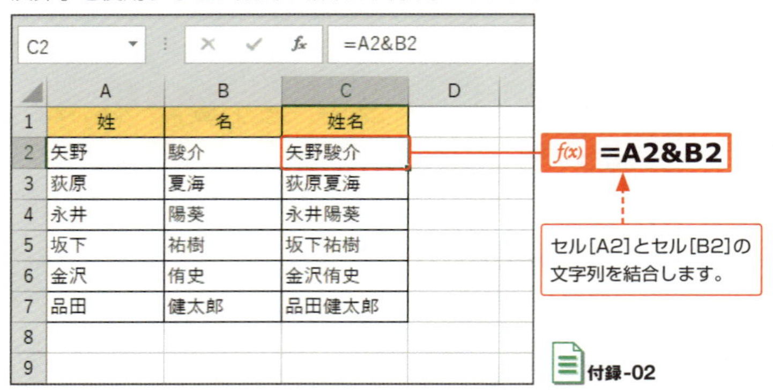

C2 =A2&B2

	A	B	C	D
1	姓	名	姓名	
2	矢野	駿介	矢野駿介	
3	荻原	夏海	荻原夏海	
4	永井	陽葵	永井陽葵	
5	坂下	祐樹	坂下祐樹	
6	金沢	侑史	金沢侑史	
7	品田	健太郎	品田健太郎	
8				
9				

f(x) =A2&B2

セル[A2]とセル[B2]の文字列を結合します。

付録-02

付録 » 2

表示形式と書式記号

Excel のセルの書式と表示形式を紹介します。また、表示設定においては、［ユーザー定義］でユーザー独自に設定ができる表示形式があります。これらの書式記号と使い方も紹介します。

◎書式と書式記号

表示形式は、1～4個の「書式」で構成され、間は「；」（セミコロン）で区切られ、それぞれ適用対象が異なります。書式が2つしかない場合は、「書式1」が「正の数とゼロ」、「書式2」が「負の数」に適用されます。
使用できる書式記号を表にまとめています。なお、書式記号はすべて半角で入力します。

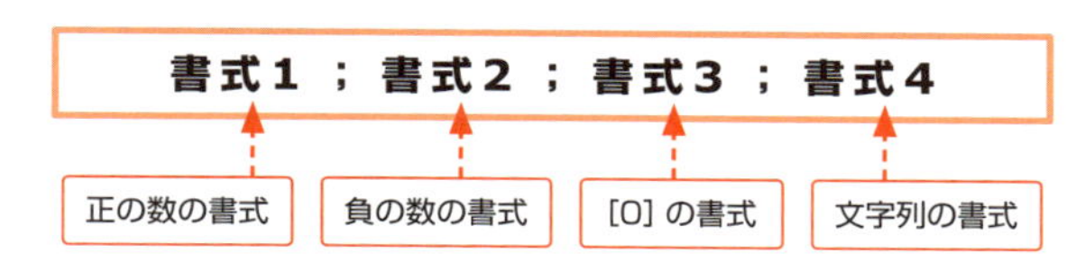

分　類	表　示
標準	セルの初期設定の表示形式です。セル内では数値を右揃えで、文字列を左揃えで表示されます。
数値	数値を表示します。小数点以下の表示桁数や負の数の表示方法などを指定できます。
通貨	金額を「,」で区切って表示します。「¥」の表示／非表示、負の数の表示方法などを指定できます。
会計	金額を表示します。「¥」の表示／非表示、値が「0」の場合は「－」と表示されます。「¥」はセルの左端に、数値は右揃えで表示されます。
日付	西暦や和暦で日付を表示します。日付と時刻をともに表示することもできます。右揃えで表示されます。
時刻	時刻をさまざまな形式で表示します。右揃えで表示されます。
パーセンテージ	数値に「%」を付けて百分率を表示します。小数点以下の桁数も指定できます。右揃えで表示されます。
分数	分数の形式で数値を表示します。小数部を分数で表示するときの分母を指定できます。帯分数の整数部と分数の間にはスペースが挿入され、右揃えで表示されます。
指数	指数の形式で数値を表示します。小数点以下の桁数を指定できます。右揃えで表示されます。

分類	表示
文字列	データを文字列として表示します。数値も文字列として扱われるため、セル内に左揃えで表示されます。
その他	郵便番号や電話番号として表示します。または、数値の正負記号「△」「▲」、漢数字などを自動的に表示します。
ユーザー定義	オリジナルの表示形式を作成できます。

◎書式記号一覧

数値の書式を指定する書式記号

数値を表示する場合、小数やパーセント、分数などの書式記号を指定します。
なお、書式記号はすべて半角で入力します。

書式記号	意味
.	値を小数で表示します。「.」(ピリオド)の左側に整数部の書式を、右側に小数部の書式を指定します。
%	値を百分率で表示します。100 倍した数値に「%」を付けて表示します。
/	値を分数で表示します。「/」の左側に分子の書式を、右側に分母の書式を指定します。分母や分子は、指定桁数が多いほど精度が上がります。
E+、E−、e+、e−	値を指数で表示します。「E+」または「e+」を指定すると、指数部が正の場合は「+」を、負の場合は「−」を表示します。「E−」または「e−」を指定すると、指数部が負の場合だけ「−」を表示します。「E+」「E−」「e+」「e−」の左側には仮数部の書式を指定し、右側には[0]または「#」で指数部の書式を指定します。
,	3桁ごとに桁区切りの「,」(カンマ)を表示します。また、位取りの書式記号[0]「?」「#」の末尾に指定した場合は、数値を1,000で割ってから四捨五入して表示します。

数値の位取りをする書式記号

セルに数値を表示するには、小数部と整数部を「.」(ピリオド)で区切り、その両側に位取りの書式記号を指定します。位取りの書式記号は、入力値の桁数が指定した桁数に満たない場合の表示方法によって使い分けます。
いずれの書式記号も、整数部の桁数が指定した桁数より多い場合は、そのまま値を表示します。また、小数部の桁数が指定した桁数より多い場合は、指定した桁数になるように四捨五入して表示します。

書式記号	意　味
0	数字を表示します。値の整数部または小数部の桁数が、指定した桁数に満たない場合は、その桁数になるまで「0」を表示します。
?	数字を表示します。値の整数部または小数部の桁数が、指定した桁数に満たない場合は、その桁数分のスペースが空けられるので、小数点の位置を揃えることができます。
#	数字を表示します。値の整数部または小数部の桁数が、指定した桁数に満たない場合でも、「0」やスペースで桁数は補われません。

文字を表示する書式記号

文字を表示する場合は、指定する書式記号を利用します。
なお、符号や演算子などに使用される記号（「－」「+」「=」「<」「>」「^」「&」「:」「(」「)」「'」「`」「~」「.」「{」「}」「$」「¥」）と半角スペースを表示する場合は、文字を表示する書式記号「!」や「"」で指定する必要はありません。

書式記号	意　味
!	「!」の後ろに指定した半角の文字を1文字表示します。
"	「"」(ダブルクォーテーション)で囲んで指定した文字列を表示します。
@	セルに入力されている文字列を指定した位置に表示します。
*	「*」の後ろに指定した文字を、セル幅が満たされるまで繰り返し表示します。1つの書式に「*」を複数指定することはできません。
_	「_(アンダーバー)」の後ろに指定した文字と同じ文字幅分のスペースを空けます。

日付や時刻を表示する書式記号

日付や時刻の各要素を区切る「/」「－」「:」などの記号は、日付や時刻の書式記号と組み合わせて指定する場合、文字を表示する書式記号で指定する必要はありません。
ただし、「年」「月」「日」や「時」「分」「秒」などの日本語で各要素を区切る場合は、これらの文字を半角の「"」(ダブルクォーテーション)で囲んで指定します。

書式記号	意　味
d	日付の「日」を数字(1～31)で表示します。
dd	日付の「日」を2桁の数字(01～31)で表示します。
ddd	曜日を英語(Sun～Sat)で表示します。
dddd	曜日を英語(Sunday～Saturday)で表示します。
aaa	曜日を日本語(日～土)で表示します。

書式記号	意味
aaaa	曜日を日本語(日曜日～土曜日)で表示します。
m	日付の「月」を数字(1 ～12)で表示します。
mm	日付の「月」を2桁の数字(01～12)で表示します。
mmm	日付の「月」を英語(Jan～Dec)で表示します。
mmmm	日付の「月」を英語(January～December)で表示します。
mmmmm	日付の「月」を英語の頭文字だけ(J～D)で表示します。
yy	日付の「年(西暦)」を2桁の数字(00～99)で表示します。
yyyy	日付の「年(西暦)」を4桁の数字(1900～9999)で表示します。
g	日付の年号をアルファベット(R、H、S、T、M)で表示します。
gg	日付の年号を日本語(令、平、昭、大、明)で表示します。
ggg	日付の年号を日本語(令和、平成、昭和、大正、明治)で表示します。
e	日付の「年(和暦)」を数字で表示します。
ee	日付の「年(和暦)」を2桁の数字で表示します。
h	時刻の「時」を数字(0～23)で表示します。
hh	時刻の「時」を2桁の数字(00～23)で表示します。
m	時刻の「分」を数字(0～59)で表示します。
mm	時刻の「分」を2 桁の数字(00～59)で表示します。
s	時刻の「秒」を数字(0～59)で表示します。
ss	時刻の「秒」を2桁の数字(00～59)で表示します。
s.0	時刻の「秒」を1/10秒まで表示します。
s.00	時刻の「秒」を1/100秒まで表示します。
s.000	時刻の「秒」を1/1000秒まで表示します。
ss.0	時刻の「秒」を2桁の数字で1/10秒まで表示します。

▼西暦や元号の表示例

	A	B	C	D
1	設定した書式	入力した文字	表示	
2	yy (西暦の下2桁)	2024/7/25	24	
3	yyyy (西暦4桁)	2024/7/25	2024	
4	g (元号の頭文字)	2024/7/25	R	
5	ggg (元号の漢字)	2024/7/25	令和	
6				

書式記号	意味
ss.00	時刻の「秒」を2桁の数字で1/100秒まで表示します。
ss.000	時刻の「秒」を2桁の数字で1/1000秒まで表示します。
AM/PM	時刻を12時間表示に変換して、「AM」または「PM」を付けて表示します。この書式記号は、時刻の書式記号の後ろに指定します。
am/pm	時刻を12時間表示に変換して、「am」または「pm」を付けて表示します。この書式記号は、時刻の書式記号の後ろに指定します。
A/P	時刻を12時間表示に変換して、「A」または「P」を付けて表示します。この書式記号は、時刻の書式記号の後ろに指定します。
a/p	時刻を12時間表示に変換して、「a」または「p」を付けて表示します。この書式記号は、時刻の書式記号の後ろに指定します。
[h]	「時」の経過時間を数字で表示します。24時を超える時間を[26][48]のように表示できます。
[hh]	「時」の経過時間を2桁の数字で表示します。
[m]	「分」の経過時間を数字で表示します。60分を超える時間を[70][120]のように表示できます。
[mm]	「分」の経過時間を2桁の数字で表示します。
[s]	「秒」の経過時間を数字で表示します。60秒を超える時間を[70][120]のように表示できます。
[ss]	「秒」の経過時間を2桁の数字で表示します。

「m」「mm」は、日付の書式記号と組み合わせて指定すると「月」を表示し、時刻の書式記号と組み合わせて指定すると「時」を表示します。
経過時間を表示する書式記号は、時刻の書式の先頭以外には指定できません。たとえば、「hh:[mm]:ss」のように指定することはできません。

▼月や曜日の表示例

	A	B	C	D
1	設定した書式	入力した文字	表示	
2	m（月）	2024/11/18	11	
3	mmm（月の英字3文字）	2024/11/18	Nov	
4	ddd（曜日の英字3文字）	2024/11/18	Mon	
5	aaaa（曜日の漢字）	2024/11/18	月曜日	
6				

色を指定する書式記号

表示色を指定することが可能です。「色の名前」で指定できるのは 8 色、「色番号」で指定できるのは 56 色あり、書式記号を書式の先頭に指定します。
セルの書式でフォントの色が設定されている場合でも、表示形式で指定されている色のほうが優先されます。

書式記号	意　味
[色]	色(黒、白、赤、緑、青、黄、紫、水色)は、[黒]のように「[ ]」で囲んで指定します。
[色 n]	上記8色以外の色を指定するには、色番号で指定します(下表参照)。たとえば色番号9の「濃い赤」を指定するには、[色9]のように指定します。

▼色の表示例

	A	B	C	D	E
1	設定した書式	入力した文字	表示		
2	[青] ggg mm.dd	2024/10/31	令和 10.31		
3	[赤] hh:mm	21時42分	21:42		
4	[色14] ##,###	1237890	1,237,890		
5					

▼色番号

番号	色	番号	色	番号	色	番号	色
1	黒	15	25%灰色	29	紫	43	ライム
2	白	16	50%灰色	30	濃い赤	44	ゴールド
3	赤	17	グレー	31	青緑	45	オレンジ
4	明るい緑	18	プラム	32	青	46	濃いオレンジ
5	青	19	アイボリー	33	スカイブルー	47	ブルーグレー
6	黄色	20	薄い水色	34	薄い水色	48	40%灰色
7	ピンク	21	濃い紫	35	薄い緑	49	濃い青緑
8	水色	22	コーラル	36	薄い黄色	50	シーグリーン
9	濃い赤	23	オーシャンブルー	37	ペールブルー	51	濃い緑
10	緑	24	アイスブルー	38	ローズ	52	オリーブ
11	濃い青	25	濃い青	39	ラベンダー	53	茶
12	濃い黄色	26	ピンク	40	ベージュ	54	プラム
13	紫	27	黄色	41	薄い青	55	インディゴ
14	青緑	28	水色	42	アクア	56	80%灰色

配列数式と配列定数

◎配列

「配列」は、「n × m の矩形のデータ」をひとかたまりで扱います。都合のよいことに、ワークシートのセルは配列の要素と見ることができるため、Excel の関数の中には「引数に配列を指定できる」という代わりに「引数にセル範囲を指定できる」と表現している場合があります。

◎配列数式と配列定数

配列には、「配列数式」と「配列定数」があります。「配列数式」は、引数に「配列として定義された複数の値」や「セル範囲」を参照する数式で、複数のデータからの計算結果を、一度に複数のセルに出力したり、まとめて 1 つのセルに出力したりすることができます。

関数を使った配列数式では、ワークシートのセルに値（定数）を入力せずに、引数に直接配列を入力することもできます。この配列は「配列定数」と呼ばれます。配列定数は、次のような特定の書式に従って入力します。

① 配列定数は、「{ }」（中カッコ）で囲みます。

② 異なる列の値は「,」（カンマ）で区切ります。

　たとえば、値「10、20、30」を表すには、{10,20,30} と入力します。この配列定数は、1 × 3 配列と呼ばれ、1 列× 3 行のセル範囲を参照するのと同じ働きをします。

③ 異なる行の値は「;」（セミコロン）で区切ります。

　たとえば、ある行の値「10、20、30」とそのすぐ下の行の値「40、50、60」を表すには、2 × 3 配列の配列定数 {10,20,30;40,50,60} を入力します。

◎配列引数と配列範囲

引数に「配列として定義された複数の値」の組みを「配列引数」と呼びます。また、1 つの数式から複数のセルに計算結果を出力した場合は、複数のセルが 1 つの数式を共有することになります。この 1 つの数式を共有するセル範囲を「配列範囲」と呼びます。

◎配列数式の使い方

配列定数を利用すると、次のようなことができます。

「セル範囲⇒セル範囲」の計算ができる

複数のデータから同時に複数のデータを得る計算ができるようになるので、Excelでも次の計算が可能になります。

①行列の計算ができる
　逆行列を求める(MINVERSE関数、P.64参照)
　行列の積を求める(MMULT関数、P.65参照)
②行と列を交換できる（TRANSPOSE 関数、P.234 参照）
③度数分布が計算できる(FREQUENCY関数、P.87参照)

「セル範囲ごと」の計算ができる

セル範囲に一度に同じ関数を入力することができるので、操作がかんたんになります。セルを 1 つずつ変更することができないので、誤操作の防止にもなります。

◎適応例

最初は関数を使わずに、配列数式だけで合計を求める例です。第 2 行と第 3 行の計算は、配列数式として 1 回で入力しています。
配列数式として入力する場合には、入力する複数のセルからなるセル範囲を選択してから関数を入力し、Ctrl ＋ Shift ＋ Enter を押して入力を確定します。

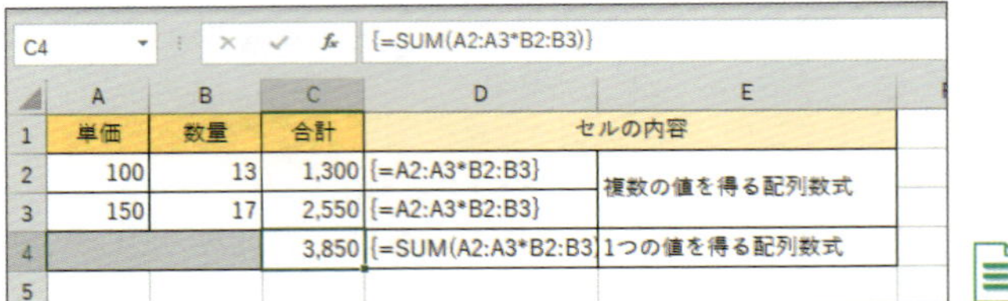

C4　{=SUM(A2:A3*B2:B3)}

	A	B	C	D	E
1	単価	数量	合計	セルの内容	
2	100	13	1,300	{=A2:A3*B2:B3}	複数の値を得る配列数式
3	150	17	2,550	{=A2:A3*B2:B3}	
4			3,850	{=SUM(A2:A3*B2:B3)	1つの値を得る配列数式
5					

次は、配列定数の例です。引数に配列を入力しておいて、配列を引数とする関数を配列数式として入力すると、あたかも 1 行 4 列のセル範囲があったかのように、配列の要素が返されます。

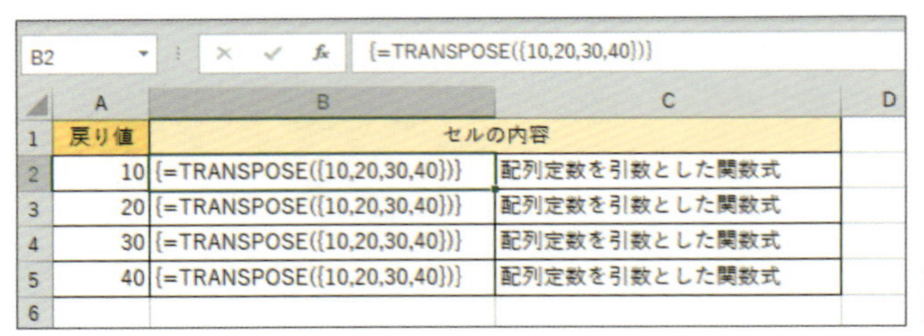

B2　{=TRANSPOSE({10,20,30,40})}

	A	B	C	D
1	戻り値	セルの内容		
2	10	{=TRANSPOSE({10,20,30,40})}	配列定数を引数とした関数式	
3	20	{=TRANSPOSE({10,20,30,40})}	配列定数を引数とした関数式	
4	30	{=TRANSPOSE({10,20,30,40})}	配列定数を引数とした関数式	
5	40	{=TRANSPOSE({10,20,30,40})}	配列定数を引数とした関数式	
6				

3 番目は、引数も戻り値も配列定数の関数の計算例です。2 行 2 列のセル範囲を引数として、逆行列を求める MINVERSE 関数が、2 行 2 列のセル範囲を返しています。

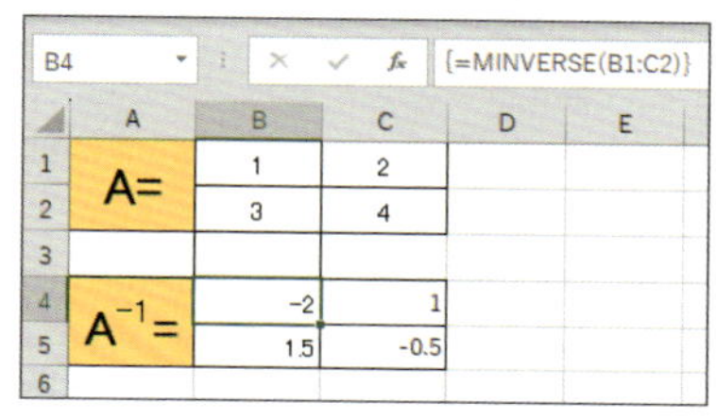

B4 | {=MINVERSE(B1:C2)}

	A	B	C	D	E
1	A=	1	2		
2		3	4		
3					
4	A^{-1}=	-2	1		
5		1.5	-0.5		
6					

付録-08

最後も、引数も戻り値も配列定数の関数の計算例です。この関数は、引数も戻り値も配列定数である必要はないのですが、3 行 3 列のセル範囲を引数として、3 行 3 列のセル範囲を返しています。このように利用すると、1 回ですべての操作が完了し、コピーする必要がありません。

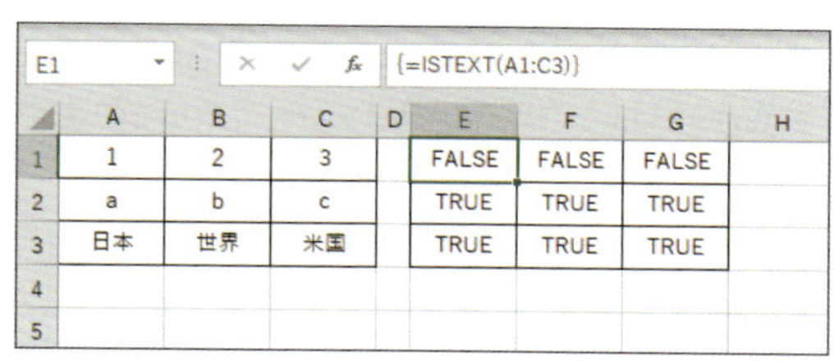

E1 | {=ISTEXT(A1:C3)}

	A	B	C	D	E	F	G	H
1	1	2	3		FALSE	FALSE	FALSE	
2	a	b	c		TRUE	TRUE	TRUE	
3	日本	世界	米国		TRUE	TRUE	TRUE	
4								
5								

付録-09

◎配列数式を使った数式を修正／削除する

配列数式を使った数式を入力した場合、1 つのセルの数式だけを修正したり削除したりすることはできません。修正する場合は、数式を入力したセルをクリックして数式バーで修正し、Ctrl ＋ Shift ＋ Enter を押して確定します。削除する場合は、配列数式を入力したセル範囲を選択して Delete を押します。

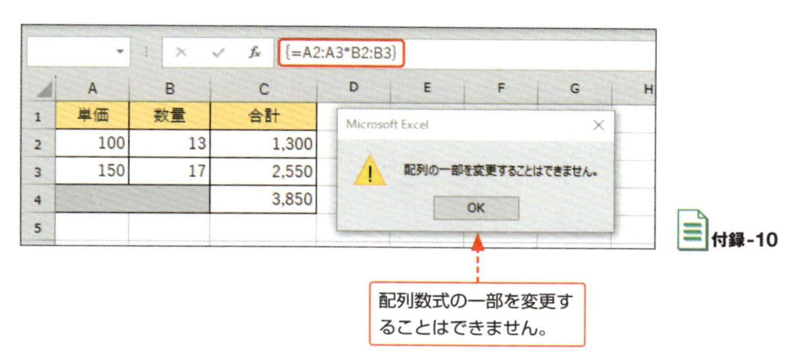

{=A2:A3*B2:B3}

	A	B	C
1	単価	数量	合計
2	100	13	1,300
3	150	17	2,550
4			3,850
5			

Microsoft Excel
配列の一部を変更することはできません。
OK
付録-10
配列数式の一部を変更することはできません。

付録 » 4

スピル機能

「スピル」とは、数式の結果が複数となる場合に、数式を入力したセルだけでなく、対応するセルにも自動的に結果が表示される機能のことです。スピル機能はMicrosoft 365とExcel 2019以降から使用できます。
数式をほかのセルに入力するには、Excel 2019以前では、オートフィル機能や配列数式を使っていましたが、このスピル機能によって、1つのセルに数式を入力して Enter を押すだけで、対応するセル（スピル範囲）に自動的に結果が表示されます。ただし、スピル機能で得られた結果は、数式の変更やソートなどができないデメリットがあることも理解して使用する必要があります。

◎スピル機能を利用してセル範囲を計算する

セル［E2］に「=C2:C5＊D2:D5」を入力して Enter を押すと、スピル機能によってセル［E2:E5］に結果が自動的に表示されます。スピル機能によって表示されているセルを選択すると、数式バーにはその数式が薄いグレーで表示されます。

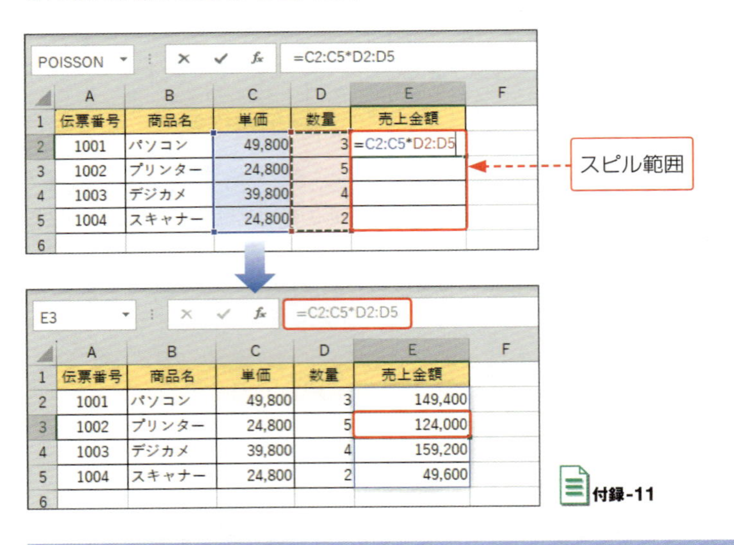

◎スピル機能が使える関数

スピル機能に対応した関数には、以下のようなものがあります。

FILTER	LET	RANDARRAY	SORT	SOREBY
SEQUENCE	UNIQUE	XLOOKUP	XMATCH	

◎スピルエラー

スピル機能を使おうとすると、「# スピル !」または「#SPILL!」というエラー値が表示されることがあります。エラーになる原因には以下のようなものがあります。

- スピル範囲にほかのデータが入力されている
- スピル範囲に結合セルが含まれている
- テーブルでスピルを利用する

◎スピル機能を使った数式を修正／削除する

スピル機能を使った数式を修正する場合は、数式を入力したセルを修正して、Enter を押します。数式を削除する場合は、数式を入力したセルをクリックして Delete を押すと、スピル範囲の数式がまとめて削除されます。

付録-12

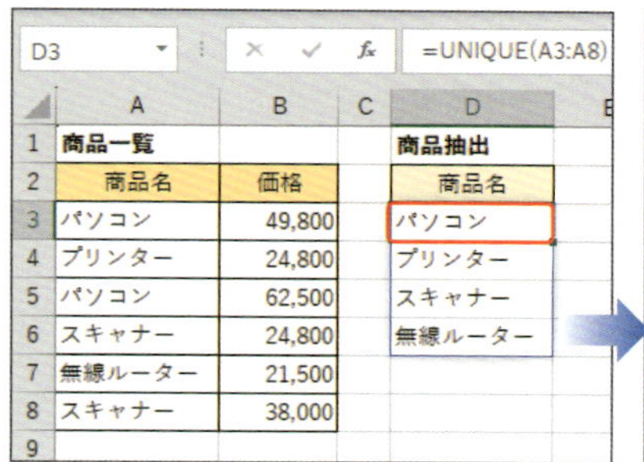

D3 =UNIQUE(A3:A8)

	A	B	C	D
1	商品一覧			商品抽出
2	商品名	価格		商品名
3	パソコン	49,800		パソコン
4	プリンター	24,800		プリンター
5	パソコン	62,500		スキャナー
6	スキャナー	24,800		無線ルーター
7	無線ルーター	21,500		
8	スキャナー	38,000		
9				

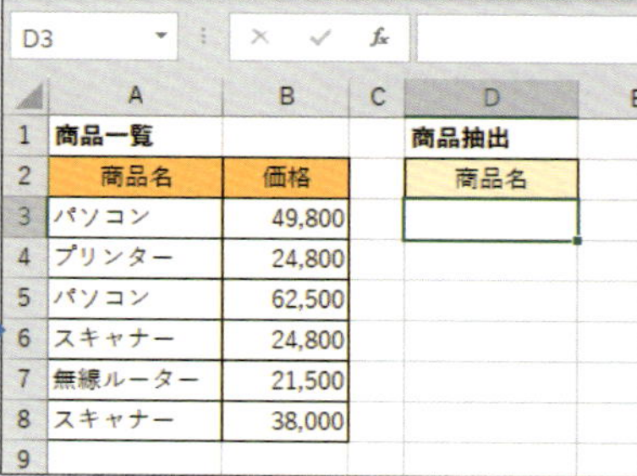

D3

	A	B	C	D
1	商品一覧			商品抽出
2	商品名	価格		商品名
3	パソコン	49,800		
4	プリンター	24,800		
5	パソコン	62,500		
6	スキャナー	24,800		
7	無線ルーター	21,500		
8	スキャナー	38,000		
9				

◎数式でスピル範囲を参照する

スピル機能を利用して計算結果を求めた場合、セル参照は下表のように数式セルの後ろに「#」を付けて指定することができます。これは、セル［E2］に入力された数式がスピルされた範囲ということを示しています。この参照方法を使用すると、対象範囲が変化しても対応できます。

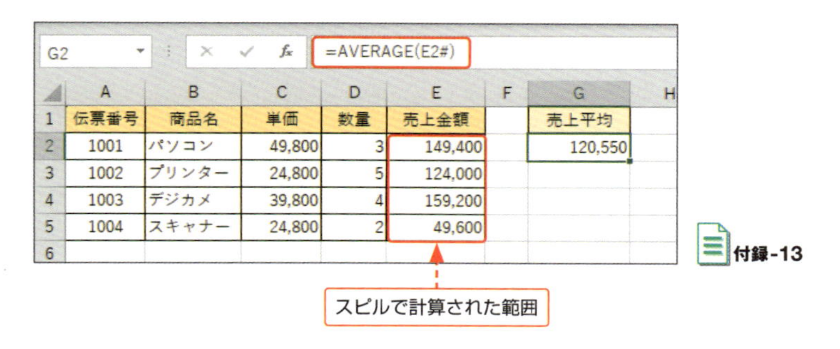

G2 =AVERAGE(E2#)

	A	B	C	D	E	F	G
1	伝票番号	商品名	単価	数量	売上金額		売上平均
2	1001	パソコン	49,800	3	149,400		120,550
3	1002	プリンター	24,800	5	124,000		
4	1003	デジカメ	39,800	4	159,200		
5	1004	スキャナー	24,800	2	49,600		
6							

付録-13

付録 » 5

アドイン／自動化（ユーザー定義）関数

アドイン／自動化（ユーザー定義）関数は、Excel の機能を拡張したり、マクロやVBA（Visual Basic for Applications）を用いて作業を自動化したりするための関数です。ここでは、EUROCONVERT 関数、CALL 関数、REGISTER.ID 関数を紹介します。

◎EUROCONVERT関数

EUROCONVERT（ユーロ・コンバート）関数は、数値からユーロ通貨への換算、ユーロ通貨からユーロ通貨使用国の現地通貨への換算、ユーロ通貨を使用する参加国間の通貨の換算を行います。なお、EUROCONVERT 関数を使用するには、ユーロ通貨対応ツールのアドインが必要です。

「ユーロ通貨対応ツール」アドインをインストールする

1. ［ファイル］タブの［その他］から［オプション］をクリックし、［アドイン］をクリックします。
2. ［管理］ボックスで［Excel アドイン］を選択し、［設定］をクリックします。
3. ［有効なアドイン］（右図）で［Euro Currency Tools］をオンにし、［OK］をクリックします。

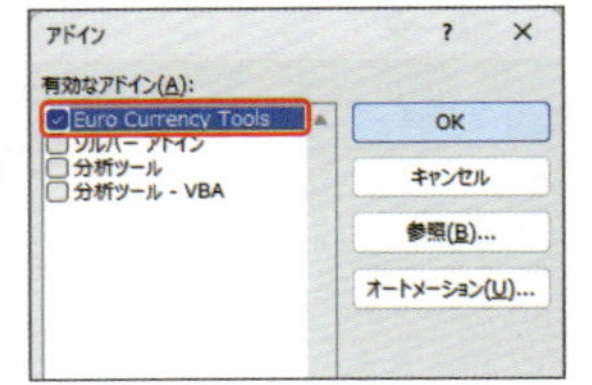

EUROCONVERT 関数を使用する

書式　EUROCONVERT（数値, 換算前通貨, 換算後通貨, 換算方法, 換算桁数）

［換算前通貨］と［換算後通貨］には、通貨単位を変換するために使用する国のISO コードを指定します。使用できる ISO コードは次ページを参照してください。
［換算方法］は、「FALSE」（または省略）を指定すると、通貨単位で使用される小数点以下の桁数で四捨五入した結果を表示します。「TRUE」を指定すると、計算結果のすべての有効桁数を表示します。
［換算桁数］は、3 以上の整数を指定します。

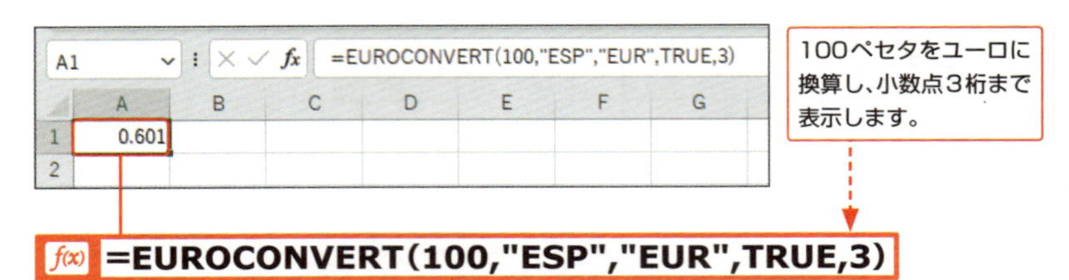

国名／地域名	通貨単位	ISO コード
ベルギー	フラン	BEF
ルクセンブルク	フラン	LUF
ドイツ	ドイツマルク	DEM
スペイン	ペセタ	ESP
フランス	フラン	FRF
アイルランド	ポンド	IEP
イタリア	リラ	ITL
オランダ	ギルダー	NLG
オーストリア	シリング	ATS
ポルトガル	エスクド	PTE
フィンランド	マルッカー	FIM
ギリシャ	ドラクマ	GRD
スロベニア	トラル	SIT
欧州連盟加盟国	ユーロ	EUR

◎CALL関数

CALL（コール）関数は、1 つの関数（親関数）に引数として渡され、親関数の中で特定のタイミングで呼び出される関数です。Excel マクロシートでのみ利用できます。なお、CALL 関数は詳しい知識のあるユーザー向けです。不用意に使用すると、OS に障害が発生することがあるので注意が必要です。CALL 関数には、2 つの構文形式があります。

書式 1　CALL(レジスタ番号［, 引数 1］,...)
REGISTER 関数と共に使用する

書式 2　CALL(モジュール名, プロシージャ名, データ型［, 引数 1］,...)
単独で使用する (Windows 版 Excel)

◎REGISTER.ID関数

REGISTER.ID（レジスタ・アイディー）関数は、Excel の内部でプログラム作動する際に使用されている関数です。VBA などでコード記述をすると自動でコードに合わせた動作をしますが、その際に、コードの内容がパソコンのどこかに書かれています。それを呼び出すために REGISTER.ID 関数が使われます。普段 Excel を使用する際にはあまり使用しません。

書式　REGISTER.ID(モジュール名, プロシージャ名［, データ型］)

用語索引

記号	
!	347
"(ダブルクォーテーション)	347
#(数字)	347
#(スピル範囲の参照)	355
#DIV/0!	195,210
#N/A	195,196,210,211
#NAME?	195,211
#NULL!	195,212
#NUM!	195
#REF!	195
#VALUE!	195
#SPILL!	355
#スピル!	355
%(パーセンテージ)	163,345,346
&(文字列演算子)	342,344
-(減算)	342
-(負号)	342
*(アスタリスク)	86,347
*(乗算)	342
,(カンマ)	342,343,346,351
.(ピリオド)	346
/(分数)	346
/(除算)	342
:(コロン)	342,343
;(セミコロン)	345,351
?(疑問符)	86,347
@	347
^(べき乗)	342
_(アンダーバー)	347
{ }(中カッコ)	351
¥	276,345
+(加算)	342
<	77,342
<=	77,342
<>	77,342
=	77,342
>	77,342
>=	77,342
π	51,53

数字/アルファベット	
0(ゼロ)	347
0値の非表示	71
2進数	293,294,296～299
8進数	295,297,299,300
10進数	49,294～296,298,300
16進数	295,297～300
AND演算	191,193
AND条件	261
E-	346
e-	346
E+	346
e+	346
FALSE	188,193,194,342
F検定	121,338
F分布	119～121,338
ISO週番号	147
IS関数	205
KPI	325
NOT演算	193,194
OR演算	192,193
OR条件	261
RTDサーバー	236

SQLサーバー	322
TRUE	188,193,194,342
t検定	118,337
t分布	114～117,336,337
Unicode番号	286,287
URL画像の取得	246
URL形式	325
Web関数	325
Webサービス	326
XML形式	326
XOR 演算	192,193
z検定	119,337

あ行	
アーク・コサイン	58
アーク・コタンジェント	59
アーク・サイン	58
アーク・タンジェント	58,59
値の貼り付け	264
アドイン関数	356
余り	44
アラビア数字	50
異常値	75
一次独立変数	129
一致検索	221
一致する値	190
一致モード	224,228
色の指定	350
色番号	350
ウェーバー関数	317
受渡日	178,181,183
上側確率	119～122,124
エラー値	195,196,210～212
エラーの無視	37
エラー戻り値	195,196
円記号	276
エンコード	325
演算子	342
円周率	53
オートSUM	30
大文字	284,285
折り返し数	250
オリジナル関数	198

か行	
回帰指数曲線	134
回帰直線	129～131,133,340
会計（表示形式）	345
開始日	148～153
階乗	46
カイ二乗検定	118,124
カイ二乗分布	122,123,339
拡張	247
角度	51,56～59
確率	97,98,100～105
確率範囲	97
確率分布	103,109
確率変数	121,122
確率密度	103,105,115,123
下限	315
加算	342
カスタム関数	198
画像挿入	246
画像リンクをコピー	246
片側信頼区間	114,336
稼働日数	149～152
株価情報	186
株価データ	238

用語	ページ
株式銘柄	186
借入	157
元金返済額	156,158,159
漢数字	277
関数の挿入	255
関数ライブラリ	198
ガンマ関数	111,112
ガンマ分布	112,113,335
元利均等返済	156,158～161
期間	157
基準日数	152,157
基数	49
奇数	43,206
偽の場合	188
逆関数	62,106,108,110,113
逆行列	64
逆三角関数	59
逆正弦	58
逆正接	58,59
逆余弦	58
逆余接	59
休日	150
旧定率法	170
キューブ	322～324
行	242,243
行数	231
行の取り出し	241,242
行番号	230,233
共分散	126
行列	64,65
行列の入れ替え	234
虚数	304,305
切り上げ	40,41,43,328
切り捨て	38～40,42,328
近似検索	221
金種計算	44
勤務時間の計算	144
金利	156
偶数	43,206
空白セル	86,207
区切り記号	265
区切り文字	270,283
組み合わせ	47
位取り	346
繰り返し	290
経過利息	177
係数	129
桁区切り	275
桁数	39,40,293,294
結合	249,264,265,340
決定係数	125
減価償却費	170,171
元号	348
現在価値	156,162,164,166
現在の日時	138
現在の日付	138
検索条件	31,32,83
検索方法	221
検索モード	224,228
検索文字列	271～274
検査の種類	216,218
減算	342
合計	30～35,252
コサイン	56,310
誤差関数	315
誤差積分	316
個数	82,83,259
コセカント	57,311

コタンジェント	57,311
小文字	284,285

さ行	
最小公倍数	45
最小値	78,79,254
最大公約数	45
最大値	76,77,255
最低桁数	49
最頻値	80,81,328
サイン	56,309
三角関数	59
算術演算子	342
算術級数法	171
参照演算子	342,343
シート	214,215
時	143
時価	176
しきい値	301
時刻	136,138,140,345,347
時刻(書式記号)	349
時刻(表示形式)	345
時刻文字列	140,143,144
四捨五入	39,43,275,276
指数(表示形式)	345
指数関数	313
指数分布	109,334
自然対数	54,112,314
下側確率	121～123
実効年利率	168
実数	304,305
実数の乱数	65
自動化関数	356
支払回数	161
シフト数	293,294
四分位数	90,329
集計方法	36,37
修正デュレーション	172
修正内部利益率	167
週の基準	146
週番号	137,147
週末	151
祝日	149
出金	157
主要業績評価指数	325
順位	37,88,89,328
順列の数	96
商	44,308
償還価格	173
条件	31,72,188,252～262
条件付き平均	71
上限	315
乗算	342
小数点以下	38
小数表示	169
情報関数	205,217
正味現在価値	164,166
常用対数	55,314
将来価値	156,158,160～163
除算	342
書式	345
書式記号	279,345～350
書式コード	216
シリアル値	136,137,139,140
進数	49
真の場合	188
信頼区間	132
真理値表	193

用語	ページ
推定値	258
数式	208,236
数値	205
数値(表示形式)	345
数値変換	275〜278
スピルエラー	355
スピル機能	354
スピル範囲	354,355
スペースの削除	289
正割	57,311
正規分布	103,104,106,114
正弦	56,309
成功率	98,99,100
整数の乱数	66
正接	56,310
正負	52
西暦	141,348
セカント	57,311
積	34,65,253,307
積分値	315
積率相関係数	125
絶対値	52,306
セット	322,323
セル	216,228〜230
セル参照	209,232,233,343
セルの個数	260
セルの表示形式	216
セル範囲	226,228,231,234
全角	280
尖度	96
相関係数	125,127
双曲線関数	60
双曲線逆正弦	62
双曲線逆正接	63
双曲線逆余弦	63
双曲線逆余接	63
双曲線正割	61,312
双曲線正弦	60,312
双曲線正接	61
双曲線余割	61,313
双曲線余弦	60,312
双曲線余接	62
相乗平均	74
相対位置	227〜229
相補誤差関数	315,316

た行

用語	ページ
対数	55,314
対数正規分布	108,333,334
タイムライン	131,132
多項係数	48
単位行列	64
単位変換	302
タンジェント	56,310
置換	273,274
中央値	80
超幾何分布	101,332
重複組み合わせ	47
重複順列	97
調和平均	75
地理データ	238
通貨	276
通貨(表示形式)	345
月	142,348,349
月数	153
底	54,55
定額法	170,171
定期キャッシュフロー	164,166,167

定期支払額	157
定期返済額	156
定期利付債	172,176,177,184
定率法	170
データ型	212
データ選択ウィザード	239
データ抽出	237,240～243
データ補間	131,132
デュレーション	172
度	51
統計値	133
動作環境	218
投資期間	172
独立変数	129,134
度数分布	87
ドル記号	276

な行	
内部利益率	166,167
名前	197
名前の割り当て	197
並べ替え	244,245
二項分布	98～100,103,331
二重階乗	46
日数	153,154
日数計算	157
入金	157
年	142,153
年数	152,153
年利回り	173
ノイマン関数	317

は行	
パーセンテージ(書式)	345
パーツ書式	276
倍数	41～43,328
排他的論理和	292,293
バイト位置	272,273
バイト数	266～269
ハイパーボリック・アークコタンジェント	63
ハイパーボリック・コサイン	60,63,312
ハイパーボリック・コセカント	61,313
ハイパーボリック・コタンジェント	62
ハイパーボリック・サイン	60,62,312
ハイパーボリック・セカント	61,312
ハイパーボリック・タンジェント	61,63
配列	67,68,199,201,282,351
配列形式	223
配列数式	65,351,352
配列定数	351,352
配列の拡張	247
配列の結合	249
配列の作成	199,201
配列の並べ替え	248,250
配列範囲	351
配列引数	351
配列要素	34,35
半角	280
半角スペース	342,343
ピアソン	125
比較	190,288,301
比較演算子	77,342,344
引数	209,213,214
引数リスト	225
左側逆関数値	117
日付	136～139,148,347

日付(表示形式)	345
日付の期間	152～154
日付文字列	139,141～143,145
ビット演算	292,293
非表示行の無視	37
ピボットテーブル	235
百分位数	90,91,329
百分率	91,329
秒	144
表示形式	279,345
標準(表示形式)	345
標準化変量	107
標準誤差	133
標準正規分布	103,105～107,316
標準偏差	93,107,257,258
標本	118
標本標準偏差	93
標本分散	92,256
フィッシャー変換	128
複数の検索条件	84
複数の条件	32,73,189,191,192
複素共役	306
複素数	304～314
不定期キャッシュフロー	166,167
負の二項分布	100,331
不偏標準偏差	93,330
不偏分散	92,256,330
ふりがな	284
分	144
分散	92,330
分散の検定	118
分数(表示形式)	345
分数表示	169
平均	70～75,254
平均の検定	118
平均偏差	94
米国財務省短期証券	185
平方根	53,309
平方差	35
平方和	34,35
ベータ分布	110,334,335
べき級数	48
べき乗	54,55,308
ベクトル形式	222
ベッセル関数	317,318
ベッセル方程式	318
ヘルパー関数	198
偏角	306
変形ベッセル関数	319
返済	157
返済額	156
偏差平方和	94
変数値	48
ポアソン分布	102,332
母共分散	126,340
母平均	114,336
ま行	
マコーレー係数	172
満期	178～180
満期利付債	175,176,178
右側確率	116
銘柄	186
名目年利率	168
メジアン	80
メンバー	323,324
モード	80
文字コード	286,287

文字数	265,267
文字の削除	289
文字列	204,232,233
文字列(表示形式)	346
文字列位置	271,272
文字列演算子	342,344
文字列結合	264,265
文字列置換	273,274
文字列抽出	267～270,277
文字列比較	288
文字列分割	283
文字列変換	236,281,282,288

や行	
ユーザー定義	145,346
ユーザー定義関数	356
ユーロ通貨対応ツールアドイン	356
曜日	145,349
曜日を表す整数	145
余割	57,311
余弦	56,310
余接	57,311
予測値	129,131～134,340
予測ワークシート	131～133

ら行	
ラジアン	51,56
ラムダ	198
乱数	65,66,68
リアルタイムデータサーバー	236
離散確率分布	97
利息	158,161,178
利付債	179,180,184
利払回数	183
利払期間	179～181
利払日	182～184
利回り	175
領域の数	233
両側確率	116,121,338
両側逆関数値	117,337
利率	157,160,163,173
リンク	235
累計	202
累計の最終値	202
累積分布	106,108,110,113
レコード	224,225,252～262
列	242,243
列数	231
列の取り出し	241,242
列番号	230,233
ローマ数字	50
論理演算	193
論理式	191
論理積	292
論理値	208
論理和	292

わ行	
歪度	95
ワイブル分布	113,336
ワイルドカード	86
割引債	173,174
和暦	141

目的別索引

数字／アルファベット

分類	目的	関数	ページ
2進数の変換	2進数を8進数に変換する	BIN2OCT	297
	2進数を10進数に変換する	BIN2DEC	296
	2進数を16進数に変換する	BIN2HEX	297
8進数の変換	8進数を2進数に変換する	OCT2BIN	299
	8進数を10進数に変換する	OCT2DEC	300
	8進数を16進数に変換する	OCT2HEX	300
10進数の変換	10進数を2進数に変換する	DEC2BIN	294
	10進数を8進数に変換する	DEC2OCT	295
	10進数を16進数に変換する	DEC2HEX	295
	10進数をn進数に変換する	BASE	49
	16進数を2進数に変換する	HEX2BIN	298
	16進数を8進数に変換する	HEX2OCT	299
	16進数を10進数に変換する	HEX2DEC	298
F検定	F検定の両側確率を求める	F.TEST	121
		FTEST	338
F分布	F分布の上側確率から確率変数を求める	F.INV.RT	121
		FINV	338
	F分布の上側確率を求める	F.DIST.RT	120
		FDIST	338
	F分布の確率を求める	F.DIST	119
	F分布の下側確率から確率変数を求める	F.INV	121
n進数の変換	n進数を10進数に変換する	DECIMAL	49
RTD サーバー	RTDサーバーからデータを取り出す	RTD	236
t検定	t検定の確率を求める	T.TEST	118
		TTEST	337
t分布	t分布の確率を求める	T.DIST	115
		TDIST	336
	t分布の左側逆関数値を求める	T.INV	117
	t分布の標本から母平均の片側信頼区間の幅を求める	CONFIDENCE.T	114
	t分布の右側確率を求める	T.DIST.RT	116
	t分布の両側確率を求める	T.DIST.2T	116
	t分布の両側逆関数値を求める	T.INV.2T	117
		TINV	337
Unicode番号	Unicode番号を文字に変換する	UNICHAR	286
	文字のUnicode番号を調べる	UNICODE	287

URL エンコード	文字列をURL形式にエンコードする	ENCODEURL	325
Web サービス	Webサービスからデータを取得する	WEBSERVICE	326
XML 文書	XML文書から必要な情報を取り出す	FILTERXML	326
z検定	z検定の上側確率を求める	Z.TEST	119
		ZTEST	337

あ行

値の抽出	データベースから1つの値を抽出する	DGET	262
	引数リストから指定した位置の値を取り出す	CHOOSE	225
余り	余りを求める	MOD	44
英字	英字を大文字に変換する	UPPER	284
	英字を小文字に変換する	LOWER	284
英単語	英単語の先頭文字を大文字に、以降を小文字に変換する	PROPER	285
エラー	エラー値のタイプを調べる	ERROR.TYPE	212
	結果がエラー値[#N/A]の場合は指定した値を返す	IFNA	196
	対象がエラー値[#N/A]以外かどうか調べる	ISERR	211
	対象がエラー値[#N/A]かどうか調べる	ISNA	210
	対象がエラー値かどうか調べる	ISERROR	210
	対象がエラーの場合に指定した値を返す	IFERROR	195
	つねにエラー値[#N/A]を返す	NA	211
円周率	円周率を求める	PI	53
大文字	英字を大文字に変換する	UPPER	284
	英単語の先頭文字を大文字に、以降を小文字に変換する	PROPER	285

か行

回帰指数	複数の独立変数の回帰指数曲線の係数を求める	LOGEST	134
	複数の独立変数の回帰指数曲線の予測値を求める	GROWTH	134
回帰直線	1変数の回帰直線の傾きと切片を求める	INTERCEPT	130
		SLOPE	130
	1変数の回帰直線の標準誤差を求める	STEYX	133
	1変数の回帰直線の予測値を求める	FORECAST	340
		FORECAST.LINEAR	131

分類	目的	関数	ページ
(回帰直線)	複数の一次独立変数の回帰直線の係数を求める	LINEST	129
	複数の一次独立変数の回帰直線の予測値を求める	TREND	129
階乗	階乗を求める	FACT	46
	数値の二重階乗を求める	FACTDOUBLE	46
カイ二乗検定	カイ二乗検定の上側確率を求める	CHISQ.TEST	124
		CHITEST	339
カイ二乗分布	カイ二乗分布の上側確率から確率変数を求める	CHIINV	339
		CHISQ.INV.RT	122
	カイ二乗分布の上側確率を求める	CHIDIST	339
		CHISQ.DIST.RT	122
	カイ二乗分布の確率を求める	CHISQ.DIST	123
	カイ二乗分布の下側確率から確率変数を求める	CHISQ.INV	122
確率	確率範囲の下限と上限を指定して確率を求める	PROB	97
	正規分布の確率を求める	NORM.DIST	104
		NORMDIST	332
	超幾何分布の確率を求める	HYPGEOM.DIST	101
		HYPGEOMDIST	332
	二項分布の確率を求める	BINOM.DIST	98
		BINOMDIST	331
	二項分布を使用した試行結果の確率を求める	BINOM.DIST.RANGE	98
	標準正規分布の確率を求める	NORM.S.DIST	105
		NORMSDIST	332
	負の二項分布の確率を求める	NEGBINOM.DIST	100
		NEGBINOMDIST	331
	ポアソン分布の確率を求める	POISSON	332
		POISSON.DIST	102
画像挿入	URLを指定して画像をセル内に挿入する	IMAGE	246
借入返済	元金均等返済における利息を求める	ISPMT	161
	元利均等返済における元金返済額を求める	PPMT	158
	元利均等返済における元金返済額累計を求める	CUMPRINC	159
	元利均等返済における金利累計を求める	CUMIPMT	159
	元利均等返済における支払回数を求める	NPER	161
	元利均等返済における返済金額を求める	PMT	156
	元利均等返済における利息を求める	IPMT	158

項目	内容	関数	ページ
漢数字	数値を漢数字に変換する	NUMBERSTRING	277
カンマ	数値を四捨五入しカンマを使った文字列に変換する	FIXED	275
ガンマ関数	ガンマ関数の値を求める	GAMMA	111
	ガンマ関数の自然対数を求める	GAMMALN	112
		GAMMALN.PRECISE	112
ガンマ分布	ガンマ分布関数の値を求める	GAMMA.DIST	112
		GAMMADIST	335
	ガンマ分布の累積分布関数の逆関数値を求める	GAMMA.INV	113
		GAMMAINV	335
期間	2つの日付の間の期間を年数で求める	YEARFRAC	152
	2つの日付の間の日数を求める	DAYS	154
	2つの日付の間の日数を求める（1年=360日）	DAYS360	154
	2つの日付の間の年／月／日数を求める	DATEDIF	153
	期間内の稼働日数を求める	NETWORKDAYS	150
	指定した月数前／後の月末日付を求める	EOMONTH	148
	指定した月数前／後の日付を求める	EDATE	148
	指定する休日を除いた稼働日数を求める	NETWORKDAYS.INTL	152
奇数	奇数に切り上げる	ODD	43
	対象が奇数かどうか調べる	ISODD	206
	複数の条件で奇数の数を満たすかどうか調べる	XOR	192
逆行列	逆行列を求める	MINVERSE	64
逆三角関数	逆正弦（アーク・サイン）を求める	ASIN	58
	逆正接（アーク・タンジェント）を座標から求める	ATAN2	59
	逆正接（アーク・タンジェント）を求める	ATAN	58
	逆余弦（アーク・コサイン）を求める	ACOS	58
	逆余接（アーク・コタンジェント）を求める	ACOT	59
逆双曲線関数	双曲線逆正弦を求める	ASINH	62
	双曲線逆正接を求める	ATANH	63
	双曲線逆余弦を求める	ACOSH	63
	双曲線逆余接を求める	ACOTH	63
キューブ	キューブから指定したセットの集計値を求める	CUBEVALUE	323
	キューブからセットを取り出す	CUBESET	322
	キューブからメンバーのプロパティの値を求める	CUBEMEMBERPROPERTY	324
	キューブからメンバーまたは組を取り出す	CUBEMEMBER	323

(キューブ)	キューブセットにある項目数を求める	CUBESETCOUNT	322
	キューブで指定したランクのメンバーを求める	CUBERANKEDMEMBER	324
	主要業績評価指標(KPI)のプロパティを求める	CUBEKPIMEMBER	325
行数	セル範囲の行数を求める	ROWS	231
行番号	行番号と列番号をセル参照の文字列に変換する	ADDRESS	233
	セルの行番号を求める	ROW	230
共分散	共分散を求める	COVARIANCE.S	126
	母共分散を求める	COVAR	340
		COVARIANCE.P	126
行列	行列の積を求める	MMULT	65
行列入れ替え	セル範囲の行と列を交換する	TRANSPOSE	234
行列式	行列式を求める	MDETERM	64
切り上げ	奇数に切り上げる	ODD	43
	偶数に切り上げる	EVEN	43
	指定桁数に切り上げる	ROUNDUP	40
	指定した方法で倍数に切り上げる	CEILING.MATH	41
	指定値の倍数に切り上げる	CEILING	328
		CEILING.PRECISE	41
		ISO.CEILING	41
切り捨て	桁数を指定して切り捨てる	TRUNC	39
	指定桁数に切り捨てる	ROUNDDOWN	40
	指定した方法で倍数に切り捨てる	FLOOR.MATH	42
	指定値の倍数に切り捨てる	FLOOR	328
		FLOOR.PRECISE	42
	小数点以下を切り捨てる	INT	38
偶数	偶数に切り上げる	EVEN	43
	対象が偶数かどうか調べる	ISEVEN	206
空白セル	空白セルの個数を求める	COUNTBLANK	86
	対象が空白セルかどうか調べる	ISBLANK	207
組み合わせ	組み合わせの数を求める	COMBIN	47
	重複組み合わせの数を求める	COMBINA	47
桁数	桁数を指定して切り捨てる	TRUNC	39
	指定桁数で四捨五入する	ROUND	39
	指定桁数に切り上げる	ROUNDUP	40
	指定桁数に切り捨てる	ROUNDDOWN	40
減価償却費	各会計期における減価償却費を求める	AMORDEGRC	171
		AMORLINC	171

(減価償却費)	減価償却費を旧定率法で求める	DB	170
	減価償却費を算術級数法で求める	SYD	171
	減価償却費を定額法で求める	SLN	171
	減価償却費を定率法で求める	DDB	170
	定額法に切り替えて減価償却費を求める	VDB	170
現在価値	現在価値を求める	PV	162
	定期キャッシュフローの正味現在価値を求める	NPV	164
	不定期キャッシュフローの正味現在価値を求める	XNPV	166
現在の日付	現在の日付を表示する	TODAY	138
検索	1行／1列のセル範囲を検索して対応する値を求める	LOOKUP(ベクトル形式)	222
	セル範囲から指定した情報を検索する	XLOOKUP	224
	縦方向に検索して値を抽出する	VLOOKUP	220
	縦横の長い行または列で検索して対応する値を求める	LOOKUP(配列形式)	223
	横方向に検索して値を抽出する	HLOOKUP	221
合計	条件を指定して数値を合計する	SUMIF	31
	条件を満たすレコードの合計を求める	DSUM	252
	数値を合計する	SUM	30
	複数の条件を指定して数値を合計する	SUMIFS	32
誤差関数	誤差関数の積分値を求める	ERF	315
		ERF.PRECISE	315
	相補誤差関数の積分値を求める	ERFC	315
		ERFC.PRECISE	315
個数	空白セルの個数を求める	COUNTBLANK	86
	検索条件を満たすデータの個数を求める	COUNTIF	83
	条件を満たすレコードの空白以外のセル数を求める	DCOUNTA	260
	条件を満たすレコードの数値の個数を求める	DCOUNT	259
	数値などの個数を求める	COUNT	82
	データの個数を求める	COUNTA	82
	複数の検索条件を満たすデータの数を求める	COUNTIFS	84
小文字	英字を小文字に変換する	LOWER	284
	英単語の先頭文字を大文字に、以降を小文字に変換する	PROPER	285

さ行

分類	目的	関数	ページ
最小公倍数	最小公倍数を求める	LCM	45
最小値	条件を指定してデータの最小値を求める	MINIFS	79
	条件を満たすレコードの最小値を求める	DMIN	254
	数値の最小値を求める	MIN	78
	データの最小値を求める	MINA	78
最大公約数	最大公約数を求める	GCD	45
最大値	条件を指定してデータの最大値を求める	MAXIFS	77
	条件を満たすレコードの最大値を求める	DMAX	255
	数値の最大値を求める	MAX	76
	データの最大値を求める	MAXA	76
最頻値	最頻値を求める	MODE	328
		MODE.SNGL	80
	複数の最頻値を求める	MODE.MULT	81
三角関数	正割（セカント）を求める	SEC	57
	正弦（サイン）を求める	SIN	56
	正接（タンジェント）を求める	TAN	56
	余割（コセカント）を求める	CSC	57
	余弦（コサイン）を求める	COS	56
	余接（コタンジェント）を求める	COT	57
時系列分析	時系列予測から統計値を求める	FORECAST.ETS.STAT	133
	実績から予測値を求める	FORECAST.ETS	131
	指定した時系列の季節パターンの長さを求める	FORECAST.ETS.SEASONALITY	132
	予測値の信頼区間を求める	FORECAST.ETS.CONFINT	132
時刻	現在の日付と時刻を表示する	NOW	138
	時刻を表す文字列をシリアル値に変換する	TIMEVALUE	140
	指定した時刻を表示する	TIME	140
	時刻から時を求めて表示する	HOUR	143
	時刻から秒を求めて表示する	SECOND	144
	時刻から分を求めて表示する	MINUTE	144
四捨五入	指定桁数で四捨五入する	ROUND	39
	指定値の倍数で四捨五入する	MROUND	43
	数値を四捨五入しカンマを使った文字列に変換する	FIXED	275
	数値を四捨五入し通貨記号を付けた文字列に変換する	BAHTTEXT	276
		DOLLAR	276
		YEN	276
指数分布	指数分布の確率分布を求める	EXPON.DIST	109
		EXPONDIST	334

分類	目的	関数	ページ
自然対数	ガンマ関数の自然対数を求める	GAMMALN	112
		GAMMALN.PRECISE	112
	自然対数の底のべき乗を求める	EXP	54
	自然対数を求める	LN	54
四分位数	四分位数を求める	QUARTILE	329
		QUARTILE.EXC	90
		QUARTILE.INC	90
集計	さまざまな集計値や順位を求める	AGGREGATE	37
	さまざまな集計値を求める	SUBTOTAL	36
	日付がその年の何週目かを求める	WEEKNUM	146
週番号	日付のISO週番号を求める	ISOWEEKNUM	147
順位	大きいほうからの順位を求める	LARGE	89
	さまざまな集計値や順位を求める	AGGREGATE	37
	順位を求める	RANK	328
		RANK.AVG	88
		RANK.EQ	88
	小さいほうからの順位を求める	SMALL	89
	百分率での順位を求める	PERCENTRANK	329
		PERCENTRANK.EXC	91
		PERCENTRANK.INC	91
順列	順列の数を求める	PERMUT	96
	重複順列の数を求める	PERMUTATIONA	97
商	商を求める	QUOTIENT	44
証券	受渡日から次の利払日までの日数を求める	COUPDAYSNC	183
	受渡日と満期日の間の利払回数を求める	COUPNUM	183
	最初の利払期間が半端な利付債の価格を求める	ODDFPRICE	179
	最初の利払期間が半端な利付債の利回りを求める	ODDFYIELD	180
	最後の利払期間が半端な利付債の価格を求める	ODDLPRICE	179
	最後の利払期間が半端な利付債の利回りを求める	ODDLYIELD	180
	次回の利払日を求める	COUPNCD	182
	証券に対する修正デュレーションを求める	MDURATION	172
	証券の利払期間を求める	COUPDAYS	181
	前回の利払日から受渡日までの日数を求める	COUPDAYBS	181
	前回の利払日を求める	COUPPCD	182
	定期利付債の経過利息を求める	ACCRINT	177

分類	目的	関数	ページ
（証券）	定期利付債の時価を求める	PRICE	176
	定期利付債のデュレーションを求める	DURATION	172
	定期利付債の利回りを求める	YIELD	175
	満期利付債の時価を求める	PRICEMAT	176
	満期利付債の利息を求める	ACCRINTM	178
	満期利付債の利回りを求める	YIELDMAT	175
条件分岐	条件によって異なる値を返す	IF	188
	複数の条件によって異なる値を返す	IFS	189
	複数のデータを比較検索して一致するかどうか調べる	SWITCH	190
常用対数	常用対数を求める	LOG10	55
将来価値	将来価値を求める	FV	162
	利率が変動する投資の将来価値を求める	FVSCHEDULE	165
シリアル値	時刻を表す文字列をシリアル値に変換する	TIMEVALUE	140
	日付を表す文字列をシリアル値に変換する	DATEVALUE	139
信頼区間の幅	t分布の標本から母平均の片側信頼区間の幅を求める	CONFIDENCE.T	114
	正規分布の標本から母平均の片側信頼区間の幅を求める	CONFIDENCE	336
		CONFIDENCE.NORM	114
数式	数式を文字列に変換する	FORMULATEXT	236
	セルに数式が含まれているかどうか調べる	ISFORMULA	208
数値に変換	地域表示形式で表された文字列を数値に変換する	NUMBERVALUE	288
	引数を対応する数値に変換する	N	213
	文字列を数値に変換する	VALUE	281
正規分布	指定した標準偏差の範囲になる確率を求める	GAUSS	107
	正規分布の確率を求める	NORM.DIST	104
		NORMDIST	332
	正規分布の累積分布関数の逆関数値を求める	NORM.INV	106
		NORMINV	333
	標準正規分布の確率を求める	NORM.S.DIST	105
		NORMSDIST	332
	標準正規分布の密度を求める	PHI	103
	標準正規分布の累積分布関数の逆関数値を求める	NORM.S.INV	106
		NORMSINV	333
	標準正規分布に変換する標準化変量を求める	STANDARDIZE	107
正負	数値の正負を調べる	SIGN	52

積	行列の積を求める	MMULT	65
	条件を満たすレコードの積を求める	DPRODUCT	253
	積を求める	PRODUCT	34
	配列要素の積を合計する	SUMPRODUCT	34
絶対値	絶対値を求める	ABS	52
	複素数の絶対値を求める	IMABS	306
セル参照	行番号と列番号をセル参照の文字列に変換する	ADDRESS	233
	セル参照の文字列からセルの値を求める	INDIRECT	232
	セル範囲から指定した番地の値を取り出す	INDEX	226
	対象がセル参照かどうか調べる	ISREF	209
セルの位置	基準のセルからの相対位置を求める	OFFSET	229
	検索した値の相対位置を求める	MATCH	227
	セルの行番号を求める	ROW	230
	セルやセル範囲からの相対位置の値を求める	XMATCH	228
セルの情報	セルの書式／位置／内容を調べる	CELL	216
全角	文字列を全角に変換する	JIS	280
尖度	尖度を求める	KURT	96
相関係数	相関係数を求める	CORREL	127
	ピアソンの積率相関係数の決定係数を求める	RSQ	125
	ピアソンの積率相関係数を求める	PEARSON	125
双曲線関数	双曲線正割を求める	SECH	61
	双曲線正弦を求める	SINH	60
	双曲線正接を求める	TANH	61
	双曲線余割を求める	CSCH	61
	双曲線余弦を求める	COSH	60
	双曲線余接を求める	COTH	62

た行

対数	指定数値を底とする対数を求める	LOG	55
対数正規分布	対数正規分布の確率を求める	LOGNORM.DIST	108
		LOGNORMDIST	333
	対数正規分布の累積分布関数の逆関数値を求める	LOGINV	334
		LOGNORM.INV	108
多項係数	多項係数を求める	MULTINOMIAL	48
単位行列	単位行列を求める	MUNIT	64

目的	内容	関数	ページ
単位の変換	数値の単位を変換する	CONVERT	302
中央値	中央値を求める	MEDIAN	80
超幾何分布	超幾何分布の確率を求める	HYPGEOM.DIST	101
		HYPGEOMDIST	332
重複データ	同じデータをまとめる／取り出す	UNIQUE	240
調和平均	数値の調和平均を求める	HARMEAN	75
通貨	数値を四捨五入し通貨記号を付けた文字列に変換する	BAHTTEXT	276
		DOLLAR	276
		YEN	276
	ユーロ通貨を変換する	EUROCONVERT	356
通貨表示	分数表示のドル価格を小数表示に変換する	DOLLARDE	169
	小数表示のドル価格を分数表示に変換する	DOLLARFR	169
月	日付から月を求めて表示する	MONTH	142
データの種類	対象が数値かどうか調べる	ISNUMBER	205
	データの型を調べる	TYPE	212
データの抽出	同じデータをまとめる／取り出す	UNIQUE	240
	株価や地理のデータを取り出す	FIELDVALUE	238
	指定した株式銘柄の株価情報を取り出す	STOCKHISTORY	186
	条件を指定してデータを取り出す	FILTER	237
	配列から指定した行や列を除外したデータを取り出す	DROP	243
	配列から指定した行や列を取り出す	TAKE	242
	配列から指定した行を取り出す	CHOOSEROWS	241
	配列から指定した列を取り出す	CHOOSECOLS	241
度	度をラジアンに変換する	RADIANS	51
	ラジアンを度に変換する	DEGREES	51
動作環境	Excelの動作環境を調べる	INFO	218
投資期間	目標額になるまでの投資期間を求める	PDURATION	172
度数分布	度数分布を求める	FREQUENCY	87

な行

目的	内容	関数	ページ
内部利益率	定期キャッシュフローから修正内部利益率を求める	MIRR	167
	定期キャッシュフローから内部利益率を求める	IRR	166
	不定期キャッシュフローから内部利益率を求める	XIRR	167

並べ替え	順序を指定してデータを並べ替える	SORT	244
	複数の基準と順序を指定して データを並べ替える	SORTBY	245
二項分布	二項分布確率が目標値以上になる 最小回数を求める	BINOM.INV	99
		CRITBINOM	331
(二項分布)	二項分布の確率を求める	BINOM.DIST	98
		BINOMDIST	331
	二項分布を使用した試行結果の確率を 求める	BINOM.DIST.RANGE	98
	負の二項分布の確率を求める	NEGBINOM.DIST	100
		NEGBINOMDIST	331
日数	2つの日付の間の日数を求める	DAYS	154
	2つの日付の間の日数を求める (1年=360日)	DAYS360	154
	2つの日付の間の年／月／日数を求める	DATEDIF	153
	期間内の稼働日数を求める	NETWORKDAYS	150
年	2つの日付の間の期間を年数で求める	YEARFRAC	152
	日付から年を求めて表示する	YEAR	142
年利率	実効年利率を求める	EFFECT	168
	名目年利率を求める	NOMINAL	168

は行

倍数	指定した方法で倍数に切り上げる	CEILING.MATH	41
	指定した方法で倍数に切り捨てる	FLOOR.MATH	42
	指定値の倍数に切り上げる	CEILING.PRECISE	41
		ISO.CEILING	41
	指定値の倍数に切り捨てる	FLOOR.PRECISE	42
バイト位置	検索する文字列のバイト位置を求める	FINDB	272
		SEARCHB	273
バイト数	文字列のバイト数を求める	LENB	266
配列	配列から指定した行や列を 除外したデータを取り出す	DROP	243
	配列から指定した行や列を取り出す	TAKE	242
	配列から指定した行を取り出す	CHOOSEROWS	241
	配列から指定した列を取り出す	CHOOSECOLS	241
	配列を指定した行と列に拡張する	EXPAND	247
	配列を指定の行数で縦方向に折り返す	WRAPCOLS	250
	配列を指定の列数で横方向に折り返す	WRAPROWS	250
	配列を縦1列にして並べる	TOCOL	248

(配列)	配列を縦方向に結合する	VSTACK	249
	配列を横1行にして並べる	TOROW	248
	配列を横方向に結合する	HSTACK	249
	連続した数値の入った配列(表)を作成する	SEQUENCE	67
	乱数の入った配列(表)を作成する	RANDARRAY	68
半角に変換	文字列を半角に変換する	ASC	280
ピアソン	ピアソンの積率相関係数の決定係数を求める	RSQ	125
	ピアソンの積率相関係数を求める	PEARSON	125
比較	2つの数値が等しいかどうか調べる	DELTA	301
	2つの文字列が等しいかを比較する	EXACT	288
	数値がしきい値より小さくないか調べる	GESTEP	301
引数	LAMBDA関数の引数が省略されているかどうか調べる	ISOMITTED	209
日付	現在の日付を表示する	TODAY	138
	指定した月数前／後の月末日付を求める	EOMONTH	148
	指定した月数前／後の日付を求める	EDATE	148
	指定した日付を表示する	DATE	139
	西暦の日付を和暦の日付に変換する	DATESTRING	141
	定休日を除く稼働日数後の日付を求める	WORKDAY.INTL	151
	土日、祝日を除く稼働日数後の日付を求める	WORKDAY	149
	日付から月を求めて表示する	MONTH	142
	日付から年を求めて表示する	YEAR	142
	日付から日を求めて表示する	DAY	143
	日付を表す文字列をシリアル値に変換する	DATEVALUE	139
日付と時刻	現在の日付と時刻を表示する	NOW	138
ビット演算	排他的論理和を求める	BITXOR	293
	ビットを左シフトする	BITLSHIFT	293
	ビットを右シフトする	BITRSHIFT	294
	論理積を求める	BITAND	292
	論理和を求める	BITOR	292
ピボットテーブル	ピボットテーブル内の値を抽出する	GETPIVOTDATA	235
百分位数	百分位数を求める	PERCENTILE	329
		PERCENTILE.EXC	91
		PERCENTILE.INC	91
百分率	百分率での順位を求める	PERCENTRANK	329
		PERCENTRANK.EXC	91
		PERCENTRANK.INC	91

標準偏差	条件を満たすレコードの標準偏差推定値を求める	DSTDEV	258
	条件を満たすレコードの標準偏差を求める	DSTDEVP	257
	標準偏差を求める	STDEV.P	93
		STDEVP	330
		STDEVPA	93
	不偏標準偏差を求める	STDEV	330
		STDEV.S	93
		STDEVA	93
フィッシャー変換	フィッシャー変換の値を求める	FISHER	128
	フィッシャー変換の逆関数値を求める	FISHERINV	128
複素共役	複素数の複素共役を求める	IMCONJUGATE	306
複素数	実数／虚数を指定して複素数を作成する	COMPLEX	305
	複素数の虚数部を取り出す	IMAGINARY	305
	複素数の実数部を取り出す	IMREAL	305
複素数の極形式	複素数の絶対値を求める	IMABS	306
	複素数の偏角を求める	IMARGUMENT	306
複素数の三角関数	複素数の正割(セカント)を求める	IMSEC	311
	複素数の正弦(サイン)を求める	IMSIN	309
	複素数の正接(タンジェント)を求める	IMTAN	310
	複素数の双曲線正割を求める	IMSECH	312
	複素数の双曲線正弦を求める	IMSINH	312
	複素数の双曲線余割を求める	IMCSCH	313
	複素数の双曲線余弦を求める	IMCOSH	312
	複素数の余割(コセカント)を求める	IMCSC	311
	複素数の余弦(コサイン)を求める	IMCOS	310
	複素数の余接(コタンジェント)を求める	IMCOT	311
複素数の指数関数	複素数の指数関数を求める	IMEXP	313
複素数の四則演算	2つの複素数の差を求める	IMSUB	307
	2つの複素数の商を求める	IMDIV	308
	複素数の積を求める	IMPRODUCT	307
	複素数の和を求める	IMSUM	307
複素数の対数関数	複素数の2を底とする対数を求める	IMLOG2	314
	複素数の自然対数を求める	IMLN	314
	複素数の常用対数を求める	IMLOG10	314
複素数の平方根	複素数の平方根を求める	IMSQRT	309
複素数のべき乗	複素数のべき乗を求める	IMPOWER	308
不偏分散	条件を満たすレコードの不偏分散を求める	DVAR	256

分類	目的	関数	ページ
（不偏分散）	不偏分散を求める	VAR	330
		VAR.S	92
		VARA	92
ふりがな	設定されているふりがなを取り出す	PHONETIC	284
分散	条件を満たすレコードの標本分散を求める	DVARP	256
	分散を求める	VAR.P	92
		VARP	330
		VARPA	92
平均値	異常値を除いた平均値を求める	TRIMMEAN	75
	条件を指定して平均値を求める	AVERAGEIF	72
	条件を満たすレコードの平均値を求める	DAVERAGE	254
	数値の相乗平均を求める	GEOMEAN	74
	数値の平均値を求める	AVERAGE	70
	数値やデータの平均値を求める	AVERAGEA	71
	複数の条件を指定して平均値を求める	AVERAGEIFS	73
平均偏差	平均偏差を求める	AVEDEV	94
米国財務省短期証券	米国財務省短期証券の額面＄100当たりの価格を求める	TBILLPRICE	185
	米国財務省短期証券の債券に相当する利回りを求める	TBILLEQ	185
	米国財務省短期証券の利回りを求める	TBILLYIELD	185
平方根	円周率の倍数の平方根を求める	SQRTPI	53
	平方根を求める	SQRT	53
平方差	配列要素の平方差を合計する	SUMX2MY2	35
平方和	配列要素の差の平方和を求める	SUMXMY2	35
	配列要素の平方和を合計する	SUMX2PY2	35
	平方和を求める	SUMSQ	34
ベータ分布	ベータ分布の確率を求める	BETA.DIST	110
		BETADIST	334
	ベータ分布の累積分布関数の逆関数値を求める	BETA.INV	110
		BETAINV	335
べき級数	べき級数を求める	SERIESSUM	48
べき乗	自然対数の底のべき乗を求める	EXP	54
	べき乗を求める	POWER	55
ベッセル関数	ベッセル関数Jn(x)を計算する	BESSELJ	317
	ベッセル関数Yn(x)を計算する	BESSELY	317
	変形ベッセル関数In(x)を計算する	BESSELI	319
	変形ベッセル関数Kn(x)を計算する	BESSELK	319
偏差平方和	偏差平方和を求める	DEVSQ	94

変数の定義	計算結果に名前を割り当てて再利用する	LET	197
ポアソン分布	ポアソン分布の確率を求める	POISSON	332
		POISSON.DIST	102
母共分散	母共分散を求める	COVAR	340
		COVARIANCE.P	126
母平均	t分布の標本から母平均の片側信頼区間の幅を求める	CONFIDENCE.T	114
	正規分布の標本から母平均の片側信頼区間の幅を求める	CONFIDENCE	336
		CONFIDENCE.NORM	114

ま行

メンバー	キューブからメンバーのプロパティの値を求める	CUBEMEMBERPROPERTY	324
	キューブからメンバーまたは組を取り出す	CUBEMEMBER	323
文字コード	Unicode番号を文字に変換する	UNICHAR	286
	文字コードを文字に変換する	CHAR	286
	文字のUnicode番号を調べる	UNICODE	287
	文字を文字コードに変換する	CODE	287
文字数	文字列の文字数を求める	LEN	265
文字の削除	不要なスペースを削除する	TRIM	289
	文字列から印刷できない文字を削除する	CLEAN	289
文字列	対象が文字列以外かどうか調べる	ISNONTEXT	204
	対象が文字列かどうか調べる	ISTEXT	204
文字列の位置	検索する文字列の位置を求める	FIND	271
		SEARCH	272
	検索する文字列のバイト位置を求める	FINDB	272
		SEARCHB	273
文字列の繰り返し	文字列を繰り返して表示する	REPT	290
文字列の結合	区切り記号で複数のセルの文字列を結合する	TEXTJOIN	265
	複数のセルの文字列を結合する	CONCAT	264
	複数の文字列を結合する	CONCATENATE	340
文字列の置換	指定したバイト数の文字列を置換する	REPLACEB	274
	指定した文字数の文字列を置換する	REPLACE	273
	指定した文字列を置換する	SUBSTITUTE	274
文字列の抽出	指定した文字の後ろにある文字列を取り出す	TEXTAFTER	270
	指定した文字の前にある文字列を取り出す	TEXTBEFORE	270

(文字列の抽出)	文字列の指定位置から指定数の文字を取り出す	MID	269
	文字列の指定位置から指定バイト数の文字を取り出す	MIDOB	269
	文字列の右端から指定数の文字を取り出す	RIGHT	268
	文字列の右端から指定バイト数の文字を取り出す	RIGHTB	268
	文字列の左端から指定数の文字を取り出す	LEFT	267
	文字列の左端から指定バイト数の文字を取り出す	LEFTB	267
	文字列を抽出する	T	277
文字列の分割	文字列に区切り文字を付けて列／行に分割表示する	TEXTSPLIT	283
文字列変換	値を文字列に変換する	VALUETOTEXT	281
	数式を文字列に変換する	FORMULATEXT	236
	数値を書式設定した文字列に変換する	TEXT	278
	配列を文字列に変換する	ARRAYTOTEXT	282

や／ら行

曜日	日付から曜日を求めて表示する	WEEKDAY	145
ラムダ	LAMBDA関数に配列の各要素を適用して新たな配列を作成する	MAP	201
	LAMBDA関数を各行に適用して配列を返す	BYROW	200
	LAMBDA関数を各列に適用して配列を返す	BYCOL	200
	LAMBDA関数を行数と列数の配列に適用する	MAKEARRAY	199
	配列にLAMBDA関数を適用して累計の最終値を求める	REDUCE	202
	配列にLAMBDA関数を適用して累計を求める	SCAN	202
	変数と数式を指定して使用可能な関数を作成する	LAMBDA	198
乱数	0以上1未満の実数の乱数を生成する	RAND	65
	整数の乱数を生成する	RANDBETWEEN	66
	乱数の入った配列(表)を作成する	RANDARRAY	68
領域の数	範囲／名前に含まれる領域の数を求める	AREAS	233
利率	元利均等返済における利率を求める	RATE	160
	将来価値から利率を求める	RRI	163
	全額投資された証券の利率を求める	INTRATE	173
リンク	ほかのドキュメントへのリンクを作成する	HYPERLINK	235

列数	セル範囲の列数を求める	COLUMNS	231
列番号	行番号と列番号をセル参照の文字列に変換する	ADDRESS	233
	セルの列番号を求める	COLUMN	230
ローマ数字	数値をローマ数字に変換する	ROMAN	50
	ローマ数字を数値に変換する	ARABIC	50
論理値	[TRUE]のとき[FALSE]、[FALSE]のとき[TRUE]を返す	NOT	194
	必ず[FALSE]を返す	FALSE	194
	必ず[TRUE]を返す	TRUE	194
	対象が論理値かどうか調べる	ISLOGICAL	208
	複数の条件で奇数の数を満たすかどうか調べる	XOR	192
	複数の条件のいずれか1つを満たすかどうか調べる	OR	192
	複数の条件をすべて満たすかどうか調べる	AND	191

わ行

ワークシート	シートが何枚目かを調べる	SHEET	214
	シートの数を調べる	SHEETS	215
歪度	歪度を求める(SPSS方式)	SKEW	95
	歪度を求める(一般的な方式)	SKEW.P	95
ワイブル分布	ワイブル分布の値を求める	WEIBULL	336
		WEIBULL.DIST	113
割引債	割引債の額面100に対する価格を求める	PRICEDISC	174
	割引債の償還価格を求める	RECEIVED	173
	割引債の年利回りを求める	YIELDDISC	173
	割引債の割引率を求める	DISC	174
和暦	西暦の日付を和暦の日付に変換する	DATESTRING	141

関数索引

A	ABS	アブソリュート	52
	ACCRINT	アクルード・インタレスト	177
	ACCRINTM	アクルード・インタレスト・マチュリティ	178
	ACOS	アーク・コサイン	58
	ACOSH	ハイパーボリック・アークコサイン	63
	ACOT	アーク・コタンジェント	59
	ACOTH	ハイパーボリック・アークコタンジェント	63
	ADDRESS	アドレス	233
	AGGREGATE	アグリゲート	37
	AMORDEGRC	アモリティスモン・デクレレシフ・コンタビリテ	171
	AMORLINC	アモリティスモン・リネール・コンタビリテ	171
	AND	アンド	191
	ARABIC	アラビック	50
	AREAS	エリアズ	233
	ARRAYTOTEXT	アレイ・トゥ・テキスト	282
	ASC	アスキー	280
	ASIN	アーク・サイン	58
	ASINH	ハイパーボリック・アークサイン	62
	ATAN	アーク・タンジェント	58
	ATAN2	アーク・タンジェント・トゥ	59
	ATANH	ハイパーボリック・アークタンジェント	63
	AVEDEV	アベレージ・ディビエーション	94
	AVERAGE	アベレージ	70
	AVERAGEA	アベレージ・エー	71
	AVERAGEIF	アベレージ・イフ	72
	AVERAGEIFS	アベレージ・イフス	73
B	BAHTTEXT	バーツ・テキスト	276
	BASE	ベース	49
	BESSELI	ベッセル・アイ	319
	BESSELJ	ベッセル・ジェイ	317
	BESSELK	ベッセル・ケイ	319
	BESSELY	ベッセル・ワイ	317

	BETA.DIST	ベータ・ディストリビューション	110
	BETA.INV	ベータ・インバース	110
	BETADIST	ベータ・ディストリビューション	334
	BETAINV	ベータ・インバース	335
	BIN2DEC	バイナリ・トゥ・デシマル	296
	BIN2HEX	バイナリ・トゥ・ヘキサデシマル	297
	BIN2OCT	バイナリ・トゥ・オクタル	297
	BINOM.DIST	バイノミアル・ディストリビューション	98
	BINOM.DIST.RANGE	バイノミアル・ディストリビューション・レンジ	98
	BINOM.INV	バイノミアル・インバース	99
	BINOMDIST	バイノミアル・ディストリビューション	331
	BITAND	ビット・アンド	292
	BITLSHIFT	ビット・レフト・シフト	293
	BITOR	ビット・オア	292
	BITRSHIFT	ビット・ライト・シフト	294
	BITXOR	ビット・エクスクルーシブ・オア	293
	BYCOL	バイ・カラム	200
	BYROW	バイ・ロウ	200
C	CALL	コール	357
	CEILING	シーリング	328
	CEILING.MATH	シーリング・マス	41
	CEILING.PRECISE	シーリング・プリサイス	41
	CELL	セル	216
	CHAR	キャラクター	286
	CHIDIST	カイ・ディストリビューション	339
	CHIINV	カイ・インバース	339
	CHISQ.DIST	カイ・スクエアド・ディストリビューション	123
	CHISQ.DIST.RT	カイ・スクエアド・ディストリビューション・ライト・テイルド	122
	CHISQ.INV	カイ・スクエアド・インバース	122
	CHISQ.INV.RT	カイ・スクエアド・インバース・ライト・テイルド	122
	CHISQ.TEST	カイ・スクエアド・テスト	124
	CHITEST	カイ・テスト	339
	CHOOSE	チューズ	225

CHOOSECOLS	チューズ・コラムズ	241
CHOOSEROWS	チューズ・ロウズ	241
CLEAN	クリーン	289
CODE	コード	287
COLUMN	カラム	230
COLUMNS	カラムズ	231
COMBIN	コンビネーション	47
COMBINA	コンビネーション・エー	47
COMPLEX	コンプレックス	305
CONCAT	コンカット	264
CONCATENATE	コンカティネート	340
CONFIDENCE	コンフィデンス	336
CONFIDENCE.NORM	コンフィデンス・ノーマル	114
CONFIDENCE.T	コンフィデンス・ティー	114
CONVERT	コンバート	302
CORREL	コリレーション	127
COS	コサイン	56
COSH	ハイパーボリック・コサイン	60
COT	コタンジェント	57
COTH	ハイパーボリック・コタンジェント	62
COUNT	カウント	82
COUNTA	カウント・エー	82
COUNTBLANK	カウント・ブランク	86
COUNTIF	カウント・イフ	83
COUNTIFS	カウント・イフス	84
COUPDAYBS	クーポン・デイズ・ビギニング・トゥ・セトルメント	181
COUPDAYS	クーポン・デイズ	181
COUPDAYSNC	クーポン・デイズ・セトルメント・トゥ・ネクスト・クーポン	183
COUPNCD	クーポン・ネクスト・クーポン・デート	182
COUPNUM	クーポン・ナンバー	183
COUPPCD	クーポン・プリービアス・クーポン・デート	182
COVAR	コバリアンス	340
COVARIANCE.P	コバリアンス・ピー	126

	COVARIANCE.S	コバリアンス・エス	126
	CRITBINOM	クリテリア・バイノミアル	331
	CSC	コセカント	57
	CSCH	ハイパーボリック・コセカント	61
	CUBEKPIMEMBER	キューブ・ケーピーアイ・メンバー	325
	CUBEMEMBER	キューブ・メンバー	323
	CUBEMEMBERPROPERTY	キューブ・メンバー・プロパティ	324
	CUBERANKEDMEMBER	キューブ・ランクド・メンバー	324
	CUBESET	キューブ・セット	322
	CUBESETCOUNT	キューブ・セット・カウント	322
	CUBEVALUE	キューブ・バリュー	323
	CUMIPMT	キュムラティブ・インタレスト・ペイメント	159
	CUMPRINC	キュムラティブ・プリンシパル	159
D	DATE	デート	139
	DATEDIF	デート・ディフ	153
	DATESTRING	デート・ストリング	141
	DATEVALUE	デート・バリュー	139
	DAVERAGE	ディー・アベレージ	254
	DAY	デイ	143
	DAYS	デイズ	154
	DAYS360	デイズ・スリーシックスティー	154
	DB	ディクライニング・バランス	170
	DCOUNT	ディー・カウント	259
	DCOUNTA	ディー・カウント・エー	260
	DDB	ダブル・ディクライニング・バランス	170
	DEC2BIN	デシマル・トゥ・バイナリ	294
	DEC2HEX	デシマル・トゥ・ヘキサデシマル	295
	DEC2OCT	デシマル・トゥ・オクタル	295
	DECIMAL	デシマル	49
	DEGREES	ディグリーズ	51
	DELTA	デルタ	301
	DEVSQ	ディビエーション・スクエア	94
	DGET	ディー・ゲット	262
	DISC	ディスカウント	174

	DMAX	ディー・マックス	255
	DMIN	ディー・ミニマム	254
	DOLLAR	ダラー	276
	DOLLARDE	ダラー・デシマル	169
	DOLLARFR	ダラー・フラッシュ	169
	DPRODUCT	ディー・プロダクト	253
	DROP	ドロップ	243
	DSTDEV	ディー・スタンダード・ディビエーション	258
	DSTDEVP	ディー・スタンダード・ディビエーション・ピー	257
	DSUM	ディー・サム	252
	DURATION	デュレーション	172
	DVAR	ディー・バリアンス	256
	DVARP	ディー・バリアンス・ピー	256
E	EDATE	エクスペイレーション・デート	148
	EFFECT	エフェクト	168
	ENCODEURL	エンコード・ユーアールエル	325
	EOMONTH	エンド・オブ・マンス	148
	ERF	エラー・ファンクション	315
	ERF.PRECISE	エラー・ファンクション・プリサイス	315
	ERFC	エラー・ファンクション・シー	315
	ERFC.PRECISE	エラー・ファンクション・シー・プリサイス	315
	ERROR.TYPE	エラー・タイプ	212
	EUROCONVERT	ユーロ・コンバート	356
	EVEN	イーブン	43
	EXACT	イグザクト	288
	EXP	エクスポーネンシャル	54
	EXPAND	エクスパンド	247
	EXPON.DIST	エクスポーネンシャル・ディストリビューション	109
	EXPONDIST	エクスポーネンシャル・ディストリビューション	334
F	F.DIST	エフ・ディストリビューション	119
	F.DIST.RT	エフ・ディストリビューション・ライト・テイルド	120
	F.INV	エフ・インバース	121
	F.INV.RT	エフ・インバース・ライト・テイルド	121

	F.TEST	エフ・テスト	121
	FACT	ファクト	46
	FACTDOUBLE	ファクト・ダブル	46
	FALSE	フォールス	194
	FDIST	エフ・ディストリビューション	338
	FIELDVALUE	フィールド・バリュー	238
	FILTER	フィルター	237
	FILTERXML	フィルター・エックスエムエル	326
	FIND	ファインド	271
	FINDB	ファインド・ビー	272
	FINV	エフ・インバース	338
	FISHER	フィッシャー	128
	FISHERINV	フィッシャー・インバース	128
	FIXED	フィックスト	275
	FLOOR	フロア	328
	FLOOR.MATH	フロア・マス	42
	FLOOR.PRECISE	フロア・プリサイス	42
	FORECAST	フォーキャスト	340
	FORECAST.ETS	フォーキャスト・イーティーエス	131
	FORECAST.ETS.CONFINT	フォーキャスト・イーティーエス・コンフィデンスインターバル	132
	FORECAST.ETS.SEASONALITY	フォーキャスト・イーティーエス・シーズナリティ	132
	FORECAST.ETS.STAT	フォーキャスト・イーティーエス・スタット	133
	FORECAST.LINEAR	フォーキャスト・リニア	131
	FORMULATEXT	フォーミュラ・テキスト	236
	FREQUENCY	フリークエンシー	87
	FTEST	エフ・テスト	338
	FV	フューチャー・バリュー	162
	FVSCHEDULE	フューチャー・バリュー・スケジュール	165
G	GAMMA	ガンマ	111
	GAMMA.DIST	ガンマ・ディストリビューション	112
	GAMMA.INV	ガンマ・インバース	113
	GAMMADIST	ガンマ・ディストリビューション	335

G	GAMMAINV	ガンマ・インバース	335
	GAMMALN	ガンマ・ログ・ナチュラル	112
	GAMMALN.PRECISE	ガンマ・ログ・ナチュラル・プリサイス	112
	GAUSS	ガウス	107
	GCD	グレーティスト・コモン・ディバイザー	45
	GEOMEAN	ジオメトリック・ミーン	74
	GESTEP	ジー・イー・ステップ	301
	GETPIVOTDATA	ゲット・ピボット・データ	235
	GROWTH	グロウス	134
H	HARMEAN	ハーモニック・ミーン	75
	HEX2BIN	ヘキサデシマル・トゥ・バイナリ	298
	HEX2DEC	ヘキサデシマル・トゥ・デシマル	298
	HEX2OCT	ヘキサデシマル・トゥ・オクタル	299
	HLOOKUP	エイチ・ルックアップ	221
	HOUR	アワー	143
	HSTACK	エイチ・スタック	249
	HYPERLINK	ハイパーリンク	235
	HYPGEOM.DIST	ハイパー・ジオメトリック・ディストリビューション	101
	HYPGEOMDIST	ハイパー・ジオメトリック・ディストリビューション	332
I	IF	イフ	188
	IFERROR	イフ・エラー	195
	IFNA	イフ・ノン・アプリカブル	196
	IFS	イフス	189
	IMABS	イマジナリー・アブソリュート	306
	IMAGE	イメージ	246
	IMAGINARY	イマジナリー	305
	IMARGUMENT	イマジナリー・アーギュメント	306
	IMCONJUGATE	イマジナリー・コンジュゲイト	306
	IMCOS	イマジナリー・コサイン	310
	IMCOSH	ハイパーボリック・イマジナリー・コサイン	312
	IMCOT	イマジナリー・コタンジェント	311
	IMCSC	イマジナリー・コセンカント	311
	IMCSCH	ハイパーボリック・イマジナリー・コセカント	313

IMDIV	イマジナリー・ディバイデット・クオウシエント	308
IMEXP	イマジナリー・エクスポーネンシャル	313
IMLN	イマジナリー・ログ・ナチュラル	314
IMLOG10	イマジナリー・ログ・テン	314
IMLOG2	イマジナリー・ログ・トゥ	314
IMPOWER	イマジナリー・パワー	308
IMPRODUCT	イマジナリー・プロダクト	307
IMREAL	イマジナリー・リアル	305
IMSEC	イマジナリー・セカント	311
IMSECH	ハイパーボリック・イマジナリー・セカント	312
IMSIN	イマジナリー・サイン	309
IMSINH	ハイパーボリック・イマジナリー・サイン	312
IMSQRT	イマジナリー・スクエア	309
IMSUB	イマジナリー・サブトラクション	307
IMSUM	イマジナリー・サム	307
IMTAN	イマジナリー・タンジェント	310
INDEX	インデックス	226
INDIRECT	インダイレクト	232
INFO	インフォ	218
INT	インテジャー	38
INTERCEPT	インターセプト	130
INTRATE	イントレート	173
IPMT	インタレスト・ペイメント	158
IRR	インターナル・レート・オブ・リターン	166
ISBLANK	イズ・ブランク	207
ISERR	イズ・エラー	211
ISERROR	イズ・エラー・オア	210
ISEVEN	イズ・イーブン	206
ISFORMULA	イズ・フォーミュラ	208
ISLOGICAL	イズ・ロジカル	208
ISNA	イズ・ノン・アプリカブル	210
ISNONTEXT	イズ・ノン・テキスト	204
ISNUMBER	イズ・ナンバー	205

	ISO.CEILING	アイ・エス・オー・シーリング	41
	ISODD	イズ・オッド	206
	ISOMITTED	イズ・オミッテッド	209
	ISOWEEKNUM	アイエスオー・ウィーク・ナンバー	147
	ISPMT	イズ・ペイメント	161
	ISREF	イズ・リファレンス	209
	ISTEXT	イズ・テキスト	204
J	JIS	ジス	280
K	KURT	カート	96
L	LAMBDA	ラムダ	198
	LARGE	ラージ	89
	LCM	リースト・コモン・マルチプル	45
	LEFT	レフト	267
	LEFTB	レフト・ビー	267
	LEN	レングス	265
	LENB	レングス・ビー	266
	LET	レット	197
	LINEST	ライン・エスティメーション	129
	LN	ログ・ナチュラル	54
	LOG	ログ	55
	LOG10	ログ・トゥ・ベース・テン	55
	LOGEST	ログ・エスティメーション	134
	LOGINV	ログ・インバース	334
	LOGNORM.DIST	ログ・ノーマル・ディストリビューション	108
	LOGNORM.INV	ログ・ノーマル・インバース	108
	LOGNORMDIST	ログ・ノーマル・ディストリビューション	333
	LOOKUP	ルックアップ	222,223
	LOWER	ロウアー	284
M	MAKEARRAY	メイク・アレイ	199
	MAP	マップ	201
	MATCH	マッチ	227
	MAX	マックス	76
	MAXA	マックス・エー	76

	MAXIFS	マックス・イフス	77
	MDETERM	マトリックス・ディターミナント	64
	MDURATION	モディファイド・デュレーション	172
	MEDIAN	メジアン	80
	MID	ミッド	269
	MIDB	ミッド・ビー	269
	MIN	ミニマム	78
	MINA	ミニマム・エー	78
	MINIFS	ミニマム・イフス	79
	MINUTE	ミニット	144
	MINVERSE	マトリックス・インバース	64
	MIRR	モディファイド・インターナル・オブ・リターン	167
	MMULT	マトリックス・マルチプリケーション	65
	MOD	モデュラス	44
	MODE	モード	328
	MODE.MULT	モード・マルチ	81
	MODE.SNGL	モード・シングル	80
	MONTH	マンス	142
	MROUND	ラウンド・トゥ・マルチプル	43
	MULTINOMIAL	マルチノミアル	48
	MUNIT	マトリックス・ユニット	64
N	N	ナンバー	213
	NA	ノン・アプリカブル	211
	NEGBINOM.DIST	ネガティブ・バイノミアル・ディストリビューション	100
	NEGBINOMDIST	ネガティブ・バイノミアル・ディストリビューション	331
	NETWORKDAYS	ネットワーク・デイズ	150
	NETWORKDAYS.INTL	ネットワークデイズ・インターナショナル	152
	NOMINAL	ノミナル	168
	NORM.DIST	ノーマル・ディストリビューション	104
	NORM.INV	ノーマル・インバース	106
	NORM.S.DIST	ノーマル・スタンダード・ディストリビューション	105
	NORM.S.INV	ノーマル・スタンダード・インバース	106
	NORMDIST	ノーマル・ディストリビューション	332

	NORMINV	ノーマル・インバース	333
	NORMSDIST	ノーマル・スタンダード・ディストリビューション	332
	NORMSINV	ノーマル・スタンダード・インバース	333
	NOT	ノット	194
	NOW	ナウ	138
	NPER	ナンバー・オブ・ピリオド	161
	NPV	ネット・プレゼント・バリュー	164
	NUMBERSTRING	ナンバー・ストリング	277
	NUMBERVALUE	ナンバー・バリュー	288
O	OCT2BIN	オクタル・トゥ・バイナリ	299
	OCT2DEC	オクタル・トゥ・デシマル	300
	OCT2HEX	オクタル・トゥ・ヘキサデシマル	300
	ODD	オッド	43
	ODDFPRICE	オッド・ファースト・プライス	179
	ODDFYIELD	オッド・ファースト・イールド	180
	ODDLPRICE	オッド・ラスト・プライス	179
	ODDLYIELD	オッド・ラスト・イールド	180
	OFFSET	オフセット	229
	OR	オア	192
P	PDURATION	ピリオド・デュレーション	172
	PEARSON	ピアソン	125
	PERCENTILE	パーセンンタイル	329
	PERCENTILE.EXC	パーセンタイル・エクスクルーシブ	91
	PERCENTILE.INC	パーセンタイル・インクルーシブ	91
	PERCENTRANK	パーセントランク	329
	PERCENTRANK.EXC	パーセントランク・エクスクルーシブ	91
	PERCENTRANK.INC	パーセントランク・インクルーシブ	91
	PERMUT	パーミュテーション	96
	PERMUTATIONA	パーミュテーション・エー	97
	PHI	ファイ	103
	PHONETIC	フォネティック	284
	PI	パイ	53
	PMT	ペイメント	156

	POISSON	ポアソン	332
	POISSON.DIST	ポアソン・ディストリビューション	102
	POWER	パワー	55
	PPMT	プリンシパル・ペイメント	158
	PRICE	プライス	176
	PRICEDISC	プライス・オブ・ディスカウンティッド・セキュリティ	174
	PRICEMAT	プライス・アット・マチュリティ	176
	PROB	プロバビリティ	97
	PRODUCT	プロダクト	34
	PROPER	プロパー	285
	PV	プレゼント・バリュー	162
Q	QUARTILE	クアタイル	329
	QUARTILE.EXC	クアタイル・エクスクルーシブ	90
	QUARTILE.INC	クアタイル・インクルーシブ	90
	QUOTIENT	クォーシェント	44
R	RADIANS	ラジアンズ	51
	RAND	ランダム	65
	RANDARRAY	ランド・アレイ	68
	RANDBETWEEN	ランダム・ビトウィーン	66
	RANK	ランク	328
	RANK.AVG	ランク・アベレージ	88
	RANK.EQ	ランク・イコール	88
	RATE	レート	160
	RECEIVED	レシーブド	173
	REDUCE	リデュース	202
	REGISTER.ID	レジスタ・アイディー	357
	REPLACE	リプレース	273
	REPLACEB	リプレース・ビー	274
	REPT	リピート	290
	RIGHT	ライト	268
	RIGHTB	ライト・ビー	268
	ROMAN	ローマン	50
	ROUND	ラウンド	39

	ROUNDDOWN	ラウンドダウン	40
	ROUNDUP	ラウンドアップ	40
	ROW	ロウ	230
	ROWS	ロウズ	231
	RRI	レリバント・レート・オブ・インタレスト	163
	RSQ	スクエア・オブ・コリレーション	125
	RTD	アール・ティー・ディー	236
S	SCAN	スキャン	202
	SEARCH	サーチ	272
	SEARCHB	サーチ・ビー	273
	SEC	セカント	57
	SECH	ハイパーボリック・セカント	61
	SECOND	セカンド	144
	SEQUENCE	シーケンス	67
	SERIESSUM	シリーズ・サム	48
	SHEET	シート	214
	SHEETS	シーツ	215
	SIGN	サイン	52
	SIN	サイン	56
	SINH	ハイパーボリック・サイン	60
	SKEW	スキュー	95
	SKEW.P	スキュー・ピー	95
	SLN	ストレート・ライン	171
	SLOPE	スロープ	130
	SMALL	スモール	89
	SORT	ソート	244
	SORTBY	ソート・バイ	245
	SQRT	スクエア・ルート	53
	SQRTPI	スクエア・ルート・パイ	53
	STANDARDIZE	スタンダーダイズ	107
	STDEV	スタンダード・ディビエーション	330
	STDEV.P	スタンダード・ディビエーション・ピー	93
	STDEV.S	スタンダード・ディビエーション・エス	93

	STDEVA	スタンダード・ディビエーション・エー	93
	STDEVP	スタンダード・ディビエーション・ピー	330
	STDEVPA	スタンダード・ディビエーション・ピー・エー	93
	STEYX	スタンダード・エラー・ワイ・エックス	133
	STOCKHISTORY	ストックヒストリー	186
	SUBSTITUTE	サブスティチュート	274
	SUBTOTAL	サブトータル	36
	SUM	サム	30
	SUMIF	サム・イフ	31
	SUMIFS	サム・イフス	32
	SUMPRODUCT	サム・プロダクト	34
	SUMSQ	サム・スクエア	34
	SUMX2MY2	サム・オブ・エックス・スクエアエド・マイナス・ワイ・スクエアド	35
	SUMX2PY2	サム・オブ・エックス・スクエアエド・プラス・ワイ・スクエアド	35
	SUMXMY2	サム・オブ・エックス・マイナス・ワイ・スクエアド	35
	SWITCH	スウィッチ	190
	SYD	サム・オブ・イヤー・ディジッツ	171
T	T	ティー	277
	T.DIST	ティー・ディストリビューション	115
	T.DIST.2T	ティー・ディストリビューション・トゥ・テイルド	116
	T.DIST.RT	ティー・ディストリビューション・ライト・テイルド	116
	T.INV	ティー・インバース	117
	T.INV.2T	ティー・インバース・トゥ・テイルド	117
	T.TEST	ティー・テスト	118
	TAKE	テイク	242
	TAN	タンジェント	56
	TANH	ハイパーボリック・タンジェント	61
	TBILLEQ	トレジャリー・ビル・ボンド・エクイバレント・イールド	185
	TBILLPRICE	トレジャリー・ビル・プライス	185
	TBILLYIELD	トレジャリー・ビル・イールド	185
	TDIST	ティー・ディストリビューション	336

	TEXT	テキスト	278
	TEXTAFTER	テキスト・アフター	270
	TEXTBEFORE	テキスト・ビフォー	270
	TEXTJOIN	テキストジョイン	265
	TEXTSPLIT	テキスト・スプリット	283
	TIME	タイム	140
	TIMEVALUE	タイム・バリュー	140
	TINV	ティー・インバース	337
	TOCOL	トゥ・カラム	248
	TODAY	トゥデイ	138
	TOROW	トゥ・ロウ	248
	TRANSPOSE	トランスポーズ	234
	TREND	トレンド	129
	TRIM	トリム	289
	TRIMMEAN	トリム・ミーン	75
	TRUE	トゥルー	194
	TRUNC	トランク	39
	TTEST	ティー・テスト	337
	TYPE	タイプ	212
U	UNICHAR	ユニコード・キャラクター	286
	UNICODE	ユニコード	287
	UNIQUE	ユニーク	240
	UPPER	アッパー	284
V	VALUE	バリュー	281
	VALUETOTEXT	バリュー・トゥ・テキスト	281
	VAR	バリアンス	330
	VAR.P	バリアンス・ピー	92
	VAR.S	バリアンス・エス	92
	VARA	バリアンス・エー	92
	VARP	バリアンス・ピー	330
	VARPA	バリアンス・ピー・エー	92
	VDB	バリアブル・ディクライニング・バランス	170
	VLOOKUP	ブイ・ルックアップ	220

	VSTACK	ブイ・スタック	249
W	WEBSERVICE	ウェブ・サービス	326
	WEEKDAY	ウィーク・デイ	145
	WEEKNUM	ウィーク・ナンバー	146
	WEIBULL	ワイブル	336
	WEIBULL.DIST	ワイブル・ディストリビューション	113
	WORKDAY	ワークデイ	149
	WORKDAY.INTL	ワークデイ・インターナショナル	151
	WRAPCOLS	ラップ・カラムズ	250
	WRAPROWS	ラップ・ロウズ	250
X	XIRR	エクストラ・インターナル・オブ・リターン	167
	XLOOKUP	エックス・ルックアップ	224
	XMATCH	エックス・マッチ	228
	XNPV	エクストラ・ネット・プレゼント・バリュー	166
	XOR	エクスクルーシブ・オア	192
Y	YEAR	イヤー	142
	YEARFRAC	イヤー・フラクション	152
	YEN	エン	276
	YIELD	イールド	175
	YIELDDISC	ディスカウント・イルード	173
	YIELDMAT	イールド・アット・マチュリティ	175
Z	Z.TEST	ゼット・テスト	119
	ZTEST	ゼット・テスト	337

■ お問い合わせの例

FAX

1 お名前
技術　太郎

2 返信先の住所または FAX 番号
03-XXXX-XXXX

3 書名
今すぐ使えるかんたん mini
Excel 関数完全大事典

4 本書の該当ページ
67 ページ

5 ご使用の OS とソフトウェアのバージョン
Windows 11 Pro
Excel 2021

6 ご質問内容
数式がエラーになってしまう

お問い合わせについて

本書に関するご質問については、本書に記載されている内容に関するもののみとさせていただきます。本書の内容と関係のないご質問につきましては、一切お答えできませんので、あらかじめご了承ください。また、電話でのご質問は受け付けておりませんので、必ず FAX か書面にて下記までお送りください。
なお、ご質問の際には、必ず以下の項目を明記していただきますようお願いいたします。

1 お名前
2 返信先の住所または FAX 番号
3 書名
今すぐ使えるかんたん mini
Excel 関数完全大事典
4 本書の該当ページ
5 ご使用の OS とソフトウェアのバージョン
6 ご質問内容

なお、お送りいただいたご質問には、できる限り迅速にお答えできるよう努力いたしておりますが、場合によってはお答えするまでに時間がかかることがあります。また、回答の期日をご指定なさっても、ご希望にお応えできるとは限りません。あらかじめご了承くださいますよう、お願いいたします。ご質問の際に記載いただいた個人情報は、ご質問の返答以外の目的には使用いたしません。また、返答後はすみやかに破棄させていただきます。

お問い合わせ先

問い合わせ先
〒 162-0846
東京都新宿区市谷左内町 21-13
株式会社技術評論社　書籍編集部
「今すぐ使えるかんたん mini Excel 関数完全大事典」質問係

FAX 番号　03-3513-6167
URL：https://book.gihyo.jp/116

今すぐ使えるかんたん mini
Excel 関数完全大事典

2024 年　9 月 26 日　初版　第 1 刷発行

著者● AYURA
発行者●片岡 巌
発行所●株式会社　技術評論社
東京都新宿区市谷左内町 21-13
電話　03-3513-6150　販売促進部
03-3513-6160　書籍編集部
担当●荻原 祐二
装丁●クオルデザイン
本文デザイン●リンクアップ
製本／印刷● TOPPAN クロレ株式会社

定価はカバーに表示してあります。

落丁・乱丁がございましたら、弊社販売促進部までお送りください。交換いたします。

ISBN 978-4-297-14359-6 C3055

Printed in Japan